前策划
后评估

建筑师全过程咨询
业务的重要环节

∨

中国建筑学会建筑策划与
后评估专业委员会 编

中国建筑工业出版社

图书在版编目（CIP）数据

前策划后评估：建筑师全过程咨询业务的重要环节／
中国建筑学会建筑策划与后评估专业委员会编．—北京：
中国建筑工业出版社，2018.10
ISBN 978-7-112-22760-0

Ⅰ．①前… Ⅱ．①中… Ⅲ．①建筑工程－策划
Ⅳ.①TU72

中国版本图书馆CIP数据核字（2018）第223747号

责任编辑：边 琨 李 东
书籍设计：锋尚设计
责任校对：姜小莲

前策划后评估：建筑师全过程咨询业务的重要环节
中国建筑学会建筑策划与后评估专业委员会　编
*
中国建筑工业出版社出版、发行（北京海淀三里河路9号）
各地新华书店、建筑书店经销
北京锋尚制版有限公司制版
北京建筑工业印刷厂印刷
*
开本：787×1092毫米　1/16　印张：22¾　字数：518千字
2018年10月第一版　　2018年10月第一次印刷
定价：**98.00**元
ISBN 978-7-112-22760-0
（32878）

编辑委员会

序

前策划后评估
——建筑师全过程咨询业务的重要环节

中国建筑学会建筑策划与后评估专业委员会（APPA）于2014年10月20日，由40多位来自高校学院、政府研究机构、咨询设计行业企业、房地产行业企业等多方人士共同发起成立，作为第一届委员会主任，我非常高兴借此机会就以下五点与各位读者分享。

一、中国建筑学会建筑策划与后评估专业委员会发起初衷与意义

建筑策划与后评估在国际上的先进国家中是非常完善的一套工作方法和法定程序，从20世纪末引入中国以来便被人们所关注。一方面从这些年的实践发展看，关于建筑策划的系统性研究比较稀缺，建筑策划与后评估工作内容和方法的系统性，程序的标准化等方面均比较薄弱；另一方面，随着中国建筑业市场的逐步成熟，市场上对建筑策划与后评估方面的需求也比较巨大，从而市场上产生了许多关于房地产前期策划的相关机构，但目前建筑策划与后评估的相关工作分散在部分房地产策划公司、开发公司、建筑设计院等机构中，总体而言非常散乱。建筑策划与后评估相关的运作程序和法规的不健全，使得建筑策划与后评估的实施在国内和国际先进国家的差距很大，不利于建筑行业进一步可持续健康的发展。

在我国，20世纪90年代以前并没有"建筑策划"的概念，自改革开放以来，针对市场的建筑策划应运而生。从1992年清华大学庄惟敏教授发表的《建筑策划论——设计方法学的探讨》，正式引入"建筑策划"这个新概念，到庄惟敏教授的《建筑策划导论》一书面世，形成了中国建筑策划学科在概念上、认识上的飞跃，这个突破性进展拉开了国人研究和运用建筑策划的序幕。随着理论研究和实践的发展，业界对建筑策划与后评估的认识越来越深刻、系统和全面。除了理论研究外，随着我国建设项目的可行性研究的法律化，建筑策划与后评估也逐渐进入一个科学而正规的轨道。

二、中国建筑学会建筑策划与后评估专业委员会的历程和成果

在此背景下，中国建筑学会建筑策划与后评估专业委员会于2014年10月20日由庄惟敏教授、邵韦平先生及40多位来自高校学院、政府研究机构、咨询设计行业企业、房地产行业企业等多方人士共同发起成立，通过各种形式的交流与合作、支持及联合，促进各行业之间的衔接，通过从事相关培训、协助制定行业标准及规范、促进建筑策划流程的法制化，为整个建筑行业的升级及整个行业链的通畅奠定了基础。从成立至今，举办年度峰会4次，累计参与人数达到约1600余人；举办沙龙共计50余次，为政府组织专家交流会10余次，和多个地方政府达成专家智库合作。目前，已经成为中国最专业的建筑策划与后评估交流平台。

三、建筑学会下唯一的建筑策划与后评估的研究实践机构

中国建筑学会建筑策划与后评估专业委员会是中国建筑学会下设的唯一的关于建筑策划与后评估的机构，它积极引领建筑策划与后评估在中国建筑行业的发展，并取得了优异的成绩和各行业的高度认同。目前，已经成为中国最专业的建筑策划交流平台。

四、中国建筑学会建筑策划与后评估专业委员会发展目标

建筑策划与后评估符合国家政策发展及行业准则制定的需求，日益成为建筑行业从立项到设计中不可或缺的关键环节。以十三五规划及近期出台的《中共中央国务院关于进一步加强城市规划建设管理工作的若干意见》为纲领，为了更好地落实中央提出的"把城市规划好、建设好、管理好"的要求，更好地在规划和建筑设计中加强科学决策和落实后评估制度，展开后续的课题研究工作，把建筑策划和后评估制度的工作向前推进。2017年2月21日，国务院办公厅颁布《关于促进建筑业持续健康发展的意见》（国办发〔2017〕19号），首次明确提出要"培育全过程工程咨询"。2017年5月2日，住房城乡建设部发布了《关于开展全过程工程咨询试点工作的通知》（建市〔2017〕101号），选择北京、上海、江苏、浙江、福建、湖南、广东、四川8省（市）和40家企业开展为期两年的全过程工程咨询试点工作。

建筑策划中关于"前策划，后评估"的全链条的科学工作体系也符合全过程咨询的要求，建筑策划与后评估的发展将有助于整个建筑行业整合升级，同时对国家建筑业的整体发展都有着巨大的影响。建筑策划与后评估专业委员会将对政府、房地产开发企业、建筑设计企业等各方建筑策划与后评估的参与者进行培训、指导、组织与协调；成为交流的窗口，促进国内外学术交流；引导建筑业内从前期立项、可研，到设计、生产，以及到后期的施工、管理等不同领域之间的沟通与衔接；助力于政府主管部门制定相关行业标准及规范，推动建筑行业更有质量地发展。

（一）创建平台：促进建筑策划与后评估学术和实践的交流，组织建筑策划与后评估相关的学术、论坛等活动，包括国内及国际的各种学术交流，跨建筑设计、建筑施工、房地产、金融等行业及政府相关部门的交流，交流形式包括展览、会议、讲座、研讨、参观、出版、竞赛等；积极介绍国际上建筑策划与后评估的最新发展情况，并将国内最新成果积极在国际上传播，为世界范围内建筑策划与后评估交流沟通起到应有的作用。建筑策划与后评估本身就是一门实践性非常强的学科，专委会还将致力于将建筑策划与后评估的学术性研究和实践进行结合，使得学术研究立足于建筑实践，建筑实践能够更好地升华为学术理论。

（二）搭建桥梁：建筑策划与后评估本身就是一个跨行业的综合学科，它涉及建筑设计、建筑施工、开发商、金融机构、政府房地产管理相关部门，同时也与室内装饰、物业管理等行业密切相关，涉及一个完整的建筑行业链。建筑策划与后评估学术委员会通过各种形式的交流与合作、支持及联合，促进各行业之间的衔接，为整个建筑行业的升级及整个行业链的通畅奠定基础。

（三）组织培训：国内越来越多的相关从业人员，包括建筑师、房地产策划人员、房地产开发人员等渴望学习建筑策划与后评估相关知识，建筑策划与后评估学术委员会将致力于从事系统的关于建筑策划与后评估方面的教育培训，通过培训使相关从业人员高效地掌握基本理论、工作方法及技巧。专委会将组织各种形式的教育培训活动，如短期培训班、定期继续教育、技术讲座等。专委会还将在力所能及的范围内支持各设计院、开发企业、施工企业、物业管理公司和高校中的有关于建筑策划与后评估的教育活动。

（四）协助制定行业标准及规范：随着建筑策划与后评估的发展，制定行业标准及规范是必要的环节。专委会可以协助政府有关部门进行运用的基础资料调研及合理性研究，为制定标准及规范奠定基础。

（五）促进建筑策划与后评估流程的法制化：建筑策划与后评估在国内是新兴的领域，随着城市建设的发展，其也应该被纳入到不动产建设流程中的法定环节。专委会将致力于协助政府有关部门进行建筑策划与后评估流程的法制化建设。

（六）编辑、出版、发行学术期刊、书籍及相关音像制品，推进建筑策划与后评估思想的普及，使其为广大群众普遍了解和关注。

五、本书的目的与意义

《前策划后评估：建筑师全过程咨询业务的重要环节》一书，将中国建筑学会建筑策划与后评估专业委员会各位专家委员在APPA 2014~2017年度峰会的演讲内容编辑成册，并由中国建筑工业出版社出版。《前策划后评估：建筑师全过程咨询业务的重要环节》一书的出版，将更好地促进建筑策划与后评估的研究和实践，联合国内建筑行业中的建筑师、学者及相关企事业单位和学术团体、政府相关部门、房地产从业人员等，开展国内及国际化建筑策划与后评估的广泛学术交流，推动建筑策划与后评估相关工作的内容完善化、程序法制化、方法系统化；积极引导建筑行业内从立项、设计任务书制定到具体的设计、施工、管理等不同领域之间的沟通与衔接，为整个建筑行业整合升级、形成可持续发展的新型产业链作出应有贡献。

目录

—

一

— ˇ —

全过程咨询中的建筑
规划与教育

二

全过程咨询中的策划

（一）文旅创新

（二）都市更新

（三）乡村复兴

（四）大数据在策划中的实践应用

三

全过程咨询中的后评估

一

——∨——

全过程咨询
中的建筑
规划与教育

1 新时代背景下建筑策划的再思考

Rethinks on Architecture Programming in theNew Era

庄惟敏

清华大学建筑学院院长、清华大学建筑设计研究院院长、APA专委会发起人及主任委员

"一带一路"作为我国目前的全球战略，受到前所未有的关注。在这样的大背景下，主要展现出来的是以基础设施建设为重点的核心。站在国家政策的前沿，城市建设的决策到底凭据什么，城市的活力怎样复兴，这不仅仅是一个国家的问题，也是全球的问题。站在全产业链的角度，能否打通上下游成为建筑策划的参与者，是我们作为建筑师的历史使命。

目前，国际建协已经把建筑策划作为职业建筑师非常重要的职业内容。国际建协职业推荐导则里的服务范围就涵盖了策划、前期分析研究、设计依据等方面。看到这些包括规划、景观在内的核心内容之后，不禁思考我们理解的建筑师的业务领域是否太过狭窄，是否太缺乏全局的视野和全产业链的思考。

现有方式的局限性会导致错误的推断，也会导致设计的非理性。从最初以确定性为基础的研究，到现在以不确定性为基础的研究到第二代设计方法论，模糊决策理论的引入部分解决了这种问题，至少是给我们开拓了一个新的视野。

建筑策划的基本方法，重点在于全局性的思路拓展，建筑策划不仅局限于单体建筑的策划研究，它也逐渐延展到城市设计的策划和城乡规划的整体策划，系统化思路的拓展给我们带来一些新的方法。建筑策划绝对不是简单的出点子，因为点子本身可能会使人眼睛一亮，但从长远的系统发展和逻辑角度来看，缺乏延续性和科学性。建筑策划是以物质空间为基础，涵盖从投资、政策、设计、施工、营销、运营等全产业链系统化的思考研究。这个过程需要思路和理念的创新，工具和方法的与时俱进。

2 器意之道·人之所悟 —————— 演讲◇王绍森

城乡复兴·美丽厦门 建筑策划专委会（APA）秋季高峰论坛上，王绍森院长分享了厦门的发展历史及现状，并通过厦门大学嘉庚楼群、厦门大学图书馆改造、泉州德化生态博物馆项目的概述，归纳得出"对于建筑教育及策划、对于美丽厦门的建设，要了解其城市的多样性、生活的延续性，通过器意结合的方法来解读城市，共同缔造美丽厦门"的结论。

一、厦门发展脉络

厦门东南临海，其余三面山岭屏立，是历史上最早对外开放的商通口岸之一。从明朝洪武二十七年（1395年）建城立制算起，到厦门形成完整的城市空间形态，前后共经历了600多年的时间。从昔日的小渔村到现代化经济都市，从抗击倭寇的边防关隘到现代化开放港口城市的前沿，从金厦对峙到闽台两岸三通，厦门历史几乎是中国近代历史的缩影（图1）。

1840年前（鸦片战争）

乾隆、嘉庆年间厦门海防图，厦门隶属同安县，主要城区建设在厦港一带。此时期城市发展是"自下而上"的自然发展。

1910年代

厦门被迫成为通商口岸后，老城区在规划的情况下"自上而下"逐渐形成。

1940年代

之后厦门由老城区逐步向外扩张，此过程是在"自上而下"与"自下而上"共同作用下完成。

1980年代

1980年代西安门建设继续向北宽展，高崎机场开始填埋建设。

2000年代

厦门岛内建设量急剧增加，并向岛外扩张建设。

2015年

目前形成六区双中心格局。

图1 厦门的历史发展演变
（资料来源：厦门大学建筑系资料室）

研究厦门的城市发展脉络，应研究当地的"器、意"。"器"即物质性的城市与建筑的载体；"意"即城市中的特征、气质等社会人文方面的内涵。厦门乃至闽南的城市空间，建筑形式富有特色，与自然山水的结合也表现出独特的红砖文化的"器"的个性；在文化方面，中原文化的传承与变异，海洋文化的介入，以及亚热带气候的适应性，均为"意"的综合表现。

厦门地处沿海，因此本地人的气质特点可概括为"融"与"和"——既有海洋文化的开放与海防意识，亦有汉族传统文化的传承特点。同时，厦门的自然山水与海洋的多样存在，产生了根植于厦门人心中的场所精神。在全国城市认可率网络评选中，厦门市民对本城市的认可度达到了92.3%，可见厦门市民对城市的深厚感情。因此，厦门人的情绪表达较为内敛平和，其性格特点求同存异，包容融合。

二、城乡复兴、器意结合

厦门的生活观念与文化传承浸润着闽南城市的特点，亦有自身的独特之处。首先，厦门继承了中原传统的文化观念，但在传承中又有所变异。作为滨海城市，厦门的文化具有开放自由的意识特质，加之亚热带的气候影响，形成了"阳光下的阴柔"的特征。其次，厦门作为对外交流的重要港口城市，频繁的交流促进了文化的发展，也因此形成敢于对外拓展的城市精神。

厦门的生活观念与文化传承的产生，是由"器"与"意"共同支撑的。

"器"代表着都市、自然山水、建筑等物质载体。闽南地区主要的传统建筑类型，可以概括为：闽南大厝、鼓浪屿建筑、骑楼建筑、嘉庚建筑。

1. 闽南大厝

"厝"在闽南方言中指代"大厦""大院子"之意，虽没有"府第式"建筑气派，却是本土文化最根本的体现。大厝总体上沿用中国传统轴线布局，主次分明；庭院组合上，有别于北方四合院院大屋小的特点，而以厅堂为中心组织院落，是中国院落体系的特殊体现；构图形制上，讲究各部分有序组织，功能组合体现了中国传统礼制文化；形式上以白石红砖拼砌。屋脊曲翘反宇，有丰富的屋顶轮廓，同时具有宜人的尺度；建筑形态关系上注重与环境的综合关系；在建筑的元素上均有精良的制作，合理运用当地材料，外部采用花岗石和红砖精细砌筑门、窗、墙，内部以木构架为主。

2. 鼓浪屿建筑

鼓浪屿的建筑大致可以分为两类：即租界公共性建筑与生活性建筑（别墅或民居）。以上两类建筑的整体形态具有以下特点：

（1）建筑形态均体现人、建筑、环境的有机结合，多呈现"点、线、面"对应图底关系，建筑体量较小，以单体式为主，点缀于绿树中；建筑色彩上多为红瓦坡顶、砖石砌筑。与环境对比相映，构成了"蓝天碧海、红顶绿荫、花鲜鸟鸣"的海上花园景观。

（2）建筑形态在整体上表现出强烈的西洋建筑的主导倾向。这是由于受到租界的影响，产生了"以洋为荣"的倾向，华侨民居以不同形式仿造和攀比西洋建筑，而设计和建造水平不一，因此在整体形态上表现出鼓浪屿建筑强烈的以西洋建筑为主导的风格，同时存在这种倾向下促生的"类西洋"或"准西洋式洋楼"，它们在建筑元素上进行仿造，在建筑构成手法上虽不成熟，但极力想表现一种西洋建筑的意味，因此可以称之为思想上的一种多元融合。

3. 骑楼建筑

厦门、泉州、漳州三地老城区的骑楼建筑，以商业和居住功能相结合为主，已有70多年的历史，在建筑形态上表现为：

（1）系统表现为"自上而下"和"自下而上"的城市系统相结合，整体系统统一，骑楼建筑尺度宜人，有良好的统一感、连续性。

（2）骑楼建筑占地较满，交通关系单一，建成初期以步行系统为主；与气候的关系上，无绿化环境，以骑楼遮阳、避雨。

（3）在元素处理上，大致以传统与西洋古典结合的中西合璧式为主。

厦门的旧城区建筑形态所体现的是"自然老城"被规划改造所形成的特殊结果，从系统和结构上说，"自发和规划"的结果是并存的，是城市系统和结构阶段的特殊表现，即：系统与结构整体统一却富有特色、关系单一、元素具有自相似性。这一点在闽南功夫茶道中体现为多次清杯、点茶的重复控制使用，而构成一个亲情融洽的整体；有别于北方分杯豪饮的独立感。整个旧城区体现了闽南人温馨的情绪和浓郁的亲情，街区成为具有指向性和连续的"街—道"，成为市民认同的心灵场所。

4. 嘉庚建筑

嘉庚建筑主要指陈嘉庚先生捐资兴建的集美学村和厦门大学，陈先生既是设计者又是建造者，表现出一种独特的"中西合璧、多元综合、矛盾共存"的"嘉庚建筑"风格。具体来说，其建筑形态为：

（1）平面多呈"一字式"，有拱券外廊，以利南方气候下的通风、采光、避雨。

（2）立面往往是西洋墙身和南洋建筑的拼花、线脚等，而屋顶则配以中式屋顶形式，色彩上以红、白为主，鲜艳多元。

（3）与环境结合上，嘉庚建筑大多顺应地势，减少土方量，做到"依山傍海、就势而筑"；材料上多用当地的石材和红砖，精工细作，取得多种图案效果。

从嘉庚建筑中反映出来的精神，可以看出其体现了中西合璧的文化、对环境和材料的尊重、多元综合矛盾共存的特征。

"意"主要体现在生活与文化上。一个城市要宜居乐业，才能引进人才，引进人才才能充满智慧。

关于宜居城市的标准众多，我们建筑师能做的东西有什么？分析传统文化中的"金木水火土"可知，所谓的"金"就是金字招牌，如厦门大学、胡里山炮台、鼓浪屿；"木"即为关于自然的事物，城市及其周边的自然构成了众多自然美景，比如天竺山森林公园、厦门园博苑、厦门五缘湾湿地公园；"水"，环海环岛是厦门的先天优势，例如白城沙滩、日月谷温泉、海滨公路；"火"，厦门本地宗教信仰丰富，香火传递多元，所有的人都在劝善，可以信仰妈祖、佛教、道教，有的本地人还信仰石头；"土"即乡土文化，有国家级的、地域级的乡土文化。

以上都是记忆的保持，此外，还应考虑未来的可持续发展。

（1）观念变化：近年来，厦门市对城市建设提出了"美丽厦门，共同缔造"的口号，城市目标为：建设国际知名的花园城市，美丽中国的典范城市，两岸交流的窗口城市，闽南地区的中心城市和温馨包容的幸福城市。城市发展实施三大战略，即区域协作的大海湾战略、跨岛发展的大山海战略、家园营造的大花园战略。

（2）服务业：厦门近年来进入加快发展现代服务业、实现产业结构升级、推动经济发展方式转变的关键时期。科学研究和编制现代服务业专项规划，对促进厦门服务业发展提速、比重提高、水平提升，实践科学发展新跨越，加快建设海峡西岸重要中心城市，具有十分重要的意义。

（3）生态建设：厦门市位于中国东南沿海，由厦门岛、鼓浪屿和内陆九龙江北岸的部分沿海地区组成，是一个海湾型城市。为了顺应全球城市的发展趋势，厦门市已明确提出要建设生态城市。作为海湾城市，海洋是厦门市发展的核心和依靠。厦门市的生态城市规划结合了城市自身的资源条件和特点，充分考虑其所独具的特征和优劣势，发挥城市的资源优势。

（4）港口业：厦门港是国家综合交通运输体系的重要枢纽和集装箱运输的国际性枢纽港，以外贸物资运输为主，兼顾客运、旅游、城市生活、军事等功能，是区域航运物流中心和多功能、综合性、国际化港口，包括东渡港区、海沧港区、招银港区和翔安港区。

三、研究方法：弱建筑与若建筑

在建筑领域，革命意味着推倒重来，演变等于逐渐更新（图2）。当代新城千篇一律的"大规划""大远景"，最终导致了城市特色的消失。因此，我们提倡以演变的方式体现地域文化。保留传统建筑，通过新材料、新技术的应用，使城市焕发新的活力。图2中的"洋快餐"KFC的LOGO和闽南传统大厝相结合，通过中西合璧的手法，钢和玻璃使这座大厝重生，变身厦门最有特色的KFC。

此外，在老城区内还应提倡自主、自由、自发更新。图3所示是我带着学生作的一些研究，通过使用建筑学本身的研究方法，用图式语言的方式，表达场域所带来的信息。完全随机的街道空间，相互连接的建筑单体，街道空间中存在着自然的尺度与随机的拐点。

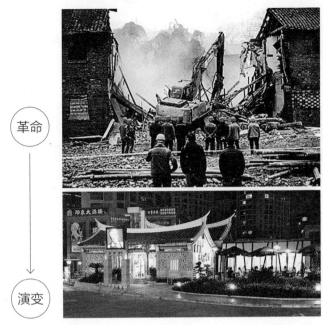

图2 建筑领域的革命与演变
（资料来源：https://image.baidu.com）

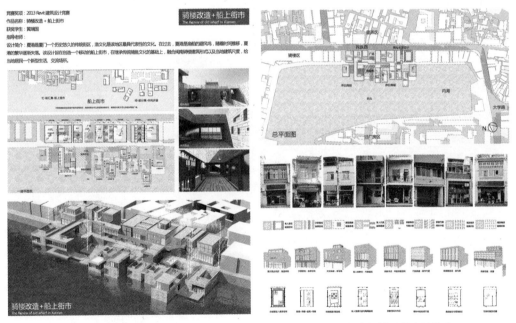

图3 师生共研——使用建筑学本身的研究方法，用图式语言的方式，表达场域所带来的信息
（资料来源：厦门大学建筑系张燕来）

其次就是"城市的消解"。我们提倡城市的消解，并非是城市没有了，而是将城市有形的东西更加弱化，增强服务和联系之类无形的关系。比如在智慧城市的一系列举措中，是否可以对系统叠加复合？是否可以使人为的元素多元共生？

四、设计实践

在城市发展的进程中，建筑师可以理解并实践"器、意"的结合，以下是我们在工作中的一点努力。

1. 厦门大学嘉庚楼群

厦门大学被誉为中国最美的校园之一，从1921年建校至今，形成了独特的校园风格：整体自由有序，单体中西合璧的嘉庚风格特色建筑群。厦门大学嘉庚楼群（黄仁教授主持设计）位于校园中心，建成后嘉庚主楼群使整体校园关系得到优化，同时使得校园中高低建筑、新旧建筑有机融合，得到厦门大学师生的认可。嘉庚楼群设计时强调以谦恭的态度协调校园关系，遵从"一主四从"的厦门大学楼群形制，延续并发展嘉庚建筑的建筑语言，"驯质异化"的建筑表达，并在材料及做法上体现地域特色（图4）。

图4 厦门大学嘉庚楼群
（资料来源：厦门大学建筑系王绍森工作室）

2. 厦门大学图书馆改造

本项目是旧建筑的改扩建项目，原建筑是建成于20世纪80年代的现代建筑，由沈国遥老师设计。随着校园规划的调整，入口关系及建筑风格等需相应改扩建，达成整体的统一。在新建筑的改扩建中，通过增加遮阳的方式，采取合掌的"手"的形状隐喻南普陀寺。当然，建筑师对建筑本身也应体现出对气候、环境的关注（图5）。

3. 泉州德化生态博物馆

图6所示为我们做的泉州德化生态博物馆，希望能够和自然环境相融合，设计整体结合山坡地形，层层爬高，建筑设计适应闽南当地气候，形成风闸小气候。既实现了建筑的地域性表达，又融入森林整体环境。

综上所述，"解读城市，共同缔造"应当注重以下几点：①研习厦门发展脉络，察古知今；②让学生了解厦门的文化多样性、生活的延续性，通过意器结合的方法解读城市；③掌握弱建筑和若建筑的研究设计方法，共同建设美丽厦门。

（厦门大学建筑系王绍森工作室刘佳同学提供演讲资料，在此表示感谢！）

厦门大学图书馆改扩建工程

设计地点：福建厦门
设计单位：厦门大学建筑与土木工程学院
　　　　　厦门大学建筑设计研究院
设计人员：王绍森 赵峰九 张潞 方军 肖日林 陈幸 陈文灿
设计时间：2001（第一期） 2005（第二期）
建造情况：已建成
获奖情况：2005国家优秀工程设计优秀奖
　　　　　2008福建省优秀勘察设计二等奖
　　　　　2008福建省优秀勘察设计二等奖
　　　　　作品发表于：
　　　　　《新建筑》《城市建筑》《中外建筑》
　　　　　《当代中国建筑集成Ⅱ》

　　项目用地面积4 000 ㎡，总建筑面积5 800 ㎡，历经三次改扩建。项目设计中先分析新建筑的周边环境、化整为零、使第二期建立自创的环境关系，使用厦门大学独特的嘉庚语言，同时结合中国传统书院气质，营造文化场所；强调新旧建筑的和谐统一，突出地域气候，以天井、挑檐等手法处理建筑的自然采光及通风。

图5　厦门大学图书馆改造
（资料来源：厦门大学建筑系王绍森工作室）

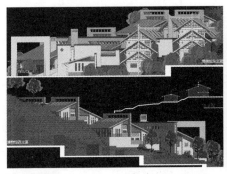

德化生态博物馆

设计地点：福建省德化
设计单位：厦门大学建筑与土木工程学院
　　　　　厦门大学建筑设计研究院
设计人员：王绍森等
设计时间：2007
建造情况：方案
获奖情况：2010福建省优秀建筑创作二等奖

　　德化县生态博物馆拟建于中国瓷都德化县城郊的森林公园内。周边环境优美。方案尽可能保存原有地形地貌，保护基地原有生态，适应地形与基地断面、削弱建筑自身的体量感，采用化整为零的设计手法，结合院落布置空间，组织建筑的各个功能区间。但形成建筑的多个功能区间。

建筑设计以现代建筑语汇表达南南传统的建筑形式，抽象传统坡屋顶的屋面形式；承袭传统建筑的院落形式；乡村文化，运用适宜当地自然气候的结构形式；突出生态主题。采取适合生态的技术和建筑处理手法，如山涧溪水的循环利用。

图6　泉州德化生态博物馆
（资料来源：厦门大学建筑系王绍森工作室）

参考文献：

[1]　王绍森. 建筑艺术导论[M]. 北京：科学出版社，2000.
[2]　王绍森. 闽南地域性建筑现代表达研究[J]. 城市建筑，2016.

3 建筑策划视野下设计基础 教学的探索 ——— 演讲◇龙元

都市更新·智汇西安　建筑策划专委会（APA）夏季高峰论坛上，龙元老师从对建筑设计基础教育的反思入手，指出建筑的本质是人和空间的关系，提出建筑策划是回归建筑本质的必由之路，并通过对华侨大学在建筑策划视野下建筑设计基础课程体系的介绍，指出通过建筑策划视野下的设计教学过程，可以增强学生对于建筑和环境的整体意识，唤起学生对于空间中人的行为和活动的重视，并使设计结果逐渐回归建筑的本质。

一、对建筑设计基础教育的反思

2009年以前华侨大学建筑学专业大一年级的建筑设计基础教案，和众多兄弟院校一样，承传了布扎及包豪斯的教学体系，重"物"不重"人"——侧重抽象的形式美学训练和建筑风格的模仿，真实的环境缺失，空间的主体不在，人与空间的关系被弱化。面对信息爆炸、环境可持续性、城市更新、社会公正和融合等全球性挑战，建筑设计的基础教育应如何回应？

精英美学主导加上资本利润和权力的驱动，建筑偏离日常生活而沦为形式的游戏，空间本质的异化已经是一个不争的事实。建筑学需要反省，需要回归生活立场后的重构。建筑是生活的容器（Herman Hrtzberger），是常识的体系化，服务大多数普通人的日常生活并表达地域共同价值是建筑的理由，培养"普通"建筑师意义更大。基于这样的认识，我们提出建筑的教育应该从人和空间的整体性开始，从使用的观察和评估开始，这也正是建筑设计与建筑策划的交汇点。使用后评估（POE）的目的不仅在于评价建筑客体，更是经由对用户与空间的互动关系审视多元主体，发现用户对空间进行创造性使用和再使用的策略，逐渐接近建筑的功能概念。由此可见，策划是回归建筑本质的必经之路，策划是一件贯穿建筑全过程的事。海杜克（John Hejduk）的那诗意的定义"建筑是一个开始……"，其后面的过程更需要建筑师去关注。

二、华侨大学建筑设计基础教学体系

经过多年的摸索，华侨大学的建筑设计基础教学主要分为基础训练和专题设计两大部分。基础训练部分主要是指小尺度的建筑设计，需要从空间到场所、从个人身体出发的空间实践到进入空间、从乡村到城乡融合型社区的不同层面需求；专题设计部分包括中等尺度的建筑设计以及城市尺度的建筑设计，中等尺度的建筑设计需要建筑师了解复杂的建筑背景和在地背景并进行环境分析，而城市尺度的建筑设计需要对城市的环境生态进行分析。华侨大学特别重视对于建筑设计基础教学部分的探索，并会针对不同的年级进行不同的教学。

以大学一年级的建筑设计基础教学体系为例，课程由六大课题组成。第一大课题是旅行和认知。通常在学生进校开课后的第一周进行，学生们会集中在土楼进行生活体验，通过观察建筑尺度、建筑材料，通过手绘、测绘以及影像方式记录生活场景，并深入体验乡村生活方式，让学生在真实的背景下发现建筑。这个课题的教学成本较高，但得到了学校的支持，影响力逐渐从建筑系扩大到了景观系。第二大课题是场所。选定世界文化遗产土楼村落——南靖县塔下村作为基地进行空间场所感知教育的基地，让学生体会人的身体与空间尺度之间的关系，这个课题通常由学生自发完成。第三大课题是建造。通过对"我的小屋"的搭建，让学生完成从二维到三维空间思维的转换。第四大课题是对大师作品进行分析和解读。第五大课题是空间要素的组合，这个课题是要让学生掌握空间要素的关系和属性以及建构方法，但不涉及具体使用。第六大课题是乡村活动站的设计。在最后一个教学阶段中让学生们回到村落，在建筑设计的过程中，学生们需要与村民互动，了解村民的需求，通过建筑策划完善建筑功能并探索空间的表达逻辑。

大学二年级的建筑设计基础教学回到了城市，选择了紧邻华侨大学的陈嘉庚先生的故乡——厦门市集美区大社作为教学的背景场所。课程体系整体由四个部分构成，从休闲吧、到村宅、到社区中心、到幼儿园的设计。第一个课题休闲吧的设计目的是让学生们掌握建筑空间的建筑材料和结构；第二个村宅的设计要让学生们领会到村民自建的智慧，并学会向用户学习；第三个社区中心的设计中要求学生们掌握气候条件与建筑空间的相互关系，领会建筑空间多功能的概念；第四个部分幼儿园的设计，则是要求学生学会对基地场所和儿童用户的行为进行观察并应用到建筑设计之中。

华侨大学在建筑设计基础教学过程中提出要"向生活学习，向历史学习，向乡土学习"，所有的建筑设计基础教学都必须遵循以下三个原则：

1）真实性是建筑教育的核心

真实性意味着真实的时间、真实的空间、真实的人，当今的现实生活是最好的老师。选择建立一个乡土聚落背景（南靖县塔下村，土楼世界文化遗产地），积累社区空间和场所经验，这既是一年的教学训练和设计基地，更是一种自然的建筑态度。

2）整体性是建筑教育的立场

通过持续的对真实空间的观照与对话，把握环境的整体性，即历史、社会、生活、地理、气候、材料等多要素相关的复杂性，培育文化意识与本土意识。

3）身体经验与活动策划是建筑教育的起点

以个人身体为出发点启动与空间的对话，继而营造"人与人的互动（活动）——通过建筑策划完善功能"，为此，需要研究空间的使用，理解本土生活常识和空间策略，空间经验比空间形式更重要。

三、对于教学成果的初步认知

通过这种在建筑策划视野下的建筑设计基础教学过程，对于教学成果有了一些初步的认识：

（1）学生对建筑与环境的整体意识增强：学生们学会了从发现现实生活的需求和问题开始，从基地环境的阅读和理性分析中去寻找设计概念和策略。

（2）相对于强调个人化的创造和自我表达，学生们在学习尊重、学习倾听并理解他者，学习坚持并开始接受建筑师作为一种继承、改善和提升的专业角色。

（3）学生们逐渐学会重视空间中人的行为和活动，对建筑功能的复杂性和动态性有了一定的认识，设计结果的生活感增加；但同时，因为对设计手绘能力的训练强度降低，设计结果的图纸完成度或者形式感有所弱化。

（4）未来华侨大学在建筑策划视野下的建筑设计基础教学工作还需要不断地研究和探索。

4 建筑策划引领建筑全程 设计 ————— 演讲◇屈培青

中国建筑西北设计
研究院 总建筑师

都市更新·智汇西安 建筑策划专委会（APA）夏季高峰论坛上，屈培青先生以建筑策划为出发点，提出建筑策划引领建筑全程设计的观点。"设计市场机制的转换"——建筑市场从单一的计划经济时代转变为多元化市场经济时代，设计模式也从传统的单一设计发展到今天全程设计的全过程。并通过西安兵器博物馆、传统商业街区策划、石榴古镇策划的案例讲述了建筑策划引领建筑全程设计。

一、设计市场机制的转换与全程设计的优势

由于建筑市场从单一计划经济时代转变为多元化经济时代，设计模式也从传统的单一

设计发展到今天的全程设计，由前期策划、规划设计、建筑设计、室内设计、景观设计、园林设计组成的设计总承包机制。在西安的设计市场，如果只做方案设计，境外设计公司、国内大设计院是我们强有力的竞争对手；策划公司先入为主，对于我们来说也是强有力的竞争者，待项目策划成功，同时也控制了设计的主动权，我们只能参与施工图的设计。而如果只做施工图，待境外设计公司、国内大设计院完成了方案设计，找本地设计院完成施工图设计，我们又被本地一些中小设计院用压低设计费的手段来竞争。我们只有通过前期策划、规划设计、方案设计、构造设计、材料设计、施工图设计、装修设计、景观设计、园林设计做全程设计，才能赢得项目主动权。

我们和境外、外地设计院相比既有很强的综合设计能力又有充分的时间随时跟踪甲方的项目；同时对本地的地域文化具有更深的认识；对本地市场数据资料分析得更充分。我们和本地一些中小设计院相比有较强的全程设计综合实力。我们最终走到了做全程设计这条路上来。在全程设计中，建筑策划又是全程设计的思想、导则，建筑策划必将引领建筑全程设计。下面将我们策划的几个案例介绍一下。

二、西安兵器博物馆

西安兵器博物馆是全程设计的成功案例。首先国内大部分博物馆都不收门票，从经济效益讲是不挣钱的项目。但作为一个投资几亿元的项目，设计前甲方还不清楚到底该怎么做。所以，我们主动提出先做策划再做设计。在西安兵器博物馆的策划上我们提出以商养博，靠文创商业产品来带动博物馆。博物馆展览部分我们提出中国兵器近代发展史、兵器成果分类展区、兵器研究区三个部分。在文创商业产品布局上，根据年龄以及消费层次的不同，打造实际枪战板块、电子枪战板块、战争娱乐板块、旅游餐饮板块四个部分。策划报告得到了投资商的高度认可，并采纳了我们的报告，明确了设计内容和设计定位，建筑师得到了业主的很大信任，为我们在建筑设计上打下了很好的基础。

在建筑创作构思上，采用岩石、战争、爆炸的概念，以粗犷的原石为基本的雏形，通过爆炸后的裂变进一步瓦解原始雏形，散落于场地之中，盘踞空间的中心位置，统领整个园区的精神地位，将空间细分为多种功能，给空间的结合创造基础。选取合适的空间体量，对每一组空间形态再次细化，打磨每一颗岩石的棱角，给光和空间提供穿行的通道。西安兵器博物馆的景观设计通过前场主入口的硝烟四起，经过主干道烽火大道，干道东西两侧通过战争场景来展示兵器，在建筑中心广场树立精忠报国和名人堂的人物雕塑群。后场将表现凯旋的胜利广场及和平广场（图1）。

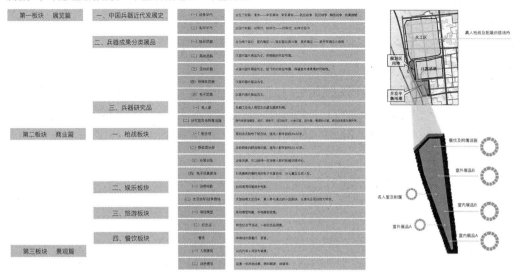

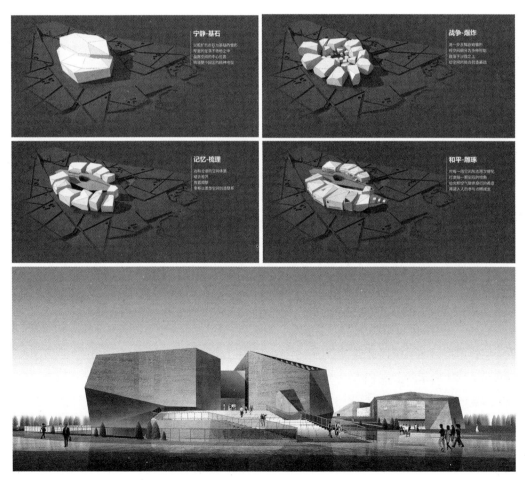

效果图

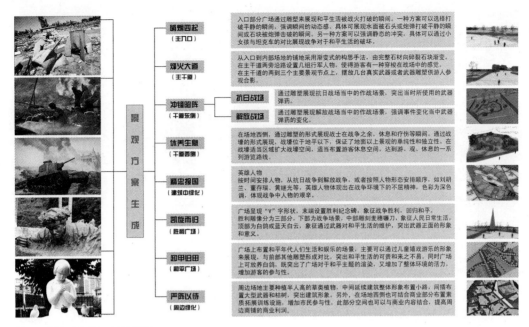

图1　建筑创作构思及效果图

三、传统商业街区策划

在传统商业街区策划中我们分为四种类别：

第一类为老城改造及改建商业街，例如上海新天地、北京后海、西安北院门是老城改造及改建商业街的重要代表。上海新天地是一个具有上海历史文化风貌且中西融合的都市旅游景点，它以上海近代建筑的标志石库门建筑旧区为基础，加以改造。在新天地的改造设计中，首次改变了石库门原有的居住功能并创新地赋予其商业经营功能，把这片反映了上海历史和文化的老房子改造成为集餐饮、购物、演艺等功能为一体的时尚中心。北京后海是什刹海的一个组成部分，"老北京"都记得过去什刹海的多种莲藕，荷花市场乃京城最有名的消夏场所。2003年以来，后海的人气以一种令人无法理解的速度飙升，各种酒吧从后海南沿到前海北沿连成一片，至今已经发展到120多家酒吧，成为北京著名的夜生活腹地。西安北院门历史文化街区位于西安市老城区的中心地段，这里曾是唐长安城皇城的一部分，也是西安市第二次城市总体规划所确定的以明清时期历史风貌为主的历史文化街区。这是一个古代文明与现代文明交相辉映的地方；这是一个见证"丝绸之路"东西方文化交流的地方；然而随着城市的发展，街区传统风貌曾一度丧失；商业和旅游业等产业发展也严重不足。为此，自2008年起至今，西安市委、市政府以西安清真寺申报"丝绸之路"世界文化遗产为契机，持续有效地开展了对西安市北院门历史文化街区的保护与规划工作。不遗余力地保护了文化遗产，还原了历史风貌，完善了基础设施。将传统与现代结合、文化与经济效益相结合，合理地引导了业态发展，提升了旅游环境。在最大限度地保持了北院门明清风貌的基础上，使之成为一个名副其实的、更加能代表古都西安形象的历史文化名片。

第二类为工业遗产保护与改造，重点研究了德国·埃森红设计博物馆、北京798艺术区、西安大华1935。德国·埃森红设计博物馆，自从德国鲁尔矿业区完成它伟大的历史使命之后，政府就积极促使城市转型，将它从嘈杂的老工业区逐渐转变为充满文化和现代气息的城市，很多个闲置、废弃的工厂经过改造最终变成了今天的博物馆、豪华餐厅和文化娱乐场所，素有设计界奥斯卡的红点奖也将博物馆安置在这里。北京798艺术区，原址为北京原国营798厂等电子工业的老厂区所在地，对于废旧的工业厂房，在对原有的历史文化遗留进行保护的前提下，将原有的工业厂房进行了重新定义、设计和改造，成为十分有影响力的艺术街区。逐渐发展成为画廊、艺术中心、艺术家工作室、设计公司、餐饮酒吧等各种空间的聚合，形成了具有国际化色彩的SOHO式艺术聚落和LOFT生活方式。798的成功模式，让旧工业遗迹在艺术的催生下焕发了生机，也让全国各地有着同样资源的地区开始探索谋求类似发展旧工业遗址改造更新之路。西安大华1935是西安为数不多的工业文化遗产保护利用的一个有益探索，既实现了原有工业文化遗产与现代城市建筑的和谐共生，也实现了保护与开发利用并举。项目方案设计最大程度地将原有20世纪30年代至90年代不同时期的建筑风貌与现代城市功能结合，保留原有的锯齿形采光窗屋顶、钢三角结构厂房等特色，同时创新性地融入时尚设计元素和现代新型材料，并结合美轮美奂的灯光设计，实现建筑、景观及周边环境的完美融合。

第三类为历史名镇保护及改造，着重讲三个例子，云南丽江、束河古镇、浙江乌镇。丽江位于滇西北高原，古城内鳞次栉比，依然保持着明清时代建筑特色的瓦屋楼房是近三万纳西族群众的家园。1997年12月被联合国教科文组织列入世界文化遗产名录。"碧水绕古城"是丽江一大特色，古城内有40多个宅院被列为重点保护民居。正是由于良好的保护措施和手法，丽江以其秀美的自然风光和古朴的文化底蕴，成为享誉中外的休闲旅游胜地。束河古镇，是纳西先民在丽江坝子中最早的聚居地之一，是茶马古道上保存完好的重要集镇，束河是世界文化遗产丽江古城的重要组成部分，束河是纳西先民从农耕文明向商业文明过渡的活标本，是对外开放和马帮活动形成的集镇建设典范。浙江乌镇是典型的江南地区汉族水乡古镇。浙江乌镇完整地保存着原有晚清和民国时期水乡古镇的风貌和格局，以河成街，街桥相连，依河筑屋，水镇一体，组织起水阁、桥梁、石板巷、茅盾故居等独具江南韵味的建筑因素，体现了中国古典民居"以和为美"的人文思想，以其自然环境和人文环境和谐相处的整体美，呈现江南水乡古镇的空间魅力，是江南六大古镇之一。

第四类为红色主题小镇和田园综合体小镇，红色旅游小镇如照金红色旅游小镇，在照金镇我们主要通过打造美丽乡村小镇和建设陕甘边革命根据地爱国主义教育基地这两条主题轴线对照金红色旅游名镇进行了整体规划及设计。照金镇在建设美丽乡村小镇的计划中，政府主要从以下四方面开始整合：①从政策和机制上积极推进城乡发展一体化，加快农村剩余劳动力的集中管理，利用自身地域优势大力发展特色农业、生态农业、乡村旅游，多渠道发展，就地扩大农民就业条件，增加农民人均资源的占有量和收入，同时要健全管理机制和用人机制，引进专业技术人才，为加快美丽乡镇的发展创造良好的政策环境。②加快农村剩余劳动力的集中管理，从乡镇规划上，将分散居住的农民集中安置，节约土地资源的同时，减少分散配套投资。③实现医疗、养老、贫困救助等社会保障城乡一体化。④健全乡镇公共配套和社区服务功能，包括住房改造、道路整治、乡镇绿化、垃圾处理、用水安全等，真正改善农民的住房条件。在照金总体规划中，以公共文化为核心形成了旅游商业街，以红色旅游纪念品、地方特色农产品、文化休闲、地方餐饮等商业带动了小镇的经济，解决了农民的就业，增加了农民的收入。田园主题小镇如玉山新桃源，因此地位于秦岭山脉蓝田，山清水秀并产蓝田玉而得名，是陕西省重点建设的文化名镇之一，交通便捷，自然环境资源良好。项目着眼于新镇，充分利用老镇，整合周边资源，将发展独具民俗风情特色的旅游新镇及农家观光、会所、酒店等周边产业。新镇以主题酒坊、民间工艺坊、餐饮娱乐、古镇客栈、风情创意集市及戏楼六大板块为商业业态的主要内容，形成丰富多彩的民俗旅游文化景观。

对传统商业街的研究结论是，比较好的商业建筑应该先有商业业态再有建筑形态，也就是说商业业态决定了建筑形态，接下来以石榴古镇的策划为例详细讲解。

四、石榴古镇策划

石榴古镇项目地处临潼市区以南，东面依次为骊山华清池、秦始皇陵和秦始皇兵马俑，用地位于石榴园及芷阳湖周边，基地周边有良好的温泉及历史文化环境的条件。虽然有着深厚的大文化背景和历史文化底蕴，但是该区域却一直缺乏商贸活动和民俗展示，可以借助临潼传统的旅游文化资源，同时结合自身的地理环境优势，发展出独具特色的商业古镇以及农家乐、观光园、会所、酒店等周边产业。因此，在历史大文化的背景及框架下，打造以民俗民风为主题的石榴古镇，同时在石榴古镇的周边配套吃、住、游的旅游文化产业链（图2）。

策划不应仅着眼于一个古镇，而应该充分利用古镇和古镇周边的资源，形成集生活、旅游、商贸为一体的产业链。因此，大文化商业框架的策划依托临潼文脉和自然环境，提出"两纵一横五点"的思路（图3）。

"两纵"指以现有道路为基础的石榴古镇轴线和精品酒店轴线；"一横"指计划设计建造的连接石榴古镇和石榴酒店的栈道轴线；"五点"指分布在"两纵一横"上的五个商业点，分别为石榴山庄及农业观光园、石榴古镇、百子庙、高档会所以及石榴酒店。临潼历史文化丰富多彩，石榴古镇定位明确，以石榴文化为魂，与周边秦皇汉武唐宗等皇家景区形成文化差异，升级旅游产品，以情境体验为主，再配合一系列节事活动策划，将有望成为整个临潼国家旅游休闲度假区的人气引爆点。

石榴山庄的内容有农业观光、石榴风情古镇、百子庙、石榴餐厅会所。石榴山庄农家

❶芷阳湖　　　　　❷骊山华清池　　　　　❸秦始皇陵　　　　　❹秦始皇兵马俑

图2　项目位置及周边环境

❶石榴山庄及农业观光园

❷石榴古镇

❸百子庙

❹高档会所

❺石榴酒店

图3　"两纵一横五点"的规划思路

乐依托周围原生态环境，利用石榴加工成特色菜，配有钓鱼池、烧烤，主要针对广大的旅游消费群体。农业观光园是农业生态游的绝佳胜地，游客在观光的同时带动其他产业链，成为陕西乃至全国著名的农业特色旅游景点。石榴风情古镇是石榴山庄商业的主体部分，包含最丰富的商业业态，主要内容包括石榴主题酒坊、民间工艺坊、餐饮娱乐、古镇客栈、风情创意集市。百子庙是人们对于代表多福多寿、子孙昌盛的一种体现形式，为人们提供一个祈福场所，临演的多子石榴同样也代表着多子的寓意。石榴餐厅会所定位为高档休闲娱乐消费场所，风格上延续特色古镇设计的建筑表皮肌理，使用关中传统民居为依托的新中式现代风格，使石榴花园餐厅既连续于整体规划之中，又在其中保持独立。

石榴古镇规划设计立足关中传统民居式建筑，建筑单体均采用一至两层的关中传统民居形式，真实地还原了关中地区古村镇的建筑风貌。规划设计中借助自然地势，建筑群落高低错落布置，形成了层次丰富的街巷空间，使游走于古镇中的人们时刻感受着其间的幽幽古韵，重温昔日的市井生活。

在当前的市场运行状态下，项目策划已不再是以往由策划公司通过靓丽的图片和华丽的辞藻独立完成的策划文稿，设计单位也不再是按照策划内容独立地完成建筑方案。建筑策划已经走入了一个成熟、完整、相互关联的设计体系，这个体系分为四大板块。第一板块是通过文化策划来挖掘历史文脉元素及开发文化业态元素，打造文化—产业链。第二板块是将文化策划中的业态转化为建筑形态落实在城市规划区域内的建筑规划策划。第三板块是以后期运营和招商落位来评估文化策划和建筑规划策划是否可行。第四板块是通过投资风险评估和投资周期对前三个策划内容的可行性进行评估。这四个板块组成了一个完整的《项目策划报告》。以上策划报告不是哪一个单位能够独立完成的，这需要以大型综合设计院的团队与项目业主为航母主体，同时接纳文化策划、商业策划、旅游策划、景观园林、招商运营等各个战舰围绕着航母共同组成一个联合体，成立一个设计营。而大型综合建筑设计院中的职业建筑师在专业上是一个承上启下的角色，上对文化招商、策划规划、顾问咨询，下对景观园林、装修雕塑、工程材料等。建筑师总负责能有机整合各个协作单位，高效、全面地主导和完成整个项目的全程设计（图4）。

图4　项目策划的综合性

5 城市设计中的空间策划 —————— 演讲◇梁思思

今天我和诸位分享的，是关于建筑策划的外延，即城市设计中的空间策划。在城市和建筑之间，不仅是延续步骤的空间完成，从"策划"到"设计"；更多时候，是"策划"和"设计"的紧密结合。使用者不仅生活在建筑中，也生活在城市空间中。经典教材以及当前的城市设计与建筑设计实践，均体现了这一点。在城市设计，尤其是落实到具体地块的场地设计中，具体的考量不仅包括空间要素和物质环境，更多是关注在环境中的"人"，以及相应的经济需求、社会需求和实施过程中的情况，我们称之为空间策划，即城市片区中空间活动束的产生以及空间生产的过程。

建筑策划教学科研论坛分享的主题围绕教学展开。在城市设计课程体系的建设中，如何加强人居环境科学思想的指导，充分发挥"建筑、规划、风景园林"三位一体学科背景的优势？如何通过城市设计课程体系的建设，实现本硕贯通路径下的城市设计知识积累、能力培养以及价值塑造？如何体现城市设计系列教学课程应具备的综合能力训练的层次性、城市设计价值观塑造的连贯性以及解决复杂问题的多元视角和途径的系统性等，均值得我们的深刻反思。

2011年起教育部的《学位授予和人才培养学科目录》将建筑学、城乡规划学、风景园林学并列设为一级学科。其中，"城市设计"调整为建筑学一级学科下的二级学科范畴；城乡规划学下的"城乡规划与设计"也涵盖这一内容。作为现阶段城市实践行业的热点，各大高等院校专业教育纷纷将城市设计课程作为核心课程纳入教学计划。在以场所空间为核心的引导下，城市设计涉及了社会、公平、经济、形态、空间、技术、艺术、生态、感知等各个维度，对空间策划的要求也越来越高。在国外的院校，如哈佛设计研究生院、宾夕法尼亚大学设计学院、麻省理工学院城市规划系下均设有多门类的城市设计相关课程，或以设计工作坊形式展开，或是讲课授课和研讨课的形式。从其课名可以看出，均包括了"设计"（Design）和"建设"（Development）两个部分，也鲜明地体现出设计和策划的结合。

因此，我以清华大学建筑学院的城市设计教学为例，展开相关的探讨。清华大学建筑学院目前采用的是"建筑·规划·景观"三位一体、交叉融贯的学科架构。在此基础上，自2011年正式增设城乡规划本科专业以来，经过多年努力，也已形成了较为系统、完善的城乡规划设计系列课。其中，和城市设计专业课紧密相关的，主要集中在本科高年级的"场地设计""城市设计"和研究生一年级的"设计专题二：总体城市设计"。此外，"住区规划与住宅设计"等课程也有涉及城市公共空间的设计，但其重点还是集中在住区规划的训练（图1）。

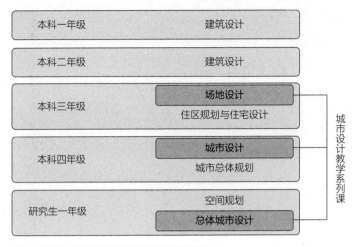

图1　清华大学建筑学院城市设计系列课

其中，清华大学建筑学院研究生"总体城市设计"课程开设在春季学期，为期16周，每周有1～2个半天的课堂教学时间，共3学分48学时（实际课堂教学时间远超学分要求的课时数），授课对象主要为城乡规划学研一的学生。学生规模基本稳定在30人左右，教师数量4～6人，师生比约1∶5。

课程在研究生现有专业理论知识、本科城市设计和研究生城市空间规划专题训练的基础之上，重点针对特定城市或大尺度的城市综合性片区进行总体城市设计训练，是帮助城乡规划学研究生建立和掌握城市尺度上的空间概念和设计手段的重要途径。课程在题目设置、联合授课、教学安排、辅助讲座等方面开展了一系列教改探索，逐渐形成了具有一定特色的"立足本土、接轨国际"的独特教学模式。

课程选题应对于中国经济的高速发展和城市建设的迅猛扩张，动辄十几乃至几十平方公里的大尺度城市设计项目已经十分普遍，需要培养具备相应规划设计能力的技术人员来加以引导和调控这一背景，在全国范围内选取规模在20km²左右的地段展开研究。六年来地段覆盖了北京、上海、天津、广州、昆明、青岛、成都、桂林等多个城市，选题涵盖了"港口地区""旧城中心区""城郊地带""棕地改造""新建机场片区""科技新城"等多种类型。

课程的设计有三大特点。第一，关注和总体城市设计相匹配的结构性大尺度城市设计项目，关注城市片区的发展，以及同社会、经济、文化等领域的衔接，更注重研究的深度思考。第二，面对综合性的城市问题和城市环境时，强调规划、建筑、景观多学科设计思想的综合和设计方法的多样性，综合性地解决"城市设计"中的具体问题。第三，教学目标不仅关注"专业能力"，同时鼓励培养学生的"研究能力"，在教学方式中融入层层递进的知识讲授和专题讨论等方式，通过综合运用城市社会学、城市经济学、人文地理学、景观生态学等跨学科领域各个层面的理论和技术手段的知识，将对城市空间及社会问题的深入及前沿性的思考融入空间形态设计。

以今年的教学举例，地段选址位于成都的环川大、川音片区。这是成都中心城不断往外扩张的地块，因为被这两个大学分割，市政府计划对整个片区作整体的升级改造，包括音乐厅的建设、道路下穿等，势必带动这个地方的更新发展。因此，是典型的"城市边界空间更新及存量优化"课题。涉及较多的空间策划信息和内容。我们希望将空间策划运用在设计前期，通过策划分析得出定位，需求或者诉求，并研究相应的标准引导我们空间可能性的表达和蓝图的实施。

回顾教学过程，空间策划在城市设计中的应用可以归纳为以下三个环节：规划定位及策划目标、用户反馈及设计标准、形态策划和功能需求。相对应的策划方法主要有四向结合分析比较、使用后评估、以及研究方法论主导（图2）。

第一个环节是通过"四向结合"分析规划定位和策划目标。四向结合法指的是横向比较与纵向分析结合、问题导向与需求导向结合这四个维度的综合分析。这个分析不是单独成环

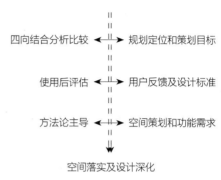

图2 空间策划在城市设计中应用的三个环节

节，而是相互组合，得出综合平衡和统一后的结果。纵向是通过考察空间演变的历史阶段进程，在城市发展中动态把握地区的空间特征和所处的发展阶段。教学指导研究发现历史上，基地所在的城市片区和水是相伴相生相长的关系，这种空间上的互动从一开始的发展延续至今，形成独特的脉络。继而，通过横向分析，明确基地在区域和城市层面具有的比较优势，比如在全城河流水系不同流域中的独特定位，在科教特色、历史文化特色等方面的突出特点，并用大数据的方法支撑。问题导向在于发现地段的关键问题和主要矛盾，从而发现切入点和落脚点。需求导向在于结合未来发展的核心需求，指明规划方向。研究通过多方资料收集分析，发现对于这个地方的场地产业改造的需求之外，还有很多其他的使用者。由此挖掘出了"蓉漂"一词。因为成都是一个非常舒适的地方，所以越来越多的人也来到成都开始他们的创业，怎么解决这二者之间看似矛盾实际不矛盾的地方？他们总结出来蓉漂的特点是：安心生活，不断创业。并通过基地特色和潜力需求分析，论证这个群体引入到本基地这个特定片区的可行性和必要性。

第二个环节是关键的一步，即对基地展开现状的用户评估。20世纪60年代开始，以佩纳和普莱瑟等为代表的建筑学者将使用后评估与空间策划相结合，开始系统地对城市建成环境的绩效评估进行研究实践。半个多世纪以来，使用后评估已发展为面向不同时期使用价值、综合多种评估方式与步骤的系统体系。这一环节的使用后评估不仅仅是对建筑环境的使用后评估，而是综合了绩效分析调查、多类型综合评价、案例深度学习等多个层面的工作。

结合地段城市设计的定位和特色，在本基地的使用后评估关注的是社会效益和用户反馈，比如居民在这里的需求和感受，比如对于公共空间、开放绿地以及公共服务设施等的改善需求，比如对于各个层级交通的评价和需求响应度测算等。后评估的综合评价不仅涵盖公共建筑、居住建筑等多类型的建筑单体，也扩展到城市公共空间的各个层面，研究方

法也融合了计算机动态模拟评估、大数据与实时监测、空间句法与城市性能评估等多种前沿学科方法。比如，我们运用微博大数据和手机信令数据，分析基地社会活跃度的空间分布和相应静态设施的空间布局。并运用相应软件展开分析两者之间的耦合关系，查漏补缺，提亮重点。此外，在城市设计的传统过程中，都会采用案例作为参考。但是在这里，会需要对案例展开深入分析。比如，在本次教学中，研究组总结了15所国内外科研院校及其周边环境的空间布局和"校—城—水"之间的发展互动，并深入分析空间形成和演变背后的动因，由此推导出来基地有可能采用的模式和类型。并借鉴下一步研究设计需要的经验和策略。

第三个环节是方法论主导下的专题研究。在城市设计和空间策划的教学过程中，学生常常很容易困惑于，一个灵光闪现的头脑风暴，能否为基地所用，跟这个地段如何很好地契合等问题。首先，教学鼓励挖掘基地的"软性空间"，以软性的潜力片区和机会地块为切入点，为发展注入动力。其次，在产业专题上，空间策划注重通过"差异引导法"确定地段的功能应对。比如通过现有的某些产业类型的发展阶段和趋势的分析，结合地区经济社会发展实际，因势利导，引导现有产业向更高层次升级和转化。最后，我们强调对当前社会热点的提炼和需求的挖掘。还是以本基地为例，学生挖掘出文创产业、健康更新等需求，但是，需要对如何细化和具体化进行深入探讨。比如，地区内大量的沿街混合办公居住的楼栋，能够为文创更新提供良好的孵化场所，但是一般大型工业建筑遗存中的创意产业类型并不适合校园片区。结合本地区的发展条件，和城市发展趋势和潜力，确定适合本基地空间特点和用户需求的特色化产业类型，比如设计、新媒体研发的信息类科研办公企业，音乐创作等小微空间即可满足的艺术型文创场所，以及利用现有场馆改造的体育、演艺类文娱产业。在这些空间策划方向确定后，我们还结合可能的机会场所，通过丰富的街道、城市空间、开放街区设计，进行空间定点落位。

在空间策划的过程中，还有一个环节是弹性开发和改造。这涉及具体的开发步骤、拆迁腾退安置的资金分配和流程安排。由于这需要和甲方以及政府进行充分的沟通和磨合，所以在指导过程中，更多地偏向于理想化的模式，但是我们通过在评图阶段邀请多样化的嘉宾，包括来自地方规划部门、重要规划设计研究院、其他设计教师中的诸多代表，请他们从各自不同的视角对学生的设计成果进行评判，也带来了更加多元的思考视角。

综上所述，空间策划在城市设计中的位置显而易见，它需要充分渗透在设计的各个环节、阶段。第一，当学生的能力从一年级到高年级不断加深的时候，策划的力度应该一步一步加强，因为它实际上是真正帮助学生认识这个社会在运转的重要性。第二，我们发现策划和使用后评估的结合不仅体现在单体建筑领域，也可以扩展到都市更新和城市片区的开发建设之中。第三，传统的设计教学中关注的是空间形态美学，而现在学生更希望接受到逻辑分析的训练，以及策划方法的多方面应用。因此，我们的空间策划在城市设计中的应用，也得到了学生的一致好评。因为在城市设计教学中不仅需要激发学生关注物质空间形态的塑造，更需要鼓励其深入了解场所营造背后的动因和实施的可行性，这也正是空间策划的初衷。

6 建筑策划的实践应用 ——————— 演讲◇马健

都市更新·智汇西安 建筑策划专委会（APA）夏季高峰论坛上，马健老师从介绍房地产业的发展背景和建筑策划在中国的发展历程入手，详细介绍了建筑策划在房地产行业中的实践应用，并结合实际案例讲解了城市商品住宅的建筑策划要素及成果评价指标，深入浅出地阐述了建筑策划实践应用的全过程以及建筑策划的重要意义。

一、城市商品住宅的建筑策划背景

中国的建筑策划从引进理论开始，而人们认识"策划"是从房地产市场开始的。

从1978年的土地相关法规的调整算起，中国的房地产业已经伴随着改革开放经历了30多年的风雨历程，随着世界经济格局的变化，中国房地产市场的发展也逐渐处在一个更为广阔的政治、经济、人文环境之中。从20世纪90年代以来，市场经济不断深化，策划咨询行业应市场需求，在全国范围大量出现。与真正的建筑策划相比较，房地产项目策划主要侧重于营销策划，以商业性为导向，充分体现市场价值。对建筑方面的策划虽然略有涉及，但是内容不够深入具体，可操作性不强，对建筑师进一步的方案设计缺乏实质性的指导意义。而伴随房地产市场的逐渐成熟，市场对策划的需求正在由表及里、由浅入深，随着市场经济不断的规范和完善，逐步淡化过度炒作的营销策划，重视以人为本的产品研究成为策划行业的大势所趋。

结合多年以来从事的城市商品住宅开发实践，笔者将建筑策划理论应用到项目前期策划中。试图归纳整理出商品住宅建筑策划要素，并结合实践项目研究城市商品住宅房地产策划和建筑策划的联系与区别。

商品住宅开发可分为项目开发策划、项目实施策划与项目运营维护策划三个阶段，其中项目开发策划具体到按项目管理工作的内容，可分为投资策划、建筑策划（包含规划策划）、营销策划和组织管理策划。在项目策划体系中，不同方面的策划内容是互相影响的，不同策划内容之间协调时要以整体利益作为确定因素，不同策划的结果同样要反映到建筑策划（规划策划）的具体产品定位上来。

二、城市商品住宅的建筑策划要素

城市商品住宅的建筑策划要素涉及的主要内容有：

建筑策划要素包括市场和用户研究、建筑空间研究、总体发展定位、住宅产品建议和项目财务分析。

1）市场和用户研究

市场研究包括自然和社会环境研究、城市和区域商品住宅市场研究、项目竞争性市场分析、可借鉴案例分析以及SWOT分析；用户研究主要是对使用者的生活方式进行深入的研究。

自然和社会环境研究：对项目用地和周边环境作深入剖析，针对项目地块进行研究，分析关于城市规划，周边区域现有及未来城市规划、交通条件和基础设施建设对开发地块产生的影响，了解项目的竞争优势及劣势，以及未来周边环境的变化趋势。通过以上分析，可以了解项目的开发运营基础条件，可以了解项目所在区域，在城市发展格局中的定位及发展方向；对项目用地和周边环境作深入剖析，了解项目的竞争优势及限制性因素，以及未来周边环境的变化趋势；挖掘地块开发价值。

城市和区域商品住宅市场研究：为了解城市及区域目前和未来商品住宅市场情况，展开城市及区域商品住宅市场的研究工作。通过整体市场和区域市场以及案例分析，对商品住宅市场所在区域的发展进行判断，找出市场空白点，以及影响区域商品住宅市场发展的主要因素，对项目开发此类物业进行判断。

项目竞争性市场分析：利用经验和搜集的数据对市场竞争进行评估，以便描述项目的未来市场环境。将对本项目具体开发内容的潜在竞争项目（包括已建、在建及规划中的竞争项目）进行分析，通过项目在市场上的竞争力评价，分析其优势及不足，重点研究项目附近的各相关类型物业，以确定其与本项目中拟开发物业的竞争程度，总结项目的优势、劣势、机遇以及挑战。

可借鉴案例分析：选取与本项目具有可比性及市场可行性的成功项目进行个案分析，研究其借鉴性。并且，针对个案中成功案例的成功因素，清晰地阐述其符合市场潜在需求的，并对项目有主要影响的附加因素。

总结个案分析研究所得的结论，并列出影响项目市场表现的正面及负面因素。然后，对这些正面及负面因素作出总结，以协助开发者制定最为理想的发展策略。

SWOT分析：在地块分析及市场调研的基础上，通过对项目的优势、劣势、机会及风险的分析，并在此基础上全面考虑客户背景及其他因素，得出项目可行性的基本判断。之后从市场角度和使用者角度提出发展的主要方向，研究项目的市场机会，以确保项目的成功开发。

使用者生活方式的研究：研究通过对住宅投资者的问卷调查和深度访谈，了解客户生活方式需求及消费偏好，并发掘潜在目标客户的需求特征，将有助于甄别潜在的目标客户。

主要内容包括：商品住宅的需求分析，将通过对住宅投资者的问卷调查和深度访谈，了解可能成为本案项目的住宅购买者的背景、喜好及其需求；了解潜在客户的生活方式、消费习惯和偏好。

2）建筑空间研究

建筑空间研究主要包括城市架构和空间研究、容积率和建筑密度研究、主力户型选择和配比研究、室内空间尺度和布局研究、建筑形态与风格研究以及居住空间创新研究六大部分。

城市构架和空间研究：研究城市总体规划和城市设计定位，使开发与城市系统工程相适应；通过对城市的文化脉络、生态环境、空间格局等内容进行研究，将开发纳入城市设计体系。

容积率和建筑密度研究：在城市总体规划和控制性详细规划的前提下，综合市场分析和消费者调查，对待开发项目的容积率和建筑密度进行研究，提出综合效益优化的容积率和建筑密度指标。

主力户型选择和配比研究：综合区域市场和用户研究，结合消费者生活方式和行为、心理的研究，提出主力户型面积区间及各种户型的配比。

室内空间尺度和布局研究：结合消费者生活方式和行为、心理的研究，对户型空间尺度、平面布局进行研究，给出合理化建议。

建筑形态与风格研究：结合消费者生活方式和行为、心理的研究，对建筑形态和风格进行定位。

居住空间创新研究：结合建筑科技发展和设计创新，将新技术、新材料等与住宅相结合。

3）总体发展定位

总体发展定位的内容包括整体定位分析、各组成部分定位以及项目细节建议三个部分。

整体定位：项目整体定位分析、项目整体发展主题概念。

各组成部分定位：项目市场定位、目标客户群体定位、项目开发的各发展内容及开发参数定位分析、项目建议开发的各发展内容的布局定位分析。

细节建议：项目整体重点产品细节建议（总体风格、建筑形式、景观设计等）以及其他有助于项目成功开发的附加因素。

4）住宅产品建议

住宅产品建议部分包含市场定位、产品定位和服务及配套设施定位三个部分。在选取建筑策划要素的时候，重点要素的选取需根据不同项目的特征加以选择。

市场定位：物业主题定位、产品档次定位、目标客户群体定位。

产品定位：住宅的单位面积、层高、户型配比建议、产品特征建议、建筑风格建议、装修标准建议。

服务及配套设施定位：配套附属设施构成建议、配套服务建议。

5）项目财务分析

就市场定位提出的初步方案进行测算，根据研究分析及市场预测，提供最优的发展方案，并提供财务验证，以了解该种物业的收益贡献及投资估算。

项目开发内容的选择将最终都经过财务分析测算，在考虑成本和受益的基础上，将进行现金流分析。根据市场研究结果、物业需求分析以及项目财务分析的结论，同时根据开发者提供的动态收益指标，确定项目最适合的发展内容及策略。

在选取建筑策划要素的时候，重点要素的选取需根据不同项目的特征加以选择。

三、城市商品住宅的建筑策划成果评价指标

基于综合效益优化的评价指标主要包括社会效益和经济效益两方面。

1）社会效益

土地高效使用，保障城市可持续发展；项目对城市环境和配套设施有明显提升和改善作用，对周边区域有良好示范和带动作用；能够为使用者提供舒适的、健康的、有文化内涵的、精神愉悦的生活空间；建筑空间能够适应不断提高的生活水平和生活方式转变；并为开发企业带来良好的社会形象和口碑，提高其客户满意度与忠诚度。

2）经济效益

商品住宅符合市场需求，销售周期短，能够为开发商赚取合理利润，使开发企业良性循环，获得成长；

住宅物业具有升值潜力，购买者能够获得良好投资回报。

四、建筑策划的实践应用

以西安市曲江六号项目为例，通过典型案例的房地产策划实践过程分析与评价，运用建筑策划理论检验缺点与不足，论述城市商品住宅建筑策划要素的构成及其作用。

1）曲江六号项目概况

曲江六号位于西安市曲江新区核心位置，坐落于大雁塔以南，北临雁南一路、东临慈恩西路、南临植物园、西临翠华南路。社区采用依坡就势的地中海式建筑风格，项目一期由小高层、高层等10余栋楼宇组成。曲江六号自2003年进行前期策划，2004年8月21日开始销售，在当时商品房滞销的市场环境下，一年半时间基本售罄，销售期间多次蝉联西安地产销售龙虎榜冠军，销售价格也领先于当时区域内其他楼盘，项目开发获得了良好的社会效益和经济效益（图1）。

2）项目前期各方的合作与博弈

项目从拿地到市场定位、规划设计、建设施工直至建成竣工，其间涉及的主要人员有

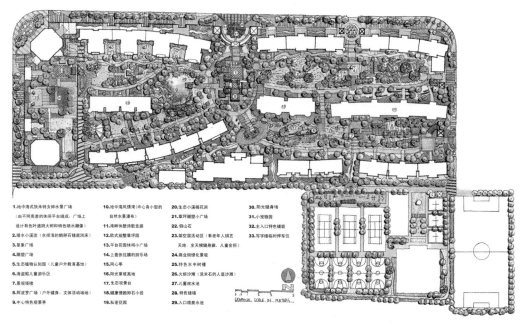

1.地中海式狄米特女神水景广场
（由不同高差的休闲平台组成，广场上
设计有色叶遮阴大树和特色喷水雕像）
2.跌水小溪流（水很浅的鹅卵石铺底河床）
3.星象广场
4.雕塑广场
5.生态植物认知园（儿童户外教育基地）
6.海盗船儿童游乐区
7.景观楼梯
8.阿波罗广场（户外健身、文体活动场地）
9.中心特色观景亭

10.地中海风情湾（中心有小型的
自然水景瀑布）
11.海畔休憩诗韵走廊
12.欧式观景草坪园
13.平台花园休闲小广场
14.上盖拉膜的游乐场
15.风雨亭
16.阳光草坡高地
17.生态观景台
18.漫摞揽卵石小径
19.私密花园

20.生态小溪桃花润
21.草坪雕塑小广场
22.假山石
23.架空居动区（有老年人棋艺
天地、全天候健身廊、儿童会所）
24.商业街绿化景观
25.特色水中树槽
26.火炬沙滩（洗米石的人造沙滩）
27.儿童观水池
28.特色矮墙
29.入口喷泉水池

30.阳光健身场
31.小宠物园
32.主入口特色铺装
33.写字楼临时停车位

图1 曲江六号一期总平面图
（资料来源：项目规划资料）

政府部门的管理者、开发商、建筑师和使用者，各方代表了不同的利益，也扮演了不同的角色。

一个建筑的产生，是社会和所在城市的需求，房地产项目的成功开发要符合这个需求。一个工程项目所涉及的矛盾，可归纳为三大类：一是城市公共利益，二是客体利益，三是房地产商主体利益。城市公共利益包括绿地要求、城市限高、后退红线、容积率、体量、外形以及有关城市公共管理等方面的内容。客体利益包括房屋是否好销、住户的要求、施工单位是否便于施工、邻居的相互关系、设计者的利益等。最后是主体利益，如果房地产商赚不到合适的利润，是不会投资的。这三个利益之间是有矛盾的，建筑策划师就要平衡这三个矛盾。

3）项目开发评价

曲江六号前期策划过程中进行了充分的市场调研，包括问卷调查、深度访谈、专业人员座谈、电话访谈等，为项目前期策划提供了充分的依据。良好的销售业绩与市场口碑都验证了市场调研分析结论的准确性，也显示了前期策划在商品住宅产品设计环节中的重要作用。

曲江六号项目一期于2008年交付使用，2010年其二手房交易市场均价涨到15000元/m²，小区入住率达到90%以上，项目开发取得了良好的社会效益和经济效益。为对项目的开发成果进行评价，笔者通过访谈法，对房地产相关行业专家、开发商工作人员、住宅使用者进行了调研，调研结果显示，项目取得了良好的社会效益和经济效益。

4）使用后评价与不足

基于前期市场定位的市场调查问卷主要从营销角度出发，对于目标客户群的生活方式、生命周期、行为喜好等研究不充分，造成产品设计方面存在一些不足。主要问题如下：

地中海建筑风格具有建筑外观色彩淡雅、装饰线条多等特点，西安所处的西北地区沙尘天气多，致使建筑外立面易污染，物业维护成本增大。

产品设计对生活细节关注度不够，如部分户型入户门外墙无贴对联空间，部分户型入户空间无玄关，导致入口处储藏收纳空间不足。

户型功能空间缺乏灵活可变性，无法适应与满足客户生命周期改变对居住空间产生新功能需求的要求。

部分园林景观水景较深，岸边无围护设施，易给儿童带来危险；景观设计水景较多，造成物业维护成本与难度增大。

受到销售价格和成本控制的影响，门、窗等安装设备质量较差，使用几年后维修率较高，维护成本增大。

屋顶造型形成丰富的建筑外观视觉效果和优美的天际线，但西安地区规范要求抗震八度设防，致使屋顶阁楼顶棚内梁较多，影响层高，妨碍使用。

5）结论

建筑策划相对于房地产策划增加了对目标客户群的生活方式、生命周期、行为喜好等的研究，有助于设计师对产品细节的重视，使户型设计更人性化。

建筑策划对居住者生命周期的研究，促进了住宅灵活可变功能空间的产生。

建筑策划更关注住宅整个生命周期的使用，使产品设计具有一定的前瞻性和预见性。

建筑策划相对于房地产策划更重视建筑整个使用周期的成本，对于建筑设备设施的选用更有预见性（图2~图4）。

图2　曲江六号一期实景图一

图3 曲江六号一期实景

图二

图4 曲江六号一期实景

图三

7 基于多主体的建筑策划 ———— 演讲◇涂慧君
"群决策"

都市更新·智汇西安 建筑策划专委会（APA）夏季高峰论坛上，涂慧君老师从介绍建筑策划的"群决策"的研究背景和意义出发，阐述了构建一个"群决策"的建筑策划模型的必要性，通过对建筑策划模型的决策主体、决策对象以及建筑策划方法的介绍，详细阐述了建筑策划"群决策"的模型整合方法，并就现阶段取得的研究成果和应用以及对未来建筑策划的展望进行了说明。

一、研究背景

目前，同济大学建筑与城市规划学院所进行的与建筑策划相关的两项国家自然科学基金项目，分别是2010年申请的"大型复杂项目的建筑策划'群决策'模型研究（批准号：51108318）"以及现在正在进行中的"基于建筑策划'群决策'的大城市传统社区'原居安老'改造设计研究——以上海工人新村为例（批准号：515708638）"。"大型复杂项目的建筑策划'群决策'模型研究"的课题研究背景主要包括以下三方面内容。

1）项目资源浪费

主要包括：决策草率导致建成使用后达不到预期效益，决策失误导致建设项目多次返工以及缺乏周全的决策指导造成项目建成后不能平衡相关利益群体。

2）前期建筑策划的缺失是项目资源浪费的重要原因

首先是一定数量的大型复杂项目因其投资大、复杂性高、社会影响面广，一旦决策失当，相对小型项目而言涉及的浪费更大，影响的利益相关群体更多；其次是建筑策划的缺失使得任务书对设计条件缺乏科学、理性的研究，从而造成对项目功能、形式、经济、时间的设计要求决策出现非理性，乃至决策滞后的现象；以及对项目决策的非理性和决策滞后的现象导致设计条件多次变更，在设计过程和施工过程中反复修改、拆建，甚至建成后仍然不能达到理想效果。

3）现有建筑策划方法难以解决前期决策中多方利益群体公平参与问题

现有建筑策划方法的SD法（语义学解析法）、模拟法及数值解析法、多因子变量分析及数据化法以及诊断式访谈、诊断式观测、问卷与调查、行为地图、业主/用户工作会议等有助于了解和分析使用者和业主的期望及有关设计需要考虑的信息，但却难以科学、公平地分析利益相关的多方信息，作出准确的判断和决策，尤其当项目涉及的功能复杂、决策目标多样、利益群体复杂等各种矛盾涌现出较多需要公平博弈的时候，现有的建筑策划方法难以克服其工作中的局限性：忽视多方相关利益群体的差异和决策参与，单纯以业主为核心，建筑师为"助手"，即使在研究使用者群体内部也忽视使用者作为"人"的个体差异，从而无法用定量的方式精确界定多方利益差异，进行决策输出；而正是这种多方利益的冲突处理在建筑策划中占据大量讨论和协调时间，激发相关利益群体矛盾，对实现项目建成目标至关重要。所以，在现有建筑策划理论与实践中，尚缺乏一个有效的方法来解决针对多方相关利益的科学、公平决策问题。

二、研究意义

要说明课题研究的意义，首先需要对"大型复杂项目"和"群决策"的定义进行界定。

1）大型复杂项目的定义界定

Sven Bertelsen通过研究认为一般的建设工程项目都是复杂系统。显然，大型复杂项目更应该被称为复杂系统，甚至是复杂巨系统。本研究中大型复杂项目是指建筑学科领域内的投资大、周期长、功能组成复杂、服务群体复杂、目标要求多样、条件不确定性高、涉及利益群体复杂等特征的项目。它具有复杂系统所具有的一般性特征：整体大于部分之和，具有系统凸显性，复杂性科学理论研究成果适用于本研究对象。

2）"群决策"的方法

"群决策"指多个决策者就同一问题共同作出决策，自1948年Black第一次作为确定意义的术语提出，群决策的方法在于要找到比较衡量不同决策者效用的尺度，将其在序数意义下归集个人偏好为集体偏好，并在一定假设条件下，量化偏好和效用，从而在基数意义下集结群体意见。

而"群决策"理论及"群决策"在历史上也经过了漫长的演进过程（表1）。

"群决策"理论及"群决策"在历史上经过的演进过程 表1

时间	代表人物	思想	主要内容
公元前	柏拉图、亚里士多德	论述人类作决策的能力传统决策理论	这种能力是人与动物的分水岭； 在进行决策时，人会本能地遵循最优化原则来选择方案
20世纪二三十年代	H·A·西蒙	现代决策理论	以"令人满意"为核心原则
	J·本瑟姆	利益积分	通过集结一个团体的个人利益得到总体效用
1948年	D·布莱克	群决策概念	追求群体作为整体的利益，属于群体决策； 追求自身利益与他人对立的价值，属于博弈问题
1978年	C.L.Hwang	重新定义群决策	将多个决策者关于方案集合中方案的偏好按某种规则集结成为决策群体的一致或妥协的群体偏好序

资料来源：涂慧君教授演讲PPT。

弄清楚大型复杂项目和"群决策"的定义以及其历史演进过程，有助于我们了解建筑策划的"群决策"方法在解决实际的复杂工程建筑策划问题时的意义。

1）复杂工程的建筑策划是多领域的知识和信息

面对复杂工程知识和信息量剧增，需要解决的问题层次复杂且数量庞大，单凭个人的智慧和经验无法掌握所有必要的信息，难以应付所有决策问题，需要不同知识结构，不同经验的人员参与。

2）在面对复杂工程建筑策划问题时，需要兼顾多方利益

任何重大决策都会影响一群人，因此在公平民主的社会，每一项重要决策都应该满足其受影响的群众的愿望和要求，复杂工程影响面广，群决策在前期策划引入可对多方利益的兼顾起到未雨绸缪的作用。

3）"群决策"是以科学策略处理利益冲突

在复杂工程建筑策划决策过程中，不同社会群体和利益集团的要求无法得到全面满足，冲突不可回避，"群决策"方法是旨在处理利益冲突的博弈和策略的集体决策行为，

因而在大型复杂项目中可有效解决公平决策问题，从而使建筑策划更加完善和科学。

在现在复杂工程项目越来越多，规模和数量越来越大，但缺乏科学公平决策，而造成建成效益达不到预期乃至资源浪费严重的背景下，构建一个包含多方利益因素的"群决策"建筑策划模型，研发基于多主体的信息平台，科学地输出决策结果，已经成为一个必要而可行的任务。

三、模型分析

建筑策划"群决策"模型的基本构架是：首先要确定决策的主体，不单单是业主个人，而应该是一个多主体的状态；其次要确定决策的对象，在考虑一个项目如何能够达到预期效益的时候，需要考虑这些项目的因素，四个方面的因素和五个步骤；然后通过决策主体对每个决策对象进行分析，得出复杂性决策的数据（图1）。

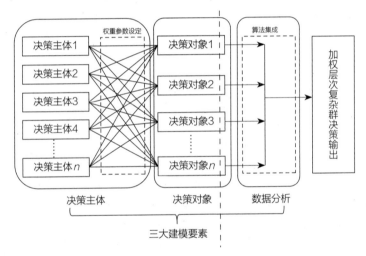

图1　建筑策划"群决策"模型
（资料来源：涂慧君教授演讲PPT）

四、决策主体

首先是模型的第一部分：决策主体的研究。我们引用了建筑策划之父William M.Pena《问题探查：建筑项目策划指导手册》一书中对于决策主体的研究，并研究了《建筑策划与设计》《建筑策划与前期管理》（Robert G. Hershberger）、《建筑策划：设计信息管理》（Donna P. Duerk）等多本关于建筑策划的论著，得出了建筑策划的"群决策"中决策主体的概念。

1）建筑策划"群决策"决策主体的概念界定

建筑策划"群决策"中，决策主体指的是进行信息处理与反馈的"人"，或由人组成的各种团体。决策主体包括政府部门、开发者、投资者、规划师、策划师、建筑师、使用者、其他专家及利益相关的主体。

2）建筑策划"群决策"决策主体的界定原则

针对决策主体的界定我们制定了三个原则：第一个是信息原则，这部分决策主体能够深入了解情况，并且通过它可以获得一些便捷的信息；第二个是责任原则，对建设项目，这个主体要起到一定的责任，比如投资商；第三个是影响力原则，决策主体在项目进行中有一定的影响力。

3）建筑策划"群决策"的决策主体确定

第一层级的决策主体确定包括政府、专家、公众和利害关系人。第二层级就是要确定决策主体的性质，提出一些参与方法。在进行第二层级决策主体的选择之前，我们有必要较深入地剖析项目，明确以下几个方面的信息：决策的质量要求、决策的信息要求、决策的空间大小、项目的认同需求、主体的选择依据。并从中层层筛选，最终确定第二层级决策主体。

4）建筑策划"群决策"的决策主体的权重

还有一个非常重要的问题，在进行决策过程中，每一个类型或者每一个不同利益群体的决策主体，在一个项目的决策过程中，它会有不同的权重（图2）。

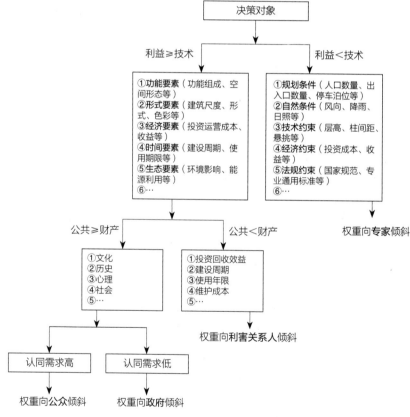

图2 建筑策划"群决策"的决策主体的权重
（资料来源：涂慧君教授演讲PPT）

运用层次分析法中建立递阶层次结构的方法根据赫什伯格的八大价值理论对各决策要素进行分解，初步将决策对象的价值要素成分划分为八类：人文、环境、文化、技术、时间、经济、美学、安全。一般而言，在对决策对象进行分解剖析之后，能够形成树形结构的评价指标图（图3）。

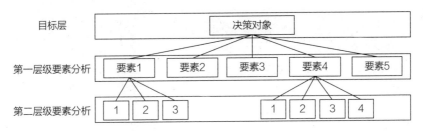

图3　树形结构的评价指标图
（资料来源：涂慧君教授演讲PPT）

5）建筑策划"群决策"的决策主体的参与方式

在英美法系中，一个决策的方式是什么，法官并不具备决定被告是否有罪的权利，有罪和无罪是由群决策来确定的。这也是群决策和我们传统的决策方式的不同和它的意义所在。

6）建筑策划"群决策"的决策主体模型

选择决策主体：项目管理者（策划组织者）必须决定决策主体的组成。

配置决策权：按照不同的属性对决策对象进行层级的分解，由此确定决策主体的权重应该如何分配（图4）。

五、决策对象

本课题研究主要是针对建筑策划"群决策"中的决策对象及决策对象信息系统展开。建筑策划的对象包括需要决策的对象，同时还包括影响决策的外部客观对象（因素）。因此，外部影响对象（因素）亦在本课题研究涉及范围，以构建一个完整的建筑策划的对象系统。

1）建筑策划"群决策"中的决策对象

"对象"指作为某种行为或思想目标的事、物或人。决策对象指在建筑策划时，与建筑设计相关的、需要决策的各方面因素，如有关功能的、形式的、经济的、时间的、生态的、文化的等，在建筑策划时是需要作出决策的对象。

2）建筑策划"群决策"中的决策影响对象

与决策对象相对应的是客观存在的影响对象。在建筑策划中，客观影响对象是指客观存在并对建筑设计产生影响的，客观存在但不需要决策的对象，如气候条件、地质条件、相关强制性法律法规等因素。

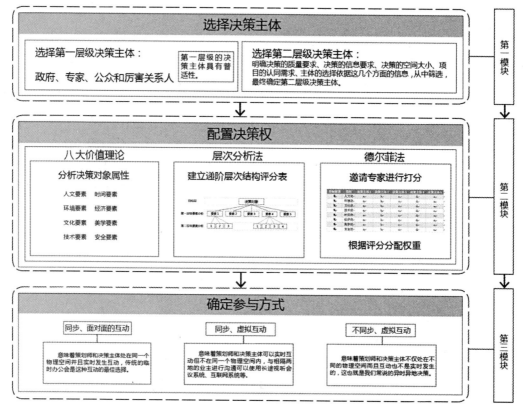

图4 大型复杂项目建筑策划"群决策"决策主体模型
（资料来源：涂慧君教授演讲PPT）

3）建筑策划"群决策"策划对象的属性

建筑策划对象包含有外界影响对象、需要决策对象两大部分；在这两大部分对象中，又各自包含有只需要定性研究的对象、同时需要定性与定量研究的对象两大类，它们共同构成建筑策划对象的两对属性，也即四大属性，将这两对属性叠加构建于一个整体系统中（图5），形成了与各对象属性一一对应的四个象限，它们分别是定性与定量分析的决策对象、定性分析的决策对象、定性与定量分析的外界影响对象、定性分析的外界影响对象。

4）建筑策划"群决策"中策划对象的模型（图6）

六、建筑策划"群决策"模型整合

建筑策划"群决策"三层次—反馈模型。

1）模型的第一层次——信息吸收过程

项目基础分析，对项目进行宏观的了解和分析，这一部分的主要任务是宏观收集项目的信息。

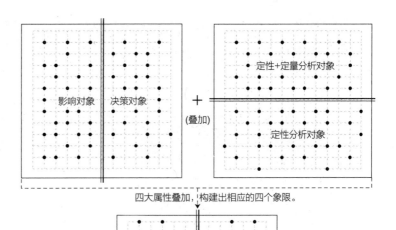

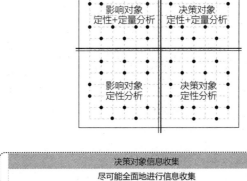

图5　建筑策划"群决策"策划对象的属性
（资料来源：涂慧君教授演讲PPT）

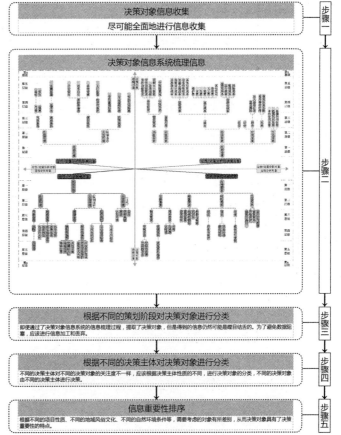

图6　大型复杂项目建筑策划"群决策"决策对象模型
（资料来源：涂慧君教授演讲PPT）

2）模型的第二层次——信息再吸收和加工过程

包括对决策对象和决策主体的信息的收集和加工，应该进行全方位的时态调研和信息收集。

3）模型的第三层次——建筑决策信息生成过程

决策主体和决策对象构成信息矩阵，在计算机决策支持系统的辅助下，通过加权平均求和的方式计算，输出决策结论。

4）模型的反馈机制

对得出的决策结论进行满意度测评，利用结果反作用调整群决策活动（图7）。

利用群决策支持系统进行建筑策划，这个系统包含将网络和计算机作为主要工具之一。

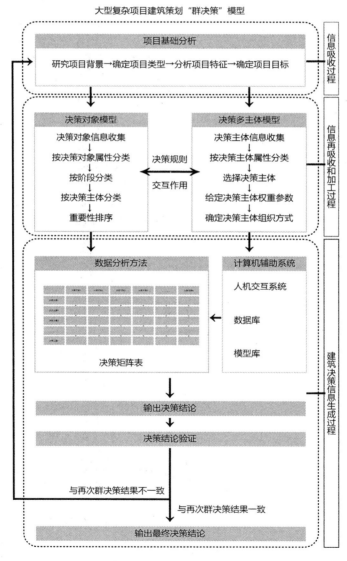

图7　大型复杂项目建筑策划"群决策"模型
（资料来源：涂慧君教授演讲PPT）

七、相关成果及应用

经过多年的研究，申请了一项发明专利、开发了一套软件平台，研究成果还包括教学、硕士论文、期刊、科研成果以及实践应用等多个方面。其中，2011~2016年的实践项目包括：①上海世博婚庆产业园项目策划；②中华民族复兴主题公园项目策划；③云南昭通师专校园策划与规划设计；④山东冠县美食街策划及设计；⑤山西芮城文化体育公园策划及设计。涂慧君老师介绍，在实践项目中，通过群决策产生了建筑策划的结果，最后需要以导则的方式呈现策划结果，建筑策划的结论要避免过于形象或者形式化，避免对后期的设计产生很大的约束或者产生一个反弹的效果，因为建筑师或者规划师会有自己很强的创造欲望。

最后，涂慧君老师提出了对于建筑策划相关研究的展望。包括建筑策划与城市设计的关系，建筑策划对建筑设计的控制强度如何把握，建筑策划课程的范畴以及是否应该作为专业必选，建筑策划是针对建筑学专业还是建筑、规划、景观以及建筑策划的制度化问题，并针对每一个问题进行了适当的阐述。

8 建筑策划课程体系的设计 ————演讲◇刘敏
及嵌入式教学手段的探讨

一、课程体系的设计

同济大学在2005年首先在建筑系对研究生开设了《建筑策划》课程，2007年《建筑策划》开设为本科生的选修课程。课程定位双语授课，由美国AIA协会资深会员、ADP建筑设计公司前总裁潘苏（Solomon Pan, FAIA）先生带领两名青年教师进行课程的课件准备和课程建设。以威廉·佩纳（William M. Pana）为主要撰写者出版的《Problem Seeking—An Architectural Programming Primer》作为基础教学资料授课内容以使学生了解建筑策划的内容、熟悉建筑策划的方法，以及建筑策划应注意的技术性要点等三大部分。着重介绍建筑策划信息矩阵策划方法并结合实践的案例分析和介绍，以通过课程教学让学生对这一设计前期工作得以全面理解。两位授课老师刘敏、涂慧君分别负责研究生课程和本科生课程的教学，每学期的课程同时分工协作。

通过课程以及实践练习，让学生熟悉并掌握建筑策划的一般程序及方法、熟悉CRS体系的建筑策划方法、熟悉"Squatters"的工作程序及方法、体验团队工作氛围。

在课程体系的设计上按照对知识点的掌握分为三个环节（图1～图6）。

第一个环节：

（1）对建筑策划概念的了解，建筑策划理论及方法的介绍；

（2）不同国家和地区对建筑策划的认知和理论差异；

（3）建筑策划在中国的发展与应用。

图1　策划小组工作会议

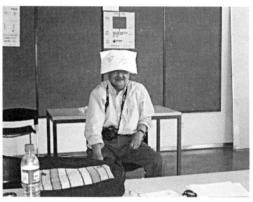
图2　教师模拟的甲方

图3　策划小组与教师讨论

图4　策划小组讨论

图5　与甲方的交流与讨论

图6　汇报前的准备

第二个环节：

（1）熟悉设计院及相关单位对建筑策划的操作程序；

（2）了解相关建筑策划公司对实际案例的策划流程和方法；

（3）不同类型项目建筑策划的案例研究。

第三个环节：

（1）模拟建筑策划：在老师的指导下进行项目的策划；

（2）针对策划过程中不同角色的体验与相互协作。

同济大学在本科和研究生之间的教学过程中也有教学方法和课程组织方式的差异。研究生课程注重专题研究和启发式教学，更加注重理论和实践相结合，本科生则相对以授课为主。通过授课中学生和教师的互动反馈，我们及时总结课程教学问题：如传授知识与学生对知识的接受如何克服单调与乏味？如何通过相关科研课题、社会实践课题增加师生互动？如何体现《建筑策划》课程与其他理论课程的不同而具备该课程的特质？建筑策划课程如何体现与时俱进并与建筑界大趋势接轨等？在课程考核方面我们思考如何构建完整的考核环节让学生学习和体验建筑策划的过程。同时，我们也一直在探讨如何去克服课堂教学的单调乏味问题。另外，对于本课程来说，我们每年都在进行内容的调整和改变，加入两位教师自己在此领域理论与实践的研究，希望这个课堂氛围比较活跃，提高学生的课程参与度和对教学内容的兴趣。关于课程的考核体系：这个课程在上了一半内容的时候，我们布置一些题目，让学生提前作准备，这样学生和老师的互动会比较多。我们注重建筑策划过程中不同角色的体验，鼓励学生对相关项目的不同角色的换位思考，老师则从甲方、上级主管部门、建设方等多角色多角度对学生进行答疑或者参与学生组成的模拟策划团队的讨论，汇报方式则采用传统的卡片纸的方式与PPT相结合，现在学生们的表达方式很多，除传统的文本、图片作为最后的成果体现和表达外，也有学生们尝试多媒体或动画等辅助方式。

二、嵌入式教学手段的引入

第一，授课教师的教学、科研与实践经验比较丰富。两位授课教师均有比较饱满的科研项目："上海市农村农民集中建房标准研究"；《上海郊区中心村住宅设计标准》；国家"十一五"科技支撑计划课题"不同地域特色村镇住宅建筑设计模式研究（2008BAJ08B04）"；"城乡一体化新社区水乡风貌研究"等。国家自然科学基金：大型复杂项目的建筑策划"群决策模型研究"（51108318）；基于建筑策划"群决策"的大城市传统社区"原居安老"改造策划设计研究——以上海工人新村为例（5157080638）。两位授课教师均有比较丰富的工程实践项目：校园规划、大型科技园区、大型公共建筑、城市综合体、社区环境更新及美丽乡村规划等。结合科研与工程项目，选取比较合宜的题目和环节让学生体验建筑策划的工作。

第二，通过相关专家专题讲座的嵌入：每学期在课程教学中期邀请相关专家举行一～二次专题讲座，拓展教学内容及专业视野。

第三，走出课堂，对已建成的有影响力的建成环境的参观的嵌入：每学期在课程教学中进行2次左右的参观环节，邀请项目主创人员进行从建筑策划到建成环境的全过程的介绍，如"虹桥天地""嘉定新城""美丽乡村"等项目参观。

第四，实际工程项目的嵌入：让学生完整地参与实际项目从策划到方案的全过程（针对研究生课程），例如我们用山西省晋中市乌金山镇西左付村美丽乡村规划实践项目，让同学们从策划到方案全程参与（图7～图12）。

图7　院落调研（一）

图8　窑洞调研

图9　院落调研（二）

图10　巷弄调研

图11　庭院调研

图12　入户调研

在山西省晋中市乌金山镇西左付村美丽乡村规划项目中，我们深入到每家每户去调研，记录下村民的诉求。我们从管理者、使用者还有咨询方的不同角度，从项目启动、信息收集和整理、多主体信息交流、项目参数和使用状况、项目需求、问题陈述六个方面制订策划流程（图13）。

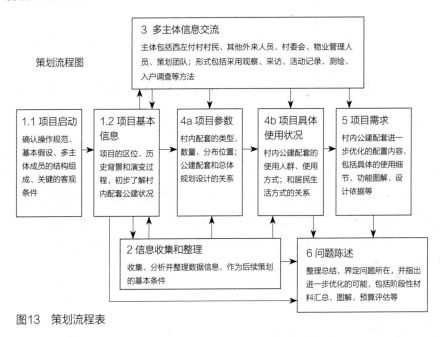

图13　策划流程表

通过观察、采访、活动记录、测绘、入户调查等方式将公建配套、居住环境、建筑环境、产业情况等信息输入手机，对村民的生活需求进行深入分析，打造保留村落原貌的风景区。另外，提出他们改建的方案，对旧的门头、院落、卫生间、厨房都进行了重新的规划和设计（图14）。

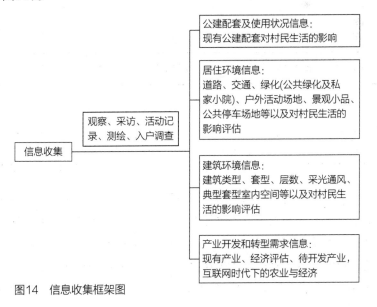

图14　信息收集框架图

建筑策划课程的目标是建设有内容、有信息、重方法、重实践的较为完整的"建筑策划"课程体系，利用大学教育课程平台为建筑策划的理论和实践在国内的发展推进人才储备，贡献自己的一分力量。

9 重庆大学建筑策划教育现状 —— 演讲◇刘智

都市更新·智汇西安 建筑策划专委会（APA）夏季高峰论坛上，刘智老师详细介绍了重庆大学的建筑策划课程，并就建筑策划教学中的一些探索和思考与大家进行了交流，提出未来的建筑策划教育目的是激发学生对于设计有更深层次的思考，让学生逐渐从操作性的技术方法过渡到掌握其背后的逻辑与原理，并融入更多的研究方法，使得建筑策划与建筑设计有更好的结合。

一、重庆大学建筑策划课程概况

重庆大学建筑城规学院的建筑策划课程目前主要在研究生阶段开课，本科阶段则以选修课的形式开设。课程目前主要针对建筑学专业的学生，由刘智老师讲授。课程大致情况如表1所示。

课程大致情况 表1

开设阶段	开课学期	课内学时	学分要求	教学方式	授课层次	授课专业	考核方式	主讲
研究生	秋季	32学时	2学分	讲授、讨论	专业硕士一年级	建筑学	考察	刘智
本科	秋季	16学时	1学分	讲授	本科四年级	建筑学	考察	刘智

授课内容主要包含三部分。第一部分：建筑策划的理论知识；第二部分：建筑策划的基本程序；第三部分：建筑策划的具体方法。目前，可供参考的书籍包括《建筑策划导论》《建筑计划学》《Architectural Programming and Predesign Manager》《Problem Seeking》《建筑企画论》《建筑计画基础》《建筑计画》《建筑计画入门》《建筑计划学》等。在每一年的教学中，都会有一个基本固定但类型不同的课题，目前做过的包括重庆大学博

图1 建筑策划课学生汇报专题成果

物馆、校园咖啡屋、建筑系馆、独立住宅等，或者学生自定，然后用CRS五步法来寻找并分析问题（图1）。

二、建筑策划课程中关于教学方法的思考

重庆大学建筑城规学院的建筑策划教学课程由刘智老师于2010年开设，在此期间课程老师对教学方法进行了不断的思考和探索。课程开设之初，聘请日本东北大学的建筑计画（注：在日本这门学科称为"建筑计画"）专家小野田泰明老师，为博士生和硕士生进行了一个月的建筑策划专业授课。针对博士生的课程偏重建筑计画理论，主要讲解人的知觉与行为；针对硕士生则以建筑计画各论为轴心，按照建筑类型分别分析了其策划和设计的要点。

建筑策划课程最初采用的是CRS的五步法教学，之后的每一届都会根据实际情况进行调整，加入了一些调研、分析以及现场实践的方法，在课程中加入环境行为学的研究内容以后，学生对建筑策划这门课程的兴趣明显开始增加。以"建筑物的安全策划"这一课程内容为例，人在火灾中的行为模式通常分为两种情形：第一种情形是，当火灾刚发生时，烟雾报警器会提醒人们以安全有序的方式撤离；第二种情形是，当火灾情况比较严重的时候，人们通常会急速涌向建筑出口。在这两种行为模式下，不同的人群会根据自身的身体条件和所处的场所，以人在面对灾害时的本能反应来选择逃生方式。结合行为方式和数据的统计结果，可以让学生大致计算出各种场所需要的逃生出口的最小尺寸。这些与环境行为学相关的基础知识和理论，大大地激发了学生们的学习热情（表2）。

根据避难者的行动能力进行分类 表2

避难者类型	聚集人群的行动能力	步行速度（m/s）		流动系数［人/（m·s）］	
		水平路段	阶梯	水平路段	阶梯
依靠自己能力无法自由行动的人	重病患者、老弱者、婴儿、智障者、残疾人	0.8	0.4	1.3	1.1
对建筑物内的路径和位置不熟悉的人	酒店中的住宿者、商场的顾客、办公楼的来访者	1	0.5	1.5	1.3
对建筑物中的路径和位置熟悉的健康状态的人	建筑物中的工作人员、保安等	1.2	0.6	1.6	1.4

资料来源：堀田、户川1972年的研究。

此外，教学过程中通过后评估实验的教学方式，让学生对于建筑策划课程产生了更多的兴趣。

实验选取了五个常用的教学空间作为评估对象，并将问卷调查表发放给了36名学生（图2）。

图2 后评估实验教学方式

学生对于这五个教学空间非常熟悉，但空间感却很模糊，根据问卷调查结果统计，可大致将人群分为三种类型。第一种是社会赞许型，对于所有的空间感受都打最高分；第二种是惯性偏差型，按照惯性对空间进行打分；第三种是趋中倾向的偏差型，对于所有的空间感受打分呈现出一种在平均值上下浮动的状态。通过因子分析法对问卷调查结果进行分析，得出趋向统计表格，让被调查的学生对于这五个空间有了更深刻的认识。

问卷统计的结果出人意料，评分最高的为最为脏乱差的设计教室。学生们出于好奇心对设计教室作了一个调查，针对教室内的现状物品进行了测量，包括所有的雨伞、海报、桌椅等物品，测量以后自己开始着手对教室进行设计。通过这样的实际案例评估并应用到设计中

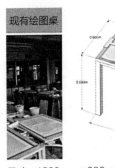
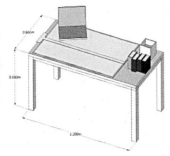

现有绘图桌

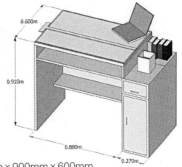

设想绘图桌

尺寸：1200mm×680mm×600mm

桌面面积：0.72m²

储藏空间：无

存在问题：

1. 桌子较矮，站立绘图吃力
2. 无高低分区，容易碰撞
3. 无储藏空间

尺寸：1150mm×900mm×600mm

桌面面积：0.69m²

储藏空间：0.16m²

优点：

1. 可站立绘图
2. 高低结合放置
3. 储藏空间

图3 学生们对设计教室作的调查

的整个过程，让学生产生了更多的学习兴趣。这样的教学过程，也让学生对于怎么把建筑策划和建筑设计联系起来，并将建筑策划应用到建筑设计中有了更深入的理解和感受（图3）。

　　建筑策划和设计的目的，都是为了让人们有更美好的生活，通过建筑策划课程的教学激发学生对于建筑设计有了更深层次的理解。在以后的建筑策划教学中，会去尝试每一年集中训练的侧重都有所不同，从操作性的建筑策划方法逐渐过渡到其背后的逻辑与原理，并尽量融入更多的研究方法。建筑策划不是开脑洞，关键是如何寻找逻辑、如何找到问题、怎样分析问题，建筑策划教育还有很多待探索的未知。

10　清华惟邦营造法：一种建筑师负责的全过程咨询方法

演讲◇汪克

都市更新·人文深圳　建筑策划专委会（APA）夏季高峰论坛上，汪克老师作为RD+EPC 模式首创建筑师、过渡时期中国建筑师负责制的先行实践者、"清华惟邦营造法"的联合发明人，基于自己的实操案例：闾山山门、腾龙阁等，详细介绍了清华惟邦营造法的构想初衷以及此方法的全过程咨询特色。

建筑师责任制这个说法引入中国已近百年，而目前实施却举步维艰。建筑业普遍存在"碎片化"问题：①建筑师业务未达预期；②施工建造未达预期；③投资构成变化巨大；④"五阶段法"（即01前期、02方案、03初设、04施工图、05工地配合五个阶段），急需升级。问题导致全过程咨询不能落地（图1）。

　　在我1982年进清华后所接受的教育告诉我自己：通过如此这般的学习、如此这般的经验积累，按照红线发展最后就能成为贝聿铭这样的国际大师。但毕业30年所见，国内大部分建筑师并没有随着红线态势发展，而是走的橙色的低矮曲线，两者差之千里。探求各种原因，发现是两个标准之差。在目前的中国，建筑师成熟的标准是会画图。5~8年，最多10年的时间内就能成熟。但是一个西方建筑师成熟的标准则是在前期的5~8年先学会画图，在接着来的总共约20年的时间内学会盖房子，然后成长成为一名成熟的建筑师。这是我在国外八年中感受最深的。之所以能够有此认识，也许是因为出国前在深圳的三年工作中，我在深圳已经设计建成了三个建筑：康佳产品展销馆（1997年建成），海王大厦（1994年），一个华侨城的文化中心（现在的华夏艺术中心），按照中国标准这已经是一名成熟的中国建筑师了。但我当时搞不懂为什么中国的建筑师盖出来的房子和国际水准有那么大的差距？

　　一栋建筑的投资构成过去30年来发生了重大变化，导致改革开放后一直沿用的五阶段法，及业主负责制日益捉襟见肘。比如，20世纪80年代的业主找一家设计院和土建总包，90%的投资就完成了。但到了今天，土建设计和总包只能完成1/3甚至更低的投资

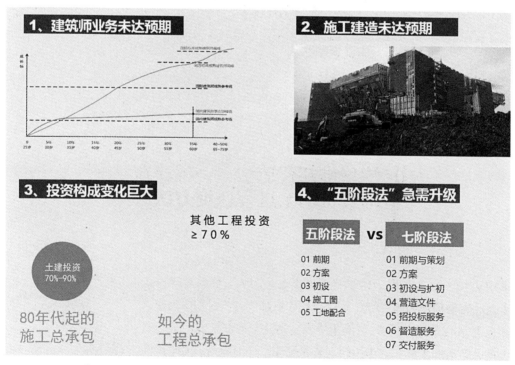

图1　建筑业普遍存在的问题

额，然后就要有幕墙、机电、专项、室内精装修和景观等这些专业的设计和专业的施工，再加上材料采购、产品采购、设备采购等，业主要发出至少几十个合同包才能展开建设工作。因此，在20世纪80年代，采取业主负责制，是一个简单、直接的选择。到了今天，这一切都变得不再轻松。上述几十个合同包之间由于碎片化的设计界面并不能丝丝入扣，相反，业主开工后发现还需要发出更多的合同包才能补齐所漏，才能将房子勉强盖完。这就是"房子盖起来，领导倒下去"的技术原因。陷阱太多！显然，要克服这些陷阱，业主负责制已很难应付。这需要有专业的人来统筹。五阶段也不够用了，需要更完整的全过程咨询服务。

业主负责制在中国干了30多年，现在遇到第二个挑战，就是供给侧改革。20世纪80年代业主都不会盖房子，但是都敢盖，为什么？图便宜！材料、设备、施工都按照最便宜的来，房子最便宜了，还能使用，不就够了！还要干嘛？但现在不行了，因为新生代不满足于最便宜，他们追求更高品质、更高要求的东西。还有，就是供给侧改革后，需要提供的不是"最便宜"的建筑时，一个外行的业主就很难解释为何要买80元的而不去买70元的产品了。

所以，社会发展到此时，建筑师的机会就来了。全过程咨询就提上日程。

闾山山门，是我在清华做毕业设计时的处女作。这个作品1986年设计，1987年动工，建成后就一鸣惊人：入选80年代中国优秀建筑作品，且成为《1980~1989年中国优秀建筑》一书封面选用的唯一的作品。其实这个项目的诞生非常偶然。我一直说这是"在上帝打瞌睡的瞬间产生的偶然之作"。当时我还是清华毕业班的学生，但倚重清华的大名，居然在一个最不可能的时间、最不可能的地点、由最不可能的人，实行了一次建筑师负责制。可算是较早的全过程咨询案例（图2）。

图2　闾山山门

庄惟敏老师认为全过程咨询是以策划为先导，以设计为主导。建筑策划先行，先策划、后评估，这也是APA倡导的做法。我说的就是将策划往建造内部延伸。一个房子，不管投资多少，一旦交给建筑师，业主要的就是这个房子盖起来的效果，条件是造价不能超，工期不能超。能不能搞定？每一个环节都需要策划。汪老师说这就是我今天重点要讲的内容。

剖析建筑全过程，我们会发现这里面其实处处都是策划。整个全程从你决策阶段开始，直到竣工交付为止，这中间的每件事情都需要策划、都是策划。通过策划进行选择。按照清华惟邦营造法的"三五定律"，在建造的从始至终需要开展五大策划：人员组织架构策划、预算及造价策划、合同协议策划、招标采购策划、工期与交付策划。

有工程经验的人都知道：建筑物并不等于造价。一个房子盖完了，你是拿不到钱的。怎么拿钱？做资料！你要做出一套跟建筑物完全对等的资料才能拿到钱。那资料又是什么？资料就是建筑图则的一部分！对吧？好了，拿钱要做资料，资料就要图则，盖房子呢？更需要图则了！是吧？也就是说房子盖成之前和盖成之后都需要图则。这两者的契合度就是衡量一个建造管控质量的指标。显然，管控一个建筑真正的抓手就是管控好建筑图则，对吗？如果你管控好了一个建筑的图则，事实上这个房子就一定被管控好了。碎片化的一个现象事实上就是图则管控一地碎片。面对尴尬的现状，普遍的做法是"建完后再来'完善'手续"，即完善图则。图则变成了可以任意打扮的新娘。全过程咨询，其实就是通过对全过程发生的所有建筑图则进行策划并管控，以达到控制建造的终极目的。

从前期想到交付是常规思维，但不能解决问题。所以汪克老师说我们要倒过来看，先说交付。明确了目标才知道该做些什么。因为汪老师以前走过一段时间弯路，吸取教训后才开始结果导向：最后你的房子怎么交付？为了交付你要做什么交付图则？为了交付图则，你要做什么样的实施图则？为了实施图则，你要做什么样的招标图则？为了招标图则，你的技术图则要做到什么程度？为了技术图则，你的方案要做到什么程度？为了方案，需要什么样的前期？这是个环环相扣的过程。目标导向，任务就清楚了。

建筑图则大家知道是英国人在150年前发布的。150年了，其实是个很古老的东西。英国人发明建筑图则的时候，结构科学还不成熟。更不用说地水暖电通智能化等新技术。虽然越来越多的新技术发明出来，但是建筑图则的法则只是被动跟进，其实并没有本质的改变和跟进，业界有人呼吁建筑图则需要更新。汪克老师说他在美国的时候美国人也在提这个问题：建筑是最古老、最落后的一个行业，怎么更新？简单的答案是向互联网学习。当下各行各业都说要向互联网学习，但是学什么？互联网那么多东西。汪克老师说当他找到了IP这个东西时他们特别兴奋，他在建筑图则里面发现通信协议和建筑图则有惊人的相似性。比如：它是七层我们也是七层，一个分上下三层，一个分前后三层。其间都是通过传输层或招标层来连接。找到这个突破口大家非常开心，然后总结出来PFCA法则（三五定律），即通过策划掌控建筑图则，打通设计建造的任督二脉，开展五大策划、执行五大功能、发挥五大核心竞争力，最后获取设计建造的五大优势。这就是汪克老师与庄惟敏老师团队最后得出来的理论结果（图3）。通过案例详解。

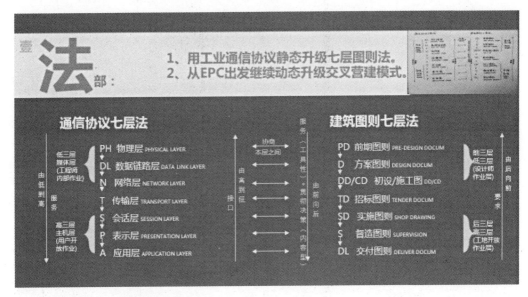

图3　通信协议七层法与建筑图则七层法

　　一个案例——腾龙阁。这是汪克老师的一个探险之旅、突破之旅。他以26年的探索实践为基础，在当时十分紧张的工期（只有两个月）范围内，汪克老师带领团队完成了这个项目。建成后大受好评，得到领导、专家、市民的一致认可和喜爱。这是中国建筑师负责制的第一个成功实践案例。验证了清华惟邦营造法的适用性，也促成了清华惟邦营造法的诞生（图4～图7）。

4

5

图4　腾龙阁

图5　汪克老师

图6 腾龙阁侧立面

图7 腾龙阁环境景观

这个案例达到了质量、效果、造价、工期和应变决策方面都十分完美的效果，不但开展了五大策划，执行了五大功能，还运用了之前所说的RD+EPC的五大核心竞争力：①生产线打通；②系统精准匹配；③消除三大板块结构性浪费；④大采购；⑤深度交叉。

铜仁机场的案例则讲解了清华惟邦营造法的五大优势。先说应变优势，铜仁机场初期的方案并不是我们现在所看到的样子，在逐步沟通的过程中，业主要求增加了佛教元素，而后又遇到了发改委用钢量限制、民航局10°角内的高度限制、增建国际港等计划外错综复杂的多重限制问题。方案重大修改达九次之多，创下历史新高（图8）！

　　经过清华惟邦营造法的全程应变控制，最后建成上面图示的这个金孔雀方案。在最后的市委常委会汇报中，我很自豪地向领导们报告：由于铜仁机场设计建造模式的先进性，我们的设计其实越改越好！最后这版方案是所有十个方案中最佳的方案。这也充分地显示出清华惟邦营造法的第一优势：应对变化的高柔性。事实证明，在开工后高达83%的增量重大修改的困难面前，建成工程居然奇迹般地"几乎没有什么损失"（图9）！

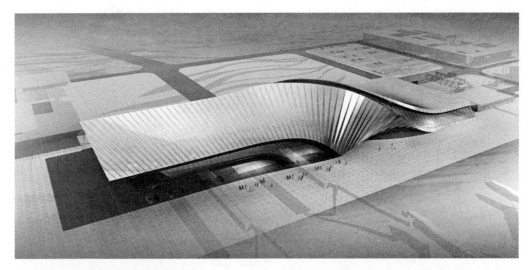

图8　2014年3月初铜仁机场首次方案

图9　2016年4月13日金孔雀方案

第二，工期优势。在建设铜仁机场的这一年多的时间内不光盖了国内港，还几乎同期完成了新增国际楼的建造。这样的交叉作业，大大节省了工期。第三，在这个过程中，通过建筑师负责的、国际接轨的招标活动，与施工队合作把项目图则定义或者项目文件定义做到了完美无缺的地步，从而实现了零索赔的目标。第四，建筑师通过全过程咨询来管控项目的时候，团队不但做到了大采购节约造价，并给予领导充分的决策时空，从而促成了甲方决策的最优化，他们还做到了站在巨人肩膀上的技术创新。比如组合复合屋面的设计。招标时发现原设计的直立锁边系统存在三个风险：漏水、风掀、失火。作为建筑师就不能像其他外行一样视而不见了。经过与施工方和专家的多轮协商，他们最后提出了将原来九到十一层的复杂做法，优化成两层组合复合屋面的做法。解决了上述问题。区块产品在工厂里加工成型，到现场组装。最后一次评审会上专家们十分认同这个做法，说我们这么做不仅解决了实际问题，更是达到了技术上的自主创新。有专家说如果一直这样做下去，这样的团队会变成高科技创新团队。

在西南民航局主持的航站楼消防验收会上，李黔局长说了这句话：铜仁机场航站楼的设计与建造，是西南地区的标杆！乃至于全国支线机场设计和建造的标杆！对项目的成功给予了高度评价。因为全国的支线机场都采用"前置式"，面宽平均70m。就算撑大一点，也不会过百年，且非常不合理了。我们创造性地设计了"并置式"，面宽一下达到150m。加上增建的国际楼，面宽到达300m。国内直线机场，面宽无出其右者！且其前提是没有新增$1m^2$的面积，功能不但没有打折，而且更加合理。

"未来建造：未来已来"，传说中的AI模式的智能建造已悄然来临，清华惟邦营造法的下一步目标就是开发智能建造。"新时代，新营造！"我呼吁大家推广实践建筑师全过程咨询服务，迎头赶上新时代。清华惟邦营造法式的意义，一是继承中国营造的千年传统，把祖先盖房子的逻辑找回来。用中国逻辑，盖出中国房子。二是重建百年前就已开始的中国建筑师负责制，不忘初心，完成使命。三是走出一条新路，接力西方建筑再创新高。希望我们这代建筑师要争取做到不愧对这个伟大的时代。

11 2015年沙龙对话——
"建筑策划在建筑教育中的发展方向"

主持人	周　榕	美国哈佛大学设计学硕士，清华大学建筑学院博士，副教授
嘉宾	庄惟敏	清华大学建筑学院院长、清华大学建筑设计院院长
	韩冬青	东南大学建筑学院教授、院长
	关瑞明	福州大学建筑学院院长、教授
	王晓京	中国建筑学会国际部主任
	郭卫宏	华南理工大学建筑设计研究院副院长

摘要	本次沙龙汇集了各大高校的院长与建筑专业人士，以建筑教育为核心，从建筑的起源和其发展出发并结合当下教育中的实际现象，分别分析了建筑策划的本源性、与在地城市的交融性、建筑设计行业的复杂性、建筑与人的本源性联系以及建筑师作为行业引领者的创新性，提出了建筑策划在建筑教育中是必不可少的，保证了建筑师知识体系的完善、丰富并为其之后的发展打下基础。

周　榕　　众所周知，我国的建筑教育传统上是从形式开始的。而实际上最初的教育意图是剥夺形式，尤其是从1950年代，从美国这样一些思路开始，他们就更多地强调形式本身的自制性，强调形式要剥夺所有一切附加在上面的外在因素，要强调纯粹的形式本身的运行规律。几乎所有当代的建筑教育其实都是建立在这样一个形式假设基础上的。希望各位来谈一谈是怎么认识的，因为策划其实是先于形式的一种非常强烈的意图，这样的意图的产生以及它是怎么样与我们的形式生产相链接的？

庄惟敏　　建筑教育最早其实都是以形式为重点。后来大家知道的教育体系，包括到今天，其实都是在形式美的这样一个大前提下或者是大方向上的发展。事实上在"二战"以后，这个情况在西方世界就发生了一些变化。这变化源于快速的城市化进程中，当你还没有来得及对"形"进行推敲、研究的同时，迅速扩大的建设量要求你必须给出一个答案。在这样一个关头，业主或者政府就明确要求"我给你这个钱你来做这个建筑，至少你要让我感觉到这个建筑可以实现最基本的一些原则，而不是聚焦于形的本身上"。所以说这个出发点不是说要推翻建筑对形本身的一个最本原的研究，而是基于当时的这样一种背景。当时的"好"这个概念，不是我们现在说的体形非常完美，而指的是面对于当时快速化、城市化发展过程中，"二战"以后城市化兴建过程中怎么样提供一个好用的建筑。

韩冬青　　我觉得策划成为建筑教育当中的一个话题，我认为是一种对建筑建造现象的询问，是对原点的回归。

　　事实上建筑学作为一个专门的学科或者是专业，它的历史并不是很长，但是建造这个人类的行为显然有更加悠久的历史，如果我们先不去看这个专业或者学科诞生以后的情况，追溯到建造行为的初始，没有需求就不会有建造。从需求出发，这个可能是我们现在讲的策划的一个很重要的内涵，可是策划也不是完全只讲需求的，策划另外还有一个含义——它是一个行动计划，是要考虑怎么去整体地完成一个建造行为。

　　后来这个专业变成一个所谓高度自治的阶段之后，更多的学问是去用于研究、设计本身比较局部的那一点设计阶段的工作，这样反而渐渐地就产生一种分离。就是这种形态的设计和人的真切生活的需求开始脱节，这就变成了一个问题。

　　设计的行为和整个建造的完整的过程作为一个社会劳动、社会合作过程的关系模糊问题一直到了20世纪50、60年代开始变得突出。所以，我认为建筑策划作为一个专有的、专业的术语，进入到这个学科体系里面，说明这个问题已经很严重了。所以，它并不是一个全新的创造，其实是对我们这个专业究竟要做什么的一个本质的回归。

周　榕　在中国当前的情况下，在我们建筑还没有发展到这么精致的情况下，可能城市策划的意义会超过一个建筑单体本身的策划这样一个价值，所以在这样一种连接上就更加强调每一个城市具体的、在地城市的策划和建筑策划如何能够很好地搭接在一起，现在请福州大学的关瑞明院长谈一谈地域的特点怎么去落实？

关瑞明　我带着研究生做建筑策划领域的工作，是从1992年受庄惟敏先生发表的一些著作影响开始的。与此同时有一个问题引起了我的关注，东南大学的郑光伏（音）教授说的，建筑是艺术，这是一个误区，我是支持他的观点的，建筑具有艺术性，但是建筑不是艺术，这是最后的一个结论。

庄先生也提到，大家关注这个形式、美感、造型，我觉得这个还是要关注的，关注它在整体里面的角色，这就是独舞和群舞的关系。如果现在所有的建筑师都在关注一个建筑自己自身的导向，这是独舞；如果考虑一个建筑在城市里面它的角色，那就是群舞，要有一个整齐的、整体性的关系。建筑的美观绝对不是一个单体的美观，一个单体的美观那就是新奇特。你如果跟整体结合起来，它里面的构成、形态、空间、色彩等，这些是美学的元素。这是我要讲的第一个问题，实际上在某一个时代，在学术界、在设计界发生了一些事情，它们之间是有对应关系的。

实际上我觉得许多事情跟建筑学是一样的，如果独立地去看一个建筑设计，它就是一个建筑设计，为什么会出现很多奇奇怪怪的建筑？有些人说是因为没有做城市设计，这个有一点牵强。但我们确实发现一个问题，在城市的发展和设计的过程中，城市设计的理念大家确实是不够的。所以我觉得，要把这两个事件放在一起。

大家讲到教学理念，怎么把建筑策划的理念植入进来？这个在上一次在北京开会的时候我就说到了，在高年级做城市设计这个层面的时候，结合调研做一些事情，我觉得是可以的。而且这几年，基本上我带着学生做单体设计参加全国各种各样的竞赛都不容易获奖，但是做一个街区，从调研开始，一步一步很认真地做，一定可以拿到奖，因为它的整个过程，逻辑性非常强，我是怎么调研的，最后我在整个城市空间里面把这个问题化解，看起来就很舒服。

我觉得建筑策划和城市设计现在在高校的高年级应该植入进去，否则开一次会强调一个问题，渐渐增加，在大学5年里面就学不完了。中国大陆虽然有预科班等，但是据我所知3年级就可以拿一个本科的学位，我们读5年才可以拿一个，就中国台湾来说也不需要5年，如果我们现在把这些东西再放进去，就得读6年，最后还是一个本科的文凭，这个投入产出比太低了。我们现在理论上来讲，要跟国际接轨的话，应该是我们现在读5年出来就应该是一个硕士。

昨天我拿到一本书，是我们庄院长写的《雪域中山》，我在他的封面上写了一排字，认真学习建筑设计全过程，包括前期和后期。现在我们关注它的前期，那我们什么时候开始关注它的后期呢？使用后评估POE这个也得关注。如果我们把建筑的前期和建筑的后期都关注的话，我们学生的就业问题就解决了。现在有一些设计院做增量的需求，有一些设计院跟我讲，不裁员已经十分困难了，我怎么还收你的新学生呢？本来高校中传授的知识前期后期都可以做，到后来只做中间的部分，所以我觉得这是我们整体学术界的认识有问题。我们的建筑和其他学科的比较，显得建筑师特别少，为什么这么说？最接近的一个专业叫城市规划，或者是城乡规划学。前面做的那部分是发改委编制的，发展计划就产生收益，再接下来做总规又产生收益，最后做了修规还产生收益。把一件事情分这么多的环节，在落地之前已经拿了这么多钱。而建筑师很难拿到这个设计费，我们可不可以把建筑设计也分多个过程，这个设计就出来了，工作量就出来了。我们从粗放型走向精致型，不就是要多几个设计的环节吗？而实际上在做策划时，包括项目的规划也涵盖在工作内容中，导致业界在做设计的时候，收入实际较低。

遇到新常态，发现建筑的就业有点困难的时候，规划就业却很好。这种差异性导致我们在学术界也出了问题，我们写不出好文章，为什么？我们很认真地作前期分析的这个东西都不拿出来，人家就可以做很多分析，有很多软件来分析，写出来的文章，SCI也愿意收入。城市规划是一大部分，也有一个叫CSCI的，还有SSCI。而反观建筑类杂志并没有被SCI收入的。

郭越鹏　建筑设计本身就是一种策划，策划是无时不在的。建筑策划不完全等同于建筑设计，建筑设计也不等同于策划，这两个应该是相互联系，但也是相互不同的概念。在教育过程中，也要让学生知道这个过程中，建筑也不纯粹是完成任务书。仅泡泡图在理解过程中就会出现各种情况，需要在投标的时候去分析任务书，从建筑师的角度来说是对还是错，就要去作一些调研和分析，去明白它要实现什么。这就需要平时去积累，所以教育过程中我觉得应该把这个策划的理念植入到建筑设计当中去，让大家有这个思想、有这个理念。这个建筑策划是一个非常复杂的东西。极大的阅读量可以使一个人的策划理念、各方面会非常丰富，可以从人文、地理等各方面去思考这个问题，但是得出来的结论也不能都是正确的。建筑本身是很复杂的一个过程，建筑是生活的容器，不能料定未来的生活怎么样，故而当产生一个预判、预测，预判的对与错也不可能完全准。要把建筑策划当作一种理念，要深入整个设计的过程当中去。在实际过程中，要把科学的理性都融入到这种设计里面去，不要说我们只关注形式问题，也不要只关注功能问题，要全方位地去关注。所以，在设计的过程当中，我希望倡导一种研究型的设计。去对人文、规划、交通、旅游等多个领域进行全方位策划，这其中会涉及多学科的交叉、相连。所以，这不是说建筑师优秀与否，而是说要倡导一种研究型的设计，在设计的过程中把这个整体的思想融入进去。

王晓京　首先我觉得建筑师应该通过策划，拉近和业主之间的距离。我翻译《建筑项目策划指导手册》过程中最大的一个感受，其强调的不是设计的方法，而是说怎么样跟业主沟通从而获取信息。里面谈到建立目标、搜集信息、整理数据、提出需求、解决问题这五个方面，还有四个指标，就是时间、形式、功能、经济，而这些问题只有通过跟业主不断沟通才能解决。而且，这些年建筑师跟业主之间的联系是越来越多了。好像只要有一个任务要投标，建筑师就开始去那里做标书，竞标。但是有一些问题在标书里不是能说得很清楚，再加上前期的工作可能没有介入，导致对于业主的真实需求不是特别清楚。前些年建筑师的考试，总共有9门，没有一门是考查建筑师和业主的沟通能力的，这个我觉得是一个很大的缺憾。建筑师最大的信息可能是从业主那里来的，你没有跟业主沟通的能力，或者是沟通的经验，你又怎么去做呢？我觉得这可能也是造成我们建筑师跟业主之间有一个断节的原因。

实际上这些年我觉得，建筑师这个群体跟业主，还有社会公众，可能也是割裂得比较严重的，社会公众对建筑师的理解是什么？普通老百姓对建筑师的理解或许就是一个画图的，跟他更直接的联系，最密切的可能是家里装修时找的一个室内设计师，这个不是建筑师。通过策划，建筑师前期介入，跟业主到社区去调研、到场地去调研，跟社会公众有一个更加紧密的联系。而且，这个过程我觉得是建筑师从各个方面、各个渠道去汲取营养、去吸取信息来完善它的设计项目的一个很好的过程。

其次，我觉得建筑师还是应该树立一个作为行业领导者的信心，同时做一个创新科技的引领者。建筑师的由来是怎么样的？其实在17世纪以前，是没有建筑师这个行业或者这个称谓的，那个时候都是木匠在造房子。但是1666年，伦敦的一场大火把伦敦所有的建筑基本上都烧光了，之后英国政府下令在伦敦建房子要修石头的房子，不可以修木头的房子。这时候石匠就出来了，有一部分比较聪明的石匠，他们可以用画笔把图给画出来，这部分聪明的石匠就得到了业主的青睐，又逐渐从业主的代理人到厂里去监工，这部分人后来就是建筑师。

另外，要树立这个行业的信心。我觉得今天参加这个会的可能有很多的建筑专业的学生，建筑师不是画图工，光画图那叫画图工，是一个工具，"师"一定是有智慧的。作为师来讲一定要有信心，建筑师是帮助业主从功能、经济、时间、形式这几个方面去实现梦想，这是你们将来的追求。

周　榕　庄院长作为中国策划界开山的引领者之一，现在又在从事建筑教育，而且在很重要的建筑学院担任领导。从您个人的角度有没有想过建筑教育如何系统地引进建筑策划这种思想，并通过建筑策划能够把我们长期以来沿着一种惯性轨道在高速运营的这样一个建筑教育状态变得更丰富、有一种更新的面貌？

庄惟敏　建筑策划这个概念大家不要认为它很新，其实古代的大师都是非常全面的设计师、建筑师。在那个时候建筑师跟律师、会计师一样，是一个置业顾问。很显然当你有了钱你要买一块地去盖房子的时候，他一定会告诉你要怎么做，现在我们精细化分工之后，人为地将这个建筑学的核心内容切割走了。

建筑策划是对建筑学整个教育体系或者是知识体系的一个完善，这一点大家应该清楚，古来已久就是这样的，只不过是我们忘记掉了，现在要重新捡回来。对于职业建筑师的培养很重要。建筑教育过去、现在、将来，其实它的核心内容就是培养一个合格的建筑师。按照这个概念来走，大师在学校里面是培养不出来的。大学的目的是让学生在这样一个职业教育培养的前提下，成为一名合格的建筑师，这是最基本的底线。所以我说，建筑策划和教育放在一起。第一是使我们的职业教育体系、建筑师的专业体系更完善、更完整的一个保证；第二是可以使我们建筑的职业领域得以拓展，要把它和城市层面的东西结合起来，具有更广阔的前景；第三是为以后成为大师奠定基础。

12 2017年沙龙对话1——
都市该如何更新

主持人	龙　灏	重庆大学建筑城规学院建筑系副系主任

嘉宾	朱　玲	沈阳建筑大学建筑与规划学院党委书记、教授、博士生导师
	艾志刚	深圳大学建筑与城市规划学院教授/中国建筑学会建筑师分会理事
	邹广天	哈尔滨工业大学教授/博导
	孙一民	华南理工大学建筑学院常务副院长
	贾　东	北方工业大学建筑与艺术学院教授/院长

摘要　六位建筑行业专家来自中国的不同地区，涉及不同的从业背景，从各自的亲身经历、参与项目出发，分析了我国现阶段城市更新中出现的问题，并结合自身背景提出了在都市更新中操作时应该考虑的操作重点与可行建议。

龙 灏 我们今天在都市更新人文深圳的主题下，请孙院长开始谈谈对都市更新的看法。

孙一民 最早在美国听到都市更新的消息，都是负面的消息，而回来之后我们已经在做都市更新，在用现代的方式解决老城中条件差的问题。在外国的时候，他们专门有一个片区用来安置清走的居民，而现在那个片区还有讲课说明过去的社区是怎样的，甚至还有专门的报纸放了图片。回到中国发现，这方面我们其实做得比他们差。最近听到特色小镇特别多，本质上的变化不大，因为基本上都是拿地盖房子。而美国有一个城市破产（克里夫兰），他们围着老城区建NBA赛事场馆、做橄榄球的赛事场馆，旁边还有一个摇滚乐的博物馆。靠两边文化的大型活动，把从郊区去看球赛的人带回到老城区去消费，一年四季三大联盟带来的效益是非常高的。按这个出发点在老城设计做了建筑。我们从地产的想法出发，基本上都是地产的房子、院子等物理空间是什么样的，停留在这个层面是没法更新的，我们想，能不能在物理空间之外，寻找到持续更新的概念。

邹广天 哈尔滨有一个地方在进行新的计划，说是要进行中华巴托克打造。实际上一期、二期已经有很长时间了。当时提的点叫腾笼换鸟，但是笼子是腾出来了，鸟也换出来了，最后仍是一片荒凉。这个就是考虑不周，实际上作为一个城市，它的热点转换、观众的转换、建设的转换都有它的内在规律，都是以人民的意志为转移。

哈尔滨中华巴托克也是这个情况，一个区域的可持续发展或者说再生是一个很值得考虑的问题。新区怎么可持续发展，旧区怎么既有保护又有新的内容，这是很重要的。从城市建设来讲，有像老城区这方面的问题，主要思路就是说要保护好。说造新城，是不是把所有的都要毁掉？都要追求高密度、高容积率，这也是值得探讨的问题。像哈尔滨变成哈尔滨新区，虽然叫国家新区，但跟雄安新区不一样，与雄安邻近北京不同，哈尔滨地域条件不好。

深圳离香港这么近，和广州又不同，是因为邓小平画了一个圈以后起了一个新城市，现在有的在提大香港，在提大深圳，都在提各自要大。联想到哈尔滨，现在我们又在提大哈尔滨，已经做到车程四五个小时以外的区域，到底要不要？有一个玩笑说，哈尔滨到底往哪边发展？东西南北往哪儿发展都行。所以，我想从深港来讲，是双河驱动，就是以深圳为一河，香港为一河，做港深区域一体化，这可能是将来发展的方向。

贾 东 我觉得我们的策划不仅是建筑，也包括城市设计，城市规划，可能都有多种多样的问题需要策划去解决。同时我也有一个观点，这些年我们建筑师很多东西都交给别的专业做，有一些东西一谈就觉得太大，要么就觉得太小，大的做不了，小的做不好，我觉得策划最大的内涵还是把我们的工作做得更深一点，谢谢。

朱 玲 我来自大沈阳，但是我做的都是很微观的事情，不是很了解规划战略的方面。但是我了解到可能大部分是政府来主导，我们专业人士实际上在政府划圈指导方向之后做了具体的事情，因为我们没有真正从专业的角度去介入到前期的策划。所以，今天我们坐在一起探讨，从我们策划的角度，我们的专业策划角度介入到都市更新，或者说在前期的部分工作，其实非常好。今天政府的人员比较少，还是我们自说自话的状况。为什么这么说？我所在的地方是沈阳，有很多南方的朋友并不一定了解沈阳，但是大家都知道，老工业基地中沈阳是首屈一指的。所以，有一句话是铁西作为沈阳的工业代表，作为新中国工业阶段的代表，是非常重要的区位，是一个重要的载体。但是在城市更新或者快速发展的过程当中，至少从20世纪80年代开始，这个作用已经基本起不到了。特别遗憾的一点在于我们能够抓住的城市文明信息不多了，或者在发展过程中，我们从专业角度提出一些建议，但是这些建议为什么没有被采纳，我想政府的这个环节也有一点问题，可能政府过多过快地想改变城市的状况和空间，也可能是我们在做任务书这个环节的时候考虑不周或者出现了重叠的状况。

我们在作这样的深入探讨，在这个方面，我们自身有需要改善的方面。在作策划时，我们需要做具体的环境设计，有的时候确实是缺失对前面这部分结果的了解，导致最后我们不能按有效的路径去熟悉。从整体上看可能更多的是追求结果，但是因为过程我们没有有效的方案，所以实现起来就比较困难。这个可能也是我们现在建筑策划中很重要的环节，实际在这方面是比较薄弱的。如何实现建筑的最后效果，任务书的制定，这个方向的把控都是有些缺失的，刚刚都是大宏观、大战略的东西，也有一些建筑设计的微观的把控和需求。

艾志刚 前面有两位嘉宾讲的都是深圳，一个是从产业发展角度，另外一个是从规划角度。我是一个建筑师，没有想城市怎么发展。但是我有我的特点，我来深圳发展早，1984年来深圳的时候这里还是一个小渔村，比较幸运的是作为一个旁观者看深圳从一个小渔村成长到现在的大城市。我一直在深大工作；参与了很多深圳市包括全国的建筑设计。深圳大学在南山区，一般从深圳大学到市区大概要三个小时，非常远。当年的深圳大学是在海边的大学，边上就是巡逻线，随着深圳的飞快发展，经过一二十年把深大周边的所有农田都搞了建设，而且深大离海越来越远。大概20年之后，地也没有了，便开始了第二轮更新。我们早期是在农田上建城市，而最近十几年的建设，就开始了拆迁。深大很多宿舍都拆了，很多老教师和老学生都在抗议，这是他们的记忆，他们来创业的历程。但是开了几次座谈会之后还是要拆，因为大学要发展，要招收更多的学生，要解决住宿的问题。这个就是城市更新的代价，我们是不是还应该考虑人文精神？这样的拆迁再新建从经济上是好的，但是就具体的居民来说，他们生活过的地方就没了，回忆的地方也没了。在深圳历经30多年，回头一看设计的房子也没有了，什么都没有了，这个就是我们在发展过程中遇到的问题。是不是应该跳开宏观地考虑一下市民的感受，从老百姓的角度考虑，是不是应该适当放慢速度，尽量多保留一点地，这也是我们做策划时应该考虑的。去年有一个城中村的改造，开发商也想把房子拆光，最后我们学校出面调解。从学者的角度来说，历史是宝贵的，还是希望不要全拆光。所以，我们建筑师、规划师、开发商和政府都要在另外一个角度考虑这个问题，可能从经济效益方面讲确实经济成本很高，但是我想这样其实是非常不好的，哪怕效率低了，还是应该让土地来保留我们的记忆。

龙 灏 我们谢谢前面的各位老师，刚刚我们听各位老师的演讲，从邹广天老师到艾志刚老师基本上是从中国的北方到南方，从哈尔滨、沈阳、北京到深圳。我是代表中西部，我觉得各位专家是站在不同的角度，站在设计一线提出来的反思，我个人觉得可以从另外一个角度说明政府策划一件事情的紧迫性和必要性，恰好说明了这个问题。原来可能做过很多事情，我们可能站在研究的角度，站在学术的角度，都觉得这个事情很有价值，为什么不保留呢？我们也不能认为政府是急于求成的，得站在不同的角度，有不同的思考。

重庆钢铁公司也是中国最早的大型钢铁公司之一，还保存有清末从德国进口的超大的、特别具有工业气息的设备，但是随着他们的搬迁，尽管我们有学者提出来保护类似的东西，可是在政府那里好像最后都没有达到很有价值的回馈。刚刚邹老师也提到，那问题出在哪里呢？我们作为研究者，也不能简单地觉得一定就是我是对的，政府是错的，可能也就说明我们整个策划的领域还有很多工作要做，可以做。我们可以举个例子，最近有在网上流传的重庆18T的改造方案，2010年我们建筑学学者提出选那块地，当时全国各个院校都特别兴奋，当时房子还没怎么拆，还能看到一点原样，房子质量是很差，但是整体还是很有感觉，可惜的是最近网上流传的方案则被人形容是六根剥了皮的山药。这就涉及资本的力量、权利的力量和学术的力量，人文的力量到底怎么在城市更新的过程中发挥它应该发挥的作用，最后希望我们能够营造功能更完善、带有记忆的城市空间，这也正是我们今天大会的主题，建筑策划未来更要发挥我们自己的作用，谢谢大家。

13 2017年沙龙对话2——
"文旅创新·新型城镇化"

主持人	吴　越	哈佛大学博士，浙江大学求是特聘教授、博导，中国新型城镇化研究院（国家发展与改革委员会——浙江大学）院长
嘉宾	郭卫宏	华南理工大学建筑学院副院长，华南理工大学建筑设计研究院副院长兼书记
	戴　俭	北京工业大学建筑与城市规划学院院长，中国建筑学会理事，北京城市规划学会副理事长
	陆　伟	大连理工大学环境设计研究所所长，教授，博士生导师；大连理工大学建筑与艺术学院学术委员会主任
	吴　晞	北京清尚建筑装饰工程有限公司董事长/北京清尚建筑设计研究院董事长兼院长

文旅创新·新型城镇化 随着文旅产业市场需求的不断提升，催生了整个文化旅游产业链的不断细分、创新。从自驾旅行到家庭度假，从自然风光到文化主题，从简单商业到一站式城市微度假MALL，行业的创新与变革正处在发展阶段。都市更新不仅是改建、翻新，更是对人文社会的保护，也是让都市重新焕发魅力的一种必要措施。都市更新，如何与文旅产业协同发展？如何更加关注人的尺度与需求？深圳进一步发挥经济优势的同时，如何开拓城市空间建设治理新模式？

吴　越 今天沙龙的主题是"文创旅游和新型城镇化"。新型城镇化关键在新型两个字，过去的城镇化过程中经历了很多概念，包括生态城市、海绵城市等，而新型城镇化更加具备政治智慧，包含丰富的内容。新型城镇化怎么制定具体的工作方案以及如何深层次定义新型城镇化，将是一个值得探讨的话题。

吴　晞 我来自清华大学，学校以规划、建筑、室内、环境四个学院为基础创办了一个公司，叫清控人居集团。希望集团内部合作打通资源整合。新型城镇化是一个大课题，清华在这方面的实践主要有以下几个方面：①通过遗产拉动旅游；②通过城市有机更新，将旧的工业厂房改造成画廊、艺术家聚集的空间等；③与康宁翰公司共同研究主题公园。现在中国已步入"游玩"时代，人们的消费趋于多元化，从多元化需求出发，才可以打造更加符合市场的产品。

吴　越 把不同光谱的链条连接在一起，对新型城镇化建设来说是值得参考学习的。新型城镇化是一个挑战，制定新型城镇化目标后，尤其是进入到政治智慧后，在完善技术层面的推进工作，比如浙江省进行的特色小镇，就会遇到很多新的问题。目前，全国铺天盖地都做特色小镇，会不会产生同质化呢？在进行物质形态建设的情况下，特别是经过这么多年打击报复性质的物质建设，从心理学的软性的角度讲，我们有什么可以值得学习的？

陆　伟 新型城镇化对我们国家来说是一个比较新的提法，这个提法有两个层面的内容。第一，中国经济发展到这一阶段，不仅是文旅特色旅游的概念，而应该是一个全方位的概念。第二，特色小镇，需要做出真正的特色，这个需要研究。在做城市周边的城镇规划发展时，也涉及国家大政治层面的改革和创新，在土地经济现行的模式下，这实际上不是城镇化，而是城市化，千篇一律。像深圳这样比较发达的城市或者珠江三角洲、长江三角洲经济发达的区域比较好实现，对于欠发达地区，如中国大部分小城镇实现起来就比较困难。在日本的小城镇，做的不是博物馆，还是适应在地性特色的民俗馆、乡俗馆，把文化特色结合小镇形成特色。

　　从原始策划来说，应该是自下而上的运动。但是原住民的参与程度与法律、政策上提供的保证，将是新型城镇化需要深刻研究的问题。

吴　越　　首先，城镇化而不是城市化，有不同也有结合点。除了做城市发展，县城、小镇、乡村也要发展，我们就在考虑是不是脱离第一产业，进入第二产业和第三产业的时候，属地城镇化才是我们需要思考的课题。其次，自上而下是一刀切，自下而上是有内在原动力的，二者的实质是不同的。在谈新型城镇化时，我们把它变成一个新的戛纳狂欢？还是总结过去30年的经验、发展、教训，进入到一个更成熟的状态？

戴　俭　　从全国的发展情况来看，有两个大的关注点。一是，农村、城中村落；二是，城市和城镇。从本次大会主题"大湾区、文旅旅游+新型城镇化"来看，粤港澳大湾区是华侨城关注的重点；无论做旅游还是新型城镇化，这个范围都是需要从网络、资源进行重新聚合的一个试点。

　　　　　城镇化指的对象是城市和乡镇，不论是新型城镇化，还是城市化、城镇化都是人口不断聚集的过程。首先是以人为本，解决未来的问题，这是中央号召的战略，也是新型城镇化的核心。其次是市场化。现在的农村跟以前相比，产业不同、劳动不同、收入来源不同，城镇化是必然趋势。

　　　　　人真正的城镇化是一种自然的过程，而不是简单的自上而下，文旅是一个技术路线或者抓手，在经济发展、新型城镇化的过程中，文旅自然而然形成最大的产业。可以通过文旅产业带动农村，带动城镇化，实现城市和农村互动，进行转移。

郭卫宏　　从建筑师的角度分享一下文化元素、旅游元素与建筑作品相结合的案例。

　　　　　第一，台州科学文化馆。首先项目是一个博物馆，博物馆必然成为旅游景点。我们聚集了学校里的建筑团队、城市建设团队、规划团队，还有生态、节能、绿色建筑等很多团队，共同研究整个城市的资料。分析项目如何与整个城市、整个区域、以及商业街融合，项目落成之后，带动了整个地区的商业发展、旅游发展。

　　　　　第二，苏州虎丘，这是在重点地区的城市设计项目。如果是建筑师设计，从建筑师的角度和规划师的角度解决造型、街道等问题。我们也聚集了很多团队，一个是文化旅游，我们研究了当地虎丘的文化，包括虎丘历年来的诗歌，历史故事，然后提出了定位。虎丘在过去是花街，像姑苏村和广州的陈村的历史水街一样。在研究完苏州城市以后，发现苏州需要一个城市客厅。所以将这里打造成一个集文创元素的旅游集散地。

　　　　　新型城镇化，应该用系统的思维、整体的思维、全方位的观点解决问题。

吴　越　　新型城镇化要用新的态度，才会有新的改变。2002年，我在浦东做首席设计师，当时上海推行一城九镇，在上海郊区建设英国的泰晤士小镇，给农民住，这个做法曾经也被全球学习。我们的城市是一个舞台还是真实的人生活的聚落？我们的文化和旅游能完全画等号吗？简单消费会不会对文化有破坏？我们在初期阶段热血沸腾，最后会不会带来大量的同质化？比如，前一段时间我在福建做农村改造，也考虑到旅游问题。同样一个区，大家响应号召，同时开展了300个美丽乡村的建设，但资源有限，最后可能都面临着很大的挑战。

迪士尼乐园是主题乐园，做一些模拟情景化的场景，但有一些普通公园直接效仿，最后造成很多同类的乡建小镇，比如随处可见的郁金香田、薰衣草田、大量风车等。好的内容，吸引游客，重新分配资产，旅游是不可回避的功能。城镇化在先，注入功能在后，除了产业注入各个小镇之外，旅游现在是最抢眼球的功能，我很想听听在座的各位谈谈对旅游的看法。

吴　晞　　我讲一个没做成项目的故事。三年前一个地产商邀请我们在张家口馒头岭做项目，因为冬奥会申请成功之后有3亿元人民币资金，希望通过项目获取周边场地。为什么找我们？一是相信清华大学的专业，二是我个人喜欢滑雪，觉得我比较了解需求。拿到项目以后，我们自己也很有信心可以完成。但甲方要求在山顶上建一个五星级酒店，张家口风很大，在山顶上的酒店不管是维护、运输，还是运营成本都非常高，而且车上不去。通过分析，我们否定了甲方的要求，建议将酒店建在山腰。甲方态度坚决，最后我们主动退出了设计。现在那个地方建了很多像维斯乐小镇一样的住宿，主要针对年轻人滑雪客群。同时还开拓了很多酒店和乐园，但没有一家在山顶上建造的。我们谈不上社会责任感，但从专业角度判断，什么事可以做，什么事不可以做，这是建筑师要有的态度。

陆　伟　　新型城镇化大概有三个层面需要我们作前期准备，否则会产生新的同质化的现象。第一，科学策划。科学策划是新型城镇化能否成功的前提，比如旅游产业在新型城镇化里处于什么位置。在黄金周长假期的时候，旅游景点人满为患，失去文化性。我认为结合休闲度假方式打造的特色小镇，旅游的占比是比较合适的。对于不同的地理位置，还有地域文化，确定产业构成，是特色小镇能否成功的关键因素。科学的策划是未来能够克服千篇一律，是新型城镇成功的首要前提。

第二，政策和法律的保证，也就是体制的改革和创新。比如土地制度不仅是18亿亩保障的问题，在土地已经取得了共识的情况下，土地的产权制度，土地使用方式能不能有所创新？大连被殖民地以后，所有的土地都不是个人的产权，政府或者国家拥有。比如日本，现在日本建的小住宅大部分都是租地主的土地，建自己的不动产，但在法律上又一定有保障。对于我们国家，土地是国家所有。土地制度和所有权的保障力度不够。

第三，我们要尊重原住民，尊重原住民的参与，这也是新型城镇化的保障。

戴　俭　　第一，旅游是一直存在的工具，一直存在的行业，对于现阶段和以后来讲，都是特别重要的。本身是客观存在的规律，是在人的发展当中，形成的普遍性认识，尤其是城市化越来越发达的今天，人们对旅游闲暇的需要更加迫切。第二，无论是农村还是特色城镇化问题，都有一个重要问题，那就是明确主体。如果社会结构有问题，主体参与度不够，无论在做可持续的规划，还是定位特色，都会形成强烈差异。人是主体，要给主体真正法律决策的保障。

郭卫宏　　运用文化+创新+旅游于一体的方案，新型城镇化里面包含很多问题，要实事求是分析，系统解决问题。

吴　越　　首先我们认为文创旅游在新型城镇化过程中有非常重要的地位。同时文创旅游应该走向一个更成熟的阶段，不只是一种主题公园式的旅游，也不简单是复制的舶来品，真正的文化应该有属地性，与人合体，面向未来，有原创性，文创+旅游+新型城镇化是一条很长的路，值得大家共同思考。

二

—∨—

全过程咨询
中的策划

（一）文旅创新

1 中国设计力量走出去 —————— 演讲者◇张日
——境外设计项目分享

"一带一路"背景下的城市复兴之路 建筑策划专委会（APA）高峰论坛上，张日老师通过实操案例生动地讲述了中国的设计力量是如何走向世界的。

一、前言

随着我国经济发展方向的转型进入新常态，设计行业的洗牌转型，不能说迫在眉睫，也得说箭在弦上。"一带一路"的倡议，将影响中国这艘"巨轮"的走向，也会改变身处这艘"巨轮"上的每一位乘客的实际发展和生存，因此国内的设计单位"走出去"势在必行。要想在国际市场上获得一席之地，就必须加快对国外工程设计运作模式的了解、学习和吸收，加快设计运作模式上的改革，通过国外工程设计的实践，逐步提高自身适应国际市场的设计水平，提升国内设计行业在国际上的信誉和影响力。

对外援助是国家的一项战略输出，是巩固和深化我国与发展中国家友好合作的重要手段，而援外工程是对外援助的重要方式之一，更是我国设计企业走向世界的平台。中国中元的援外历程呈现了一个"稳步发展、与时俱进"的对外援助事业的缩影。

二、援外历程中的体会和认识

中国中元伴随着新中国的成长，已走完一个甲子。60多年来，经过了几代中元人的努力奋斗，中国中元在援外工程领域取得了辉煌的成绩，留下了浓墨重彩的一笔，也为中国援外事业的发展作出了努力和贡献。中国中元的援外历程具有鲜明的时代特征，大体分为四个阶段：

第一阶段是20世纪60年代至80年代，那时中国在自身财力十分紧张、物资匮乏的情况下开展援外工程。20世纪60年代，机械工业部设计研究总院（中国中元前身）承接了援外第一个项目——援巴基斯坦重型机械厂，该项目位于巴基斯坦塔克西拉，占地面积37hm^2，总建筑面积6万m^2，于1971年投产移交，成为巴基斯坦机械制造的奠基石，自投产至今已有40余年，仍一直运行良好，为巴基斯坦国民经济的发展作出了重大贡献。20世纪80年代，中国中元承接援缅甸农业机械制造厂，该厂设计规模为年产农机1.5万台，包括16马力手扶拖拉机1万台，16马力收割机5 000台，还能生产柴油机和旋耕机1万台。目前，该厂的产品满足了缅甸全国市场40%的需求量，产品质量过硬，达到了国际先进的农机生产标准，出自这里的产品一直供不应求。

援巴基斯坦重型机械厂和援缅甸农业机械制造厂已经成为对外援助史上的丰碑，是我公司老一辈专家留给我们的技术和精神财富（图1、图2）。

图1 巴基斯坦重型机械厂
（1981年全国优秀设计奖）

图2 缅甸农业机械制造厂区

这一阶段援外工程我们的体会：一是计划经济体制下，讲政治为主，经济成本为辅；二是这一阶段精品工程较多。

第二阶段是20世纪90年代至2012年，我国实行改革开放后经济得到了快速发展，走向了市场经济，对外援助也进行了相应改革，这一时期商务部出台了188号文《对外援助成套项目管理办法》，依据市场经济和国内建设体制设计出了一套援外工程实施方法，核心是设计、施工、监理三权分立，相互制衡，各司其职。

这一时期，中国中元大力拓展对外援助成套项目，累计完成50多项援外项目，从援外设计总承包、设计咨询拓展到援外工程EPC总承包，基本涵盖了对外援助成套项目的各个方面，涉及类型包括公共建筑、医疗建筑、体育场馆、居住建筑、学校、工业工程等类型，服务地区覆盖非洲、亚洲、东欧、拉美和南太平洋地区的40多个国家，其中重点项目包括：援巴中友谊中心、援也门国家大图书馆、援老挝国际会议中心；援几内亚比绍、纳米比亚、肯尼亚、毛里求斯、坦桑尼亚、佛得角、尼日尔等国的医院；援加纳体育场；援苏里南、柬埔寨、巴布亚新几内亚、马其顿、玻利维亚、毛里塔尼亚、东帝汶等国的学校、住宅、政府办公楼以及援缅甸小型碾米机厂等工业工程（图3、图4）。

这一阶段我们的体会是：

1）是援外事业大发展时期，工程数量、规模在不断增加。

图3 巴中友谊中心（荣获中国建筑学会建筑创作佳作奖、国家机械工业科技进步二等奖）

图4 巴布亚新几内亚国际会议中心

2）提高对援外工作认识是做好援外工作的根本。当年援外工程的指导思想是一切讲政治，而在市场经济条件下做好援外工程的正确指导思想是：既要讲经济效益，更要讲政治效益，二者相辅相成。援外项目本质上属于政治性极强的经济技术活动，只有确保项目建设的安全、质量、功能、工期和成本等目标顺利实现，才能从根本上保证国家的政治利益。对于援外企业来说即使已做了很多好的援外项目，但有一次没完成好，对受援国家来讲就是100%没完成好，对中国就会产生不好的影响。所以，对援外企业必须是100%完成好援外项目，要做到万无一失，只有认识高度提升了，才能保证层层重视，认真履行，把好各环节质量关，确保项目的成功完成。

这一时期的援外工程主流是好的，为我国的对外援助事业作出了积极的贡献。

3）同时，这一时期的援外工作也出现了一些问题，直观上援外工程的精品少于国内同期，出现了一些"安全、质量、功能、工期和成本"目标没有统一实现问题，有的质量出了问题，有的成本成了"开口子"工程，有的工期拖延很长时间等。究其根本，我们认为主要有以下几个方面原因：

（1）制度结构问题，援外主体过多。容易造成责任不清，前期有可行性考察单位、技术咨询单位，后期有设计单位、设计监理单位、施工总承包单位和施工监理单位，一出问题，各主体本能地向外推，给管理部门理清责任造成了很大困难。

（2）也是制度结构问题，援外项目环节设计过多。援外项目出现质量问题一般均由各环节衔接上出问题，而导致工程上出问题。成套项目是一个很复杂的系统工程，中方与受援方双方分工、可行性考察、专业考察、勘察设计、采购运输、施工安装、运行调试等任何一个环节不到位必然就会引起质量、工期、费用的问题。这就要求参建各方应本着"一荣俱荣，一损俱损"的态度，密切配合，方能达到预期目的，一荣俱荣；反之相互推诿，则一损俱损。

（3）管理部门管得过细，造成有的问题就推给了管理部门，如施工商检表的审批等。

（4）前期可行性考察，只注重项目如何建成，不注重项目建成后受援方的运营、管理和维护能力，导致有的项目不能正常使用，造成资源浪费。

（5）很多问题出自设计勘察上，最突出的就是"中国标准与当地适用性"问题。目前，援外工程设计状况是"依据国内规范"都能做到；而"结合当地实际情况"设计就参差不齐了。援助项目虽是中国政府出资，但是建在受援国，也是受援国受益，应切实遵守当地法律法规，注重当地风俗习惯、宗教礼仪、文化传统，注意生态环境保护，关爱职业卫生健康等公益事业。一般涉及以下类型问题时应采用当地做法：一是安全性高于我国标准的；二是风俗习惯、宗教礼仪；三是环保、职业安全方面的；四是当地专业部门有特殊要求的。对于受援国针对已定项目规模提出更高建设要求与标准时，我们也是进行说服和解释工作，取得对方政府的认同感与支持度，促进项目的尽快实施。

4）这一时期促进和带动了施工企业"走出去"，较为成功，而设计企业走向国际的较少，这与我们长期习惯和固守中国的规范标准不无关系。

第三阶段是2012年至2015年的改革试验阶段，这一阶段，商务部在总结前面援外工

图5　老挝国际会议中心　　　　　　　　　　图6　马耳他中国园维修和改建项目

程经验的基础上，积极探索改革试验，尝试各种新模式。中国中元积极参与改革试验，先后按DB模式和总承包项目管理（EPC）模式完成了援老挝国际会议中心、援马耳他中国园维修和改建项目、援佛得角总统府改扩建项目和援马其顿学校改扩建项目，积累了宝贵的正反两面经验（图5、图6）。

　　这一阶段，我们的体会是：最大的好处是主体明确，责任明确。2012年老挝国际会议中心工程采用的就是DB模式的境外工程首次探索试验，该项目由中国中元承担前期咨询策划、方案设计、扩大初步设计工作，并承担施工图审查工作，由中建公司承担工程总承包和施工图设计工作，实施效果总体成功，从设计开始到完工成功举行第九届亚欧峰会，历时整一年，创造了中国援外工程史上之最，如果不是模式上的创新，是不可能完成的。这个工程我们的主要收获是改进了我们的扩大初步设计和技术规范书，在后来的指导施工图和建造上起到了很好的控制作用，技术上达到了设计意图。另外，较好地解决了设计变更索赔的矛盾，但由于工期太紧，赶工费用未考虑充分，造成投资超了一些。

　　援马耳他中国园维修改建项目和援佛得角总统府改扩建项目，是中国中元按总承包管理模式完成的，实现了援外项目安全、质量、功能、工期和成本"五统一"目标，起到了典范作用。

　　援马其顿学校改扩建项目，也是中元按总承包管理模式完成的，建成后是当地最好的一所学校，其安全、质量、功能均符合要求，但由于我们自身的种种原因，标准的问题，当地施工队伍施工管理的问题，造成了工期和成本大大增加。由于主体明确，责任明确，这些均得由我公司自行总结消化，没有推诿的问题和矛盾。

　　通过这些项目的改革尝试，有成功经验，也有失败例子，中国中元为援外的下一步改革作出了自己的努力和实践。

　　第四阶段，2015年商务部正式出台了《对外援助管理办法（试行）》，并审议通过了《深化对外援助管理体制改革方案》，对外援助成套项目的运作模式也发生了根本改变，正式推行了"项目管理+工程总承包"新管理模式。设计单位承担项目专业考察、工程勘察、方案设计、深化设计和全过程项目管理任务，工程总承包企业承担施工图详图设计和工程建设总承包任务。中国中元紧跟改革步伐，承担了改革后的第一个项目——援刚果（金）卢本巴希综合医院项目。

中国中元为项目的管理方，承担项目专业考察、工程勘察、方案设计、深化设计和全过程项目管理任务，责、权、利有了明显不同，同国际接了轨。例如，开创国内先河，引入成套项目职业责任保险，设计管理公司应承担因勘察设计缺陷、投资失控、遗漏、项目监管失误等导致的项目的直接和间接损失，通过项目职业责任保险来保障因项目设计管理失误导致的损失。职业责任保险涵盖了项目立项、勘察、方案设计、深化设计、施工详图审查、现场项目管理等方面，意义重大、影响深远。

三、中国中元"走出去"战略

长期以来，中国中元以援外为平台，高度重视"走出去"战略，积极开拓海外新市场，近5年承担了20多个其他境外项目的设计咨询和总承包工程，分布在十几个国家和地区，涉及电力、机械、民用建筑、交通运输、工业园区等领域。例如，位于"一带一路"沿线上的中白工业园区，这是国机集团作为开发主体开发的全球化工业园区，也是我国在海外进行开发建设的最大的经贸合作区，整个园区占地91km²，以机械制造、电子信息和生物医药等为主导产业，并规划有住房、医院、学校等配套设施（图7）。中国中元承担了整个园区的选址、规划可研和设计咨询工作。

这些境外项目的设计与建设，均是按国际通用的建设体制和模式进行的，与国内建设体制不同，国外工程的建设体制是以工程总承包为主的项目管理模式，形式主要有EPC"交钥匙"（Engineering-Procurement-Construction）、DB模式（Design-Building）、BOT（Build-Operate-Transfer）等。相对应的国外工程设计单位主要有三种类型：即工程咨询公司、工程公司、设计事务所，业务范围上三者常有交叉。工程咨询公司的服务包括CEM三类，即咨询（Consulrancy）、设计（Engineering）、管理（Management）；工程公司的业务则包括EPC三类，即设计（Engineering）、采购（Procurement）、施工（Construction）。它们的运作模式包括了设计前期和后期的各类服务，远远超出了我国设计院目前所能达到的程度。

图7　中白工业园开发区

从设计取费上看，国内的工程设计取费约为工程造价的2%~3%，而国外的设计服务收费达到了工程造价的8%~10%，证明国内外的设计运作模式和服务有很大的不同。

近年来，我国也在不断总结反思，以前提的口号是：把中国的标准、产品、体系带出去，出现了很多问题，没有与世界体系真正接轨，包括"一带一路"成立亚投行，其他国家也在担心，中国要采用自己的标准、产品、体系，为此中国也郑重承诺了，要高标准地与世界体系接轨。

四、建议

援外成套项目有其特殊要求和特性，既要保证援外工程的效果，也要遵守工程建设的客观规律。在满足政治要求的原则基础上按市场经济的客观规律办事，才能真正保证援外项目高效、合规、有序、平稳地发展。援外推行项目管理改革，总体方向我们认为是逐步与国际接轨的，是解决问题的导向。但一下子不可能解决所有问题和矛盾，肯定还会存在这样那样的问题，主流是好的，问题也不能回避，例如设计单位的责、权、利，存在着不对等问题，责任变大了，但是管理协调费只有0.1%，与此项工作的责任和重大意义不甚匹配。另外，国内设计行业还未形成市场自律约束机制，同时该行业属于人员智力劳动，因此不建议用设计费进行恶性竞争，最终会影响改革的进展和效果。

五、结语

中国中元的援外历程，有成功，也有坎坷，总的来说，我们经历的这些工程，经受住了时间的考验，得到了受援国政府和人民的认可和赞赏，持久见证着我国与发展中国家的深厚友谊，通过这些援助项目，在帮助受援国发展的同时，也带动了中国中元实现"走出去"的战略。

设计咨询企业走出去是机遇也是挑战，要学习，练内功，掌握各类国家标准，并与中国标准相结合，适应各类情况的变化和分析，转变思路和加大走出去的投入以及人才队伍的培养，为我国"一路一带"倡议的推进和实施作出努力。

2 文旅小镇的营造与生长 ———————— 演讲◇彭剑波

都市更新·人文深圳 建筑策划专委会（APA）夏季高峰论坛上，北京清华同衡规划设计研究院有限公司城市发展策划研究所所长彭剑波先生作为本次大会分论坛"文旅创新与新型城镇化"板块的特邀嘉宾，由于飞机延误原因未能及时赶到大会现场作主题演讲，会后彭剑波先生整理了以《文旅小镇的营造与生长》为主题的演讲资料。

一、序论

2016年7月1日，三部委联合提出开展特色小镇培育工作，全国范围快速掀起建设特色小镇的热潮。在已确认的特色小镇中，文旅型特色小镇占据近2/3的比例，是特色小镇建设的主力军。

文旅型特色小镇的规划与运营，其核心在于充分挖掘地域资源，提炼独特文旅IP、营造充满活力的文旅产业生态圈、风貌设计匠心独运、"业态+文态+形态+生态"四态协同，进而打造可持续发展的文旅型特色小镇。

二、背景

特色小镇的概念肇始于浙江省，从2016年开始上升为国家政策。从城镇体系来看，我国现有超过4万个乡镇级行政区划。在城—镇—村的三级城镇体系中，乡镇在我国具有庞大的数量基础，是新型城镇化推进过程中的重要一环。在特色小镇的热潮下，乡镇势必成为政府拉动有效投资、推动城乡协调发展、带动各类要素集聚与创新的新引擎和新动力。特色小镇建设不受传统行政区划的束缚，作为一种产业经济、用地模式、人口、资本等要素相对灵活的载体，有利于进一步引导农民就地、就近城镇化，有效化解我国城市化进程中遇到的大城市病、城乡差距过大等痼疾。

2016年7月，国家发改委、住房城乡建设部、财政部联合发布的《关于开展特色小镇培育工作的通知》中提出，到2020年将培育1 000个左右各具特色、富有活力的休闲旅游、商贸物流、现代制造、教育科技、传统文化、美丽宜居等特色小镇。当年10月，住建部公布了首批127个全国特色小镇；次年7月，住建部公布了第二批276个特色小镇。

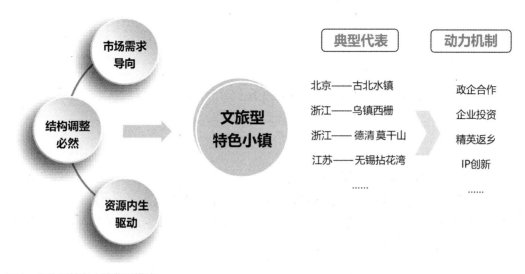

图1　文旅型特色小镇典型模式

目前，我国共有403个特色小镇。从空间分布来看，华东地区和西南地区特色小镇数量最多，浙江、江苏、山东特色小镇数量稳居全国前三；从交通便利程度来看，位于农村地区的稀缺山水目的地型小镇约占2/5，位于城市近郊或远郊的大都市周边微度假型小镇约占3/5；从功能类型来看，其中旅游发展型的小镇数量最多，制造型产业类小镇数量较少。受市场需求导向、经济结构调整、资源内生驱动的影响，文旅型特色小镇迅速发展，在首批全国特色小镇中占据了将近2/3，成为当前特色小镇的主力军。目前，文旅型特色小镇的建设机制主要包括政企合作、企业投资、精英返乡、IP创新等，涌现了一批以北京古北水镇、浙江乌镇西栅、浙江德清莫干山、江苏无锡拈花湾等为代表的典型文旅特色小镇项目（图1）。

三、痛点

　　然而，伴随着文旅型特色小镇的井喷式发展，在项目规划建设中也出现了缺乏特色文旅产业支撑、房地产唱独角戏、地方参与度不够、运营可持续性和长期吸引力不足等一系列问题。特色小镇的打造不是简单的产业园区建设，也并非旅游地产开发或旅游新城建设，文旅特色小镇独特的生命力来自于自身完整的自然人文生态系统。2017年6月，住建部开始第二批全国特色小镇的推荐工作，要求旅游文化产业为主导的特色小镇推荐比例不得超过1/3，国家发改委也提出要培育供给侧小镇经济，指导建设一批具备新兴产业集聚、传统产业升级、体制机制灵活等优势的特色小镇，这进一步强调了特色产业的核心地位。文旅型特色小镇亟须避免以下几大痛点，挖掘地域特色、打造核心IP，提升产业动能，增强自身的可持续发展能力。

痛点一：千镇一面，特色小镇缺乏地域特色

特色小镇的核心竞争力在于独一无二、不可替代的地域特色。随着文旅型特色小镇数量上的急剧增长，众多小镇建设开发盲目跟风，未能考量自身特色，定位同质化现象严重，以至于特色小镇无特色、小镇风貌雷同、旅游体验平庸，既未能反映传统地域文化，又难以营造独特内容魅力吸引相关客群。

痛点二：圈地开发，小镇打造沦为地产活动

部分地方政府将特色小镇的打造视为吸引房地产商、拉动投资、圈地开发的机会。房地产商的介入短期内可能确实能够增加投资、推动经济增长，但倘若小镇建设仅是房地产业的独角戏，未能吸引相关创新创意人才和创新创意产业入驻，长期来看，特色小镇将沦为没有活力的空镇，小镇发展难以持续，经济增长可能呈现断崖式的停滞。

痛点三：生搬硬套，创新创意难以持续生长

特色小镇的生命力建立在可持续发展的创新创意产业之上，创新创意产业的可持续性又建立在产业环境成功营造、产业要素完备齐全、IP策划亮点突出、实施运营专业化等系统操作之上。简单搬运其他地方的成功案例往往只能做到形似，难以做到神似；建筑风貌可以相似，但创新创意生态难以模仿。生搬硬套的小镇发展缺乏活力，难以持续。

四、策略

我基于近年来十余个特色小镇项目的实操经验和大量案例分析，提出了"小镇生长"的概念。通过九点策略，助力打造"以人为本、镇为载体、以产为核、以文为魂"的具有自发生长动力的文旅型特色小镇（图2）。

图2　文旅型特色小镇的营造与生长之"九策"

1. 夯实三类基础

特色小镇的营造首先需夯实资源、交通和环境三大基础。

1）挖掘资源的唯一性

充分保护文旅型特色小镇的历史文化和在地资源，深挖自然生态资源、历史文化资源、民俗人文资源、特色产业资源等资源禀赋，打造特色鲜明的小镇IP，形成具有市场强号召力和文化强影响力的IP资源。

2）提升交通的便捷性

营造良好的内外部交通系统，打造"外通达、内便捷、慢休闲"的特色小镇交通网络。对外通过提升对机场、高铁、高速路网等快速交通线路的对接和连通性，提高外来人群的交通可达性甚至一站直达性。对内注重内部路网便捷度和慢行交通网络的建设，不断营造舒适、便捷、慢速的内部游憩交通。

3）营造环境的舒适性

作为新型城镇化背景下的重要载体，文旅型特色小镇的营造一方面重在场景感和内容的规划设计，另一方面也十分强调营造具有高舒适度和吸引力的小镇风貌，力争做到"生态环境山明水秀、生产环境舒适雅致、生活环境活力宜居"。

2. 精致三类营造

从内容营造来看，文旅型特色小镇需要精雕细琢，通过做精"场景营造、人气集聚和活力生长"这三部曲，激活小镇内生动力（图3）。

精致 三 类营造

场景营造
保有历史
浓缩地域
博物地方
植入内容
印象切割

人气集聚
保留原著民
融入民宿
人群混合
旅居社交
宜旅宜居

活力生长
雅境俗事
作坊体验
夜有活力
四季生机
有机生长

图3 文旅型特色小镇的三类营造

1）场景营造

充分结合在地特色，做到"保有历史、浓缩地域、博物地方"，通过内容植入、印象切割、品牌精准营销等手段，做精小镇各类场景、做浓小镇味道、做亮小镇风貌。

2）人气集聚

人气集聚既包括对原住人群的保留和再发展，也包括对外来人群的集聚与吸引。原住人群是故乡原风景的一部分，是呵护小镇在地性和生命力的保障。通过培育民宿、社区营造、旅居社交等手段，集聚产业人群、双创人群和消费人群，吸引新住人群长居或者周期性居住于文旅小镇之内，成为特色小镇的新主人和贵客，是营造宜旅宜居、人气集聚的文旅型特色小镇的重要策略（图4）。

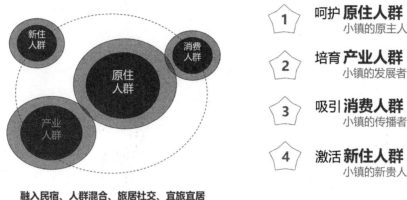

融入民宿、人群混合、旅居社交、宜旅宜居

图4　三类营造之人气聚集策略

3）活力生长

注重文旅小镇功能策划与运营，围绕"游购娱、商养学、闲情奇"，做精"雅境俗事"，培育汇集非遗民俗、多元娱乐、文化休闲、定制体验、特色节事等丰富业态的特色产业体系，打造"全时娱乐、全域旅游、全民欢乐、全家休闲、活力十足、有机生长"的特色小镇。

3. 践行三度匠心

1）在地设计

注重地域性、定制化和现场化。规划设计注重就地取材、充分融合在地景观与在地文化、突出地域特色。定制化设计突出文旅型特色小镇风貌设计的因地制宜与量身定做，设计过程倡导亲临现场、深度调研、在地创作，全周期匠心设计，忌风貌同质化、忌建筑杂乱化、忌设计工厂化、忌过度人工化。

2）四态协同

文旅型特色小镇必须注重"自然生态、建筑形态、文旅业态和地域文态"之间的协调统一与有机融合，通过对产业、文化、景观、旅游、休闲、居住等功能的统筹优化提升，促进产居文旅的全面融合，营造生产、生活、生态"三生合一"的特色小镇生态圈，促进文旅型特色小镇的有机生长。

3）细节制胜

细节决定成败，一个文旅型特色小镇想要在众多小镇中脱颖而出，必须以匠心精雕各个细节。对于细节的把控不仅仅是对于建筑与景观的营造，也在于小镇生长的各个生命周期，包括规划细节、建筑细节、景观细节、施工细节、运营细节等特色小镇的各个发展周期。

五、展望

总体而言，文旅型特色小镇的生长路径可概括为以下六个生长阶段（图5）。

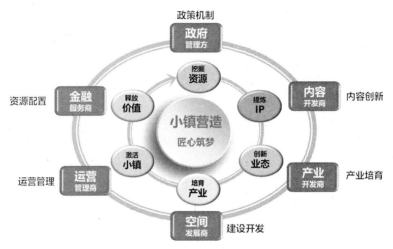

图5 文旅型特色小镇生长路径

生长阶段一：挖掘资源

深挖小镇独特的文旅资源，激活特色小镇发展源源不断的生命力。文旅资源是文旅特色小镇的立身之本，是特色小镇的发展根基。特色小镇的营造必须立足特色资源，秉承"人无我有、人有我优、人优我特"的发展思路。个性鲜明的特色小镇都有很深厚的文脉根基，它的文化基因、历史记忆等元素深深地渗透在小镇建设运营的各个方面，小镇的景观塑造、宣传口号、产品造型等均反映着小镇的资源特性。

生长阶段二：提炼IP

提炼小镇的核心特色文旅IP，打造特色小镇核心认知产品。特色小镇IP是自身"特"的显示和提炼，代表着个性和稀缺性，是简单、鲜明、有特色的元素和符号。特色小镇IP可能是某一个故事，可能是某一个人物，也可能是某一个景点。小镇通过提炼IP属性，打造自身发展特色，找到小镇发展特色灵魂产业的支撑。

生长阶段三：创新业态

适应现代旅游消费需求，多种业态共同发展。拓展融合科研科普、娱乐、餐饮、购物、影视、演艺等多个业态，带动创意文化，完善配套设施，拉长产业链条，以此充分利用、深度开发文旅资源，多层次、全方位提升小镇产业发展水平。

生长阶段四：培育产业

以特色IP为引爆点，通过业态创意、内容创新、体验创造、空间营造、政策吸引等方法，培育文旅小镇特色产业体系，紧扣产业升级趋势，找准产业主攻方向，构建产业创新高地。以产业促发展，并融入科技、金融、人才、旅居创新综合配套等要素，加速形成小镇特色文旅产业生态圈。

生长阶段五：激活小镇

通过产业带动、专业运营、平台合作、节事活动等方式，激活小镇生长动力；围绕主导特色产业，打通产业链上下游及各相关产业之间的壁垒；有效运用资源、技术、产品、市场、经营方式、组织管理、制度等各种手段，实现产业集群式发展；吸引大量就业人群集聚，促生良性循环，激活小镇自生能力。

生长阶段六：释放价值

预先做好品牌战略和整合营销，积极营造和传播文旅特色小镇的特色品牌，品牌轻资产与价值链的结合将进一步放大和释放小镇价值，进而形成新的发展动能，吸引新一轮的资本集聚、人才集聚和人口集聚，最终构建"资源—资金—资本—资产—资源"的价值链良性闭环。

3 Have a Break 大都市的 微旅游 —— 演讲◇郝荣福

"浙江大学中国新型城镇化研究院"成立仪式暨2017中国新型城镇化高峰论坛议程　分论坛二"新型城镇化与城微度假论坛"上，华高莱斯国际地产顾问（北京）有限公司董事策划总监郝荣福先生，以《Have a Break 大都市的微旅游》为演讲主题，解释了什么是大都市的微旅游，核心特点是什么，指出了大都市微度假"小景点、密集化"的操作要点，并且从大都市微旅游项目的选址，大都市微旅游"抓家庭、编故事"两大成功要点，分享了宝贵的操作经验。

一、什么是大都市的微旅游

华高莱斯是做城市发展战略策划的公司，我们公司的服务对象主要是各级政府，以及从事城市区域开发的投资机构。我之前不是做旅游的，但是做了以后，发现能不能做好旅游关键是一个词："玩"。我特别喜欢智纲智库·王志纲老师的一句话：旅游就是玩出来的产业。在座的同学如果未来有志进入旅游行业，一定要做到两件事，一是要爱玩，二是要会玩。如果这两个条件都不具备的话，那么就建议你不要做旅游。

什么叫大都市的微旅游？旅游不是那么简单分类的，先用学术的观点对旅游作个分类。华高莱斯对此的研究非常多，借用吴必虎老师的观点，大都市的旅游主要有三个圈层：第一种是城市中心的旅游，我们称之为都市休闲，杭州最典型的是西溪

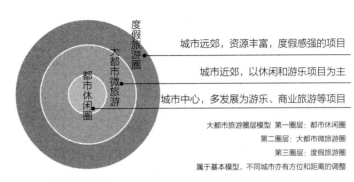

城市远郊，资源丰富，度假感强的项目

城市近郊，以休闲和游乐项目为主

城市中心，多发展为游乐、商业旅游等项目

大都市旅游圈层模型 第一圈层：都市休闲圈
第二圈层：大都市微旅游圈
第三圈层：度假旅游圈
属于基本模型，不同城市亦有方位和距离的调整

图1 大都市的旅游

湿地，深圳最典型的是欢乐海岸；第二种才是大都市的微旅游，需要强调的是，首先是大都市，其次是微旅游，不可能离开大都市，所有大都市的微旅游一定是在大都市周边，车程不超过2h；第三种是特定旅游目的地的旅游，就是到大都市之外，到很远的地方去，这些地方旅游资源强势（图1）。我们现在遇到很多客户来找我们做旅游，我都会问他们是否属于这三种情况，如果不是我们会建议他不要做旅游。

二、大都市微旅游的操作要点

大都市微旅游的特征，第一个是"近距离"，一定要离大都市很近；第二个是"短时间"，所谓的短时间就是我去得很快，回来得也很快；第三个是我们研究的成果，就是"度假感"。那究竟什么是大都市的微旅游呢？如图2所示，横轴是旅游的时间&距离，纵轴是度假的深度。其实大都市的微旅游，最大的特点是要短距离出行，但同时要给人以度假感享受。

图2 大都市的微旅游

除了以上三个特征以外，我今天最想分享的一个观点是"小景点·密集化"。我们接触过太多做旅游的人，每次遇到做旅游的人我都会说，做旅游是"大投入·大产出、中投入·小产出、小投入·无产出"。有的人觉得旅游很好做，其实旅游很难做。尤其是现在很多做旅游的，之前都是做房地产的。那为什么旅游这么难做，我们还建议做大城市的微旅游呢？我们给

纽约

哈德逊河谷

图3　异境（一）

台北

淡水

图4　异境（二）

的建议是"小景点·密集化"，就是把每个景点都做得很小，但是做一堆，让人们玩也玩不完。都市休闲最大的特点就是你不管做什么它都会成功，因为它是城市人群日常遛弯的必选产品，度假旅游则需要大投入才能起来，而"大都市的微旅游"通过小景点、密集化则可以相对低成本地做出来。

　　现在做大都市微旅游，最好的区位是大都市周边，从东京、台北到纽约，都是在大都市旁边最容易成功。那大都市周边成功的微旅游地都是在什么地方呢？我的观点是：大都市周边最近的"异境"。所谓"异境"，就是和城市完全不一样，这张图左边是纽约，右边是哈德逊河谷，这就足够说明"异境"（图3）；这张图左边是台北，右边是淡水（图4），这几个也都是大都市旁边的"异境"。我也有幸把这三个城市全都走过，所以我说大都市旁边最近的"异境"，才是最适合发展大都市微旅游的地方。

　　我们公司研发出一个词，今天也想分享给大家。我们老跟别人讲，如果做成片区域开发，做大都市微旅游，一定要打造一个城市功能区，叫做"大都市·CBC"。所谓CBC，即City Break Center。旅游就是have a break，所以我们叫CBC，一种度假化的都市休闲，一个都市外围的旅游休闲新中心。这个词我们屡试不爽，很多政府和开发商都是比较认可这个词的。

三、大都市微旅游成功的要点

前面是比较偏学术的，现在跟大家分享好玩的东西。做大都市微旅游怎么样才能成功，我前面讲过一个词：好玩，刚才刘力老师讲自己90后孩子的玩法。但是从实际开发投资的角度，我们建议，一定要"紧抓家庭"。尤其是大都市周边，每到3天小长假，北京周边的高速全部拥堵，北京周边的度假酒店最火爆的就是亲子酒店。所以我想讲大都市微旅游成功的两大因素，一个是紧抓家庭，一个是讲好故事。

先讲一下"紧抓家庭"，家庭是绝对要抓的旅游人群，大城市旁边的旅游更是要紧抓人群。我今年38岁，我孩子9岁；我是有了孩子才体会到去哪儿玩不是我决定，而是由我儿子决定；我儿子去哪儿玩，我就去哪儿玩；不是我儿子决定去哪儿玩，而是我希望我孩子去哪儿，我就去哪儿玩。很多研究数据也证实了这个观点，华高莱斯北京都市微旅游调查问卷中显示，周末选择家庭出游的人群占比高达63.88%，所以我们说抓家庭是大都市微旅游的关键点。家庭是什么概念，它包含三个方面："年轻的夫妻家庭"、"幸福的三口之家"、"和谐的三世同堂"，所以我们不应该把家庭给狭义化。

第二个是"讲好故事"，大家是不是都喜欢旅游？旅游到底是供给侧产品还是需求侧产品？我想说，旅游绝对是供给侧产品而不是需求侧产品。你都不知道你自己想要什么，只有别人告诉你想要什么你才可能意识到自己原来需要这个。所以说旅游最重要的关键词是讲故事！

我们接触过很多做旅游失败的人，只会盖房子不会讲故事。讲故事是旅游的核心，旅游需要先知而后游，而非先游而后知。你要先知道，才会去旅游。所以对于旅游，我们研究的观点是："我知，我游，我停留"。

首先需要解决我知的问题，那怎么做到我知呢，现在比较火的书有前面老师推荐的《时间简史》《人类简史》，那我今天也推荐吴声老师的两本书《场景革命》《超级IP》。现在不了解这些东西都没法做旅游。罗振宇先生在"罗辑思维"里讲过一句话，按照华高莱斯李忠董事长的观点：现在最大的问题是没有全民共识，为什么现在唯一全民共识的美女是范冰冰，为什么她的票房和身价很高，就是因为她是唯一的全民共识。所以，重新构建全民共识，是实现旅游吸引人的一个关键，所以我说，讲故事首先要打造超级IP。超级故事《盗墓笔记》让长白山旅游火了起来，这就是故事的魅力。所以我们公司做旅游，尤其是大都市微旅游，核心就是编故事，编故事也是我们公司高顾问费的核心价值。只有会编故事才能做好旅游，编完故事才能做规划、才能做招商、才能做运营。

什么是编故事，听说过"蜜月微旅游"吗？现在最火的不是结婚的蜜月微旅游，给大家推荐一下"孕蜜月微旅游"。现在大都市的人生不出孩子是一个大问题，想要孩子一年之内就能要到成为很多人最大的幸福，所以现在大城市周边兴起了一种"孕蜜月微旅游"产品，这就是一个故事。除此之外，还有微户外旅游、禅修微旅游、亲子微旅游等。

旅游的核心是故事，那么故事是怎么来的？今天送大家八个字："无中生有、小题大做"。首先是无中生有，旅游不要讲逻辑，不要太讲理性，而要多些感性；其次是小题大做，旅游不是做第一，而是做唯一。所以"无中生有、小题大做"，从"第一"向"唯一"的转变，是旅游超级IP构建的前提。

最后跟大家分享的是"大都市微旅游"成功的三个标志——"知名度家喻户晓、白天熙熙攘攘、夜晚灯光明亮"，只要能做到以上三点，那么旅游一定是成功的。此外，再和大家分享一个词，过去有一个词叫"国民总收入"，现在有一个词叫"国民总时间"，现在最稀缺的是时间。如何留住大家的时间，如何分享大家的时间，如何用好大家的时间，绝对是旅游成功的关键。

4　从城市更新到文创创造 ——演讲◇王雷
——守正出奇的77文创之路

"浙江大学中国新型城镇化研究院"成立仪式暨2017中国新型城镇化高峰论坛议程　分论坛二"新型城镇化与城微度假论坛"上，北京道朴文华资产管理有限公司董事长兼首席执行官王雷先生，以《从城市更新到文创创造——守正出奇的77文创之路》为演讲主题，分享了77文创推动文创园区发展，助力全国文化中心建设的历程和思考。

一、77文创的发展历程

1998年我从陕西考入清华大学来北京读书，从此后就深深地爱上了这座城市；2005年硕士毕业后来到位于北京市东城区的当代投资集团工作，与东城结下了不解之缘；2011年三十而立时，立志将城市更新和文创产业作为自己毕生的事业，开始了创业之旅。

从2011年开始，我们以77文创为品牌，以"整体定位、整体实施、整体运营"为理念，先后在东城利用老旧厂房改造并运营了戏剧影视主题的77文创【美术馆】、科技文化融合为主题的77文创【雍和宫】、国学与东方美学为主题的77文创【国子监】，2016年走出东城进入亦庄开发区，2017年进入朝阳，力争建立品牌统一而又各具特色的文创园区。

二、第一点思考：文创园区自身就是文创产品，应具备文化内涵和文化外延

利用老旧厂房改造而来的文创园区就是我们的文创产品，它的文化内涵中融合了创意

　　　　　　　　二　全过程咨询中的策划

设计、空间再造、文化内容、产业服务、文化金融等众多元素；同时，文创园区要具备文化的外延性，文创园区不仅是文创产业发展的物理空间和文创企业的办公空间，同时还应承载北京的文化传承、建筑的历史记忆、公共文化服务、文化交流和传播等多元化的功能；对于核心区的文创园区，还应紧密结合北京历史文化名城风貌保护的整体要求，彰显古都风貌。

以77文创【美术馆】园区为例，这个园区前身是位于美术馆后街77号的北京胶印厂，坐落于北京历史文化名城的核心区，周围遍布着北京知名的文化和旅游目的地。我们充分结合"文化东城、戏剧东城"的定位，结合历史文化名城风貌保护的要求，将北京胶印厂老厂区改造为戏剧影视主题园区，围绕这个主题，将原有的修理车间改造为两百余座灵活多变的黑匣子剧场，77剧场自开业以来每年都会举办近两百场文化活动和演出；同时，在北京市文化局的支持下，通过政府购买服务，在园区内建设了拥有18个排练场和一个合成场的北京剧目排练中心，为北京的演出团体提供了高品质、低价格的公共文化服务平台，到今天为止，累计已经有278个演出团体共计366个剧目在此排练，其中有340个剧目成功上演，众多明星大咖都在此进行过排练和创作，被誉为戏剧界的横店。

同时，我们在园区拿出一部分优质空间，打造了公共阅读平台，与时差空间、无用生活空间等一起，结合77文创生活节、文创市集、读书会等活动提供了丰富多彩的文化内容，使得77文创【美术馆】成为了东城乃至北京都具有一定影响力的文艺聚集地。

三、第二点思考：文创园区和文创产业密不可分，两者之间相互促进、相互成就

美术馆园区的成功使我们深刻地意识到，文创园区和文创产业之间应该形成相互促进、相互成就的关系；文创园区推动文创产业发展；而文创产业的发展又带动着文创园区进一步升级和迭代。

在这样的理念推动下，我们把东城区藏经馆胡同11号原北京童装厂改造为77文创【雍和宫】项目，这个文化科技融合的园区里孵化出了Keep、Vipkids、梦想加、一刻talks等诸多优秀的文创类企业；在位于国子监大街40号院的77文创【国子监】项目里，我们引入了著名的媒体人梁冬老师和他的正安学院，以及原央视知名主播赵普老师和他的中国手工艺发展研究中心、东家会客厅等，打造了传统文化和东方美学的传播和体验平台。

从2016年开始，我们走出东城，将我们在东城积累的优质文化资源向北京更多区域辐射，在亦庄开发区起步区的当纳利印刷厂、至美印刷厂建设77文创【亦庄大地】和77文创【亦庄至美】项目，2017年又通过和香港上市公司花样年的合作在朝阳区豆各庄乡进行东方石化助剂二厂项目的改造。其中，77文创【亦庄大地】项目利用开发区早期一批已经被疏解出去的工业企业的存量用房改造为文化科技融合的文创园区。我们与拥有85年历史的"生活·读书·新知三联书店"全面合作，拿出首层500多平方米空间零租金提

供给三联书店，并提供完善的装修和配套，打造实体书店倡导全民阅读；同时，我们还拿出近1000m²与三联深度合作77三联文化空间，通过读书会、新书发布会、作者见面会等多种活动，推动更深入的文化交流。我们希望三联书店亦庄店和77三联文化空间不仅成为77文创【亦庄大地】园区内的亮点，更为亦庄区域的老百姓提供丰富的精神食粮。

四、第三点思考：文创园区要成为城市文化地标，成为可持续生长的文创生态，是利国利民的事业

经过几年的实践，77文创【美术馆】园区获得了2016年中国建筑学会建筑改造与再利用类金奖第一名和2017年中国城市更新论坛十大城市更新案例奖；77文创【亦庄大地】园区获得了2017年中国设计节园区大奖；77文创品牌获得新华社旗下《中国品牌》杂志社评选的"中国最具影响力的创新型社群十强"称号。77文创的系列园区，已经成为了所在区域的文化地标，成为与老百姓文化生活融为一体的创新文化空间。

2017年7月，我和原央视著名主持人赵普老师、资深投资人汪之雄先生共同发起成立了普雷资本。普雷资本将专注于文创领域和文创产业的内容、产品和创新的商业模式，我们将赵普老师的文化资源、77文创的平台资源、汪之雄先生的投资界资源整合在一起，为文创领域有理想、有计划、敢行动的年轻人提供推动力，发掘和培育优质的文创项目。77文创+普雷资本，形成了"文创产业+园区运营+文创投资"的文创生态，形成了综合性的文创产业发展平台。

从2011年创业至今，我深感77文创发展的每一步，都离不开政府部门对于文创产业和文创项目的大力支持，我们先后获得过北京市文化局、文资办、中关村管委会等的多项政策和资金支持，还成为了北京市唯一的一家文创园区类的文化金融试点单位，在北京市金融局的支持下，由北京银行文创支行对我们提供文创园区改造资金的信用贷款；在东城区，我们也先后获得了东城区戏剧专项资金和文创资金的支持。从2011年开始，几乎每一年都有新的政策出台，而且力度逐年加大，这也让我们坚信，我们所做的事业是符合国家和北京的发展方向的，是一项利国利民的事业。

为了将这项事业做到更好，结合我们在实际工作中的经验和感受，接下来我再提出两点建议。

第一，在北京市疏解非首都核心功能与建设全国文化中心齐头并进的大形势下，利用老旧厂房改造文创园区应该是推动文创产业发展和完善公共文化服务的重要载体和平台，应予以高度重视和支持；

第二，应建立明确的行业标准、建立准入和退出机制、建立运营和使用后评估体系、建立考核和激励机制；鼓励国有经济、非公经济和混合所有制经济的全面参与，培育和建设专业化的文创园区运营团队，从而激发利用老旧厂房拓展文化空间的积极性和参与度。

77文创非常愿意在北京市保护利用老旧厂房拓展文化空间的过程中，将自身的文化资源、运营经验和文化资产运营管理体系分享给所有有需要的资源方，共同推动北京全国文化中心建设，共同践行中华文化复兴的历史使命。

5 旅游——新型城镇化的创新动力 —— 演讲◇李忠

都市更新·人文深圳 建筑策划专委会（APA）夏季高峰论坛上，李忠先生提出旅游是中国所有城镇都能获得的新动能，打造特色城镇的核心在于通过策划构建四大原力，即：全息力、故事力、学习力和情感力。他结合国际国内的成功案例，从这四个方面生动地剖析了每种原力的内涵，为特色小镇的打造指出了一个清晰的发展方向。

一、新常态，原力之源

当提及经济新常态时，很多人都会说到一个问题：新经济的增速会低。但这只是表现，并不是本质。本质是，我国从2012年开始，经济总量从发展中国家水平迈向了发达国家水平。

发展中国家的经济发展比较容易，是因为其经济需求确定且巨大；而发达国家经济发展则困难一些，因为需要创造需求。简单来说就是，发展中国家相当于人还没有吃饱，给没吃饱的人做饭是非常容易的；但当一个人吃饱了，再让厨房给这个人做饭、做甜品，想做好吃是很难的——这就是我们说的供给侧改革（图1）。

供给侧改革就是用新的供给来创造新的需求，简单点说就是：把过去的衣食住行，转换成今天的吃喝玩乐（图2）。

供给侧改革是新常态下我国经济发展的创新模式，其含义是：

从提高供给质量出发，用改革的办法推进结构调整，矫正要素配置扭曲，**扩大有效供给，提高供给结构对需求变化的适应性和灵活性**，提高全要素生产率，更好地满足广大人民群众的需要，促进经济社会持续健康发展。

——《七问供给侧结构性改革》，人民日报，2016年

图1　供给侧改革

从油盐酱醋　　　　　　　　　　　　　　　　　　到吃喝玩乐

图2　供给侧改革的形象化

（资料来源：网络）

在供给侧改革情况之下，《罗辑思维》的罗振宇说过一句话："同样是茶，消费者不再为柴米油盐酱醋茶的茶付钱，他会为了琴棋书画诗酒茶的茶而付钱。"发达国家的人花钱还是不花钱？发达国家的人更花钱！那么他们的钱花在什么地方？不是衣食住行，而是玩。

美国人在"衣"上花钱多吗？不多；"食"更简单，美国人吃东西就知道吃汉堡；"住"，美国人大部分是租房住的；"行"，美国的汽油最便宜。那他们的钱都花在哪里了？他们把钱都花在"玩"上了！美国人在"玩"上面花的钱最多，滑雪就要买最好的滑雪板，打猎就要买最好的猎枪，玩摄影就要买最好的相机。人只要有了玩的爱好，那就会非常花钱。

喜欢玩摄影的朋友都知道，摄影这个爱好不只是花钱，而是烧钱！所谓"单反穷三代，摄影毁一生"。有个笑话：上海有一个摄影爱好者摆好了三脚架准备拍东方明珠，看到旁边有一个乞丐，便给了他十块钱。这个乞丐看了看相机说，你再把光圈缩小一档，景深能够好很多。摄影爱好者很惊讶，一个乞丐怎么懂得这么专业的知识？乞丐回答："我过去跟你是一样的，因为玩摄影才玩到这步田地。"

因此，只要人们开始吃喝玩乐，需求就会被迅速拉动。以前"五一""十一"的时候，我们会讨论要不要出去旅游；而现在"五一""十一"，我们讨论的是去哪儿旅游，这就是最典型的例子。和发达国家相比，中国旅游消费市场有着巨大的潜力。在欧美国家，旅游支出一般占到25%～30%，而在中国（2015年）只占到总消费的10%，这是非常小的数字。我们还有着巨大的提升空间。

旅游本身是为了异境感创造的东西，而异境感是中国巨大的优势。所以，旅游可以成为所有新城镇发展的新动能！

旅游的本质就是：从你住腻的地方，到别人住腻的地方看一看。旅游就是为了看风景，那什么是风景？其实不是美丽的叫风景，而是没见过的叫风景。这个充分说明差异性构成了风景，而这种差异化就是中国的优势。

学地理、地质的同学，在入学第一天老师就会告诉你，在中国学地理是极其幸福的——因为在中国，什么样的地方都有。《中国国家地理》曾经评选过"中国最美的100个地方"，这些大都在中国的三条线上，也就是中国地理四个台阶（青藏高原，黄土高原

◆ 走棱线
体验三大台阶之美

◆ 走胡线
体验临界之美

◆ 走岸线
体验海陆碰撞之美

◆ 走脊线
体验中国龙脊之美

图3　2016年,《中国国家地理》构建四大漫步道,囊括中国异境奇观
（资料来源：网络）

和云贵高原，华北平原，大海）的棱线部，即山地和平原的交界点、大海和大陆的交界点、高原和草原的交界点。

所以，《中国国家地理》杂志的主编单之蔷提出的要看"中国最美"要走四条线，分别是：走棱线——河西走廊、横断山脉都在这里；走胡线，也就是胡焕庸线，这是中国东西地理的临界线；走岸线，也就是整个大陆的海岸线；最后是走脊线，中国的脊梁，比如说秦岭（图3）。

我们去旅游之前，打开一张中国地形图，里面标草原、平原和高原用了不同颜色，而在这些颜色的交界带上就是中国最美的风景。也正是由于这个原因，我们领土中景点极多。小学课本里面学过一篇课文，"祖国多么广大，海南岛上鲜花已经盛开，大兴安岭雪花还在飘洒"，这种气候地貌也强化了旅游。

中国内部的差异很大还有一个表现，中国是世界上少见的"南部能看得到珊瑚礁，北边能看得到极昼"的国家。美国、日本也是这样内部差异巨大的国家。如果大家喜欢旅游的话，日本是一个值得反复旅游的国家。它虽然小，但是国土是"竖着摆"的——南边的冲绳是珊瑚礁王国，北边的北海道是极冷的地方，这中间就有非常非常多适合旅行的地方。而且它的地形地貌很多样，越多地质灾害的地方往往旅游景点越多。日本被称作"被诅咒过的土地"，台风、火山、地震都特别多，但是也给它带来了各种天然奇观。

中国的高等和低等植物资源非常发达，我们有维管束植物3万多种，还是鸟类最丰富的国家之一，以及裸子植物最多的国家。再说一个好玩的事情，中国是世界上非常少有的双糖源国家，南边吃甘蔗，北边吃甜菜。世界上只有三个双糖源的国家，就是美国、中国和日本。这三个国家都是旅游资源差异非常大的国家。

中国还有非常丰富的民俗文化资源，这使得中国成了一个极其适合做旅游的地方。

另外，旅游是城市化之后的产物。为什么旅游资源到现在变得特别值钱了呢？就是因为城市化后，人们需要回归自然。只有城市人才需要回归自然，农民是不需要回归的，因为他们本来就在自然之中。这个逻辑之下，我们发现，越是靠近市场，越是人多的地方，越是能够取得成功。

所以接下来，我来说一说策划行业能够为旅游做什么事。

二、四原力，旅游之道

文旅小镇如何能够打造出异境感呢？大家不妨看看深圳东部华侨城的茵特拉根。茵特拉根真正做出了四个原力——全息力、故事力、情感力和学习力，共同完成了异境感的打造。这就是旅游策划对旅游建筑规划作出的重要牵引（图4）。

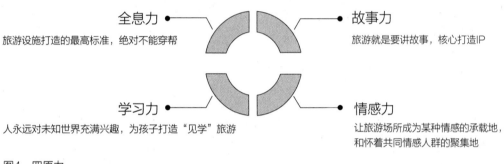

图4　四原力

1. 全息力

旅游其实就是一种体验，而在旅游的过程中体验越纯正，旅游也就越值钱。纯正的体现其实就是全息，全息的反面就是穿帮。比如说，如果在深圳卖茵特拉根的风情，任何不和谐的因素都谓之穿帮。

旅游中的全息力，有个很重要的典型——迪士尼。迪士尼的饭菜很普通，票价又特别贵，但是他们从来没有因为上述因素被游客投诉。迪士尼曾经收到的最大投诉，是大约16年前的一个炎热夏天，在一次巡游表演时，一个演米老鼠的男人实在是跳累了，他看了看周围没人，就把头套摘下来，抽了根烟，当场被一个小男孩看到了。小男孩指着米老鼠说："妈妈，米老鼠也抽烟"。这件事情迪士尼非常重视，不仅给了游客高额的赔偿，更是对这名员工进行了高额处罚。从那以后，迪士尼意识到，饭菜不好没关系，票价贵一点也没关系，但是就是不能让小朋友们知道，米老鼠其实是一个叔叔演的。

这个事情我之所以知道，是因为我十年前去迪士尼碰到一件事情。当时也是米老鼠跳得都中暑了。旁边的高飞狗立刻拿出一个特别大的卡通电话，非常夸张地说："不得了

图5　迪士尼乐园
（资料来源：网络）

了，不得了了，有人中暑了！"一会儿就开过来一辆卡通外形的救护车，从里面跳出来四个卡通形象，蹦蹦跳跳地把米老鼠给抬走了。当时人群中大家都热烈鼓掌。我当时突然意识到，这可能真的是抢救，于是我就跳到了巡演的队伍里面，跑到救护车旁边一看，里面的护士和医生都是真的！这个时候马上有个卡通形象在我脑袋上戴个帽子，把我脑袋转过去，对着我"嘘"了一下。接着四个人把我抬起来，重新把我放回观看表演的人群中。这个时候周围人又热烈鼓掌。旁边的人还跟我说："没想到你也是演员。"我说："我不是啊，我只是想走进去看看。"后来我走过去，跟工作人员说："对不起，我就是好奇，现在帽子还给你。"结果工作人员说："帽子是作为你配合我们表演的奖励。你表演得很成功，我们可以给你发一份证书。"当时我也很高兴（图5）。

这次经历告诉我们：第一，任何表演都可能有意外，但是要把每个意外变成一个延伸的表演；第二，观众里面总有几个像我这样好奇心极重的人会往里面冲，但是也要把这种冲进来的不和谐变成一种表演；第三，不能让这些好奇者不高兴，因为他们也是付了钱的游客，所以这个过程也要让他们高兴。这就是迪士尼所谓的全息度。

与茵特拉根相似，日本有一个做得很好的案例——长崎的豪斯登堡小镇。它因为做了完整的荷兰风情，被称为日本的"全息小荷兰"。为什么日本要COPY荷兰呢？这要从"兰学"这个日语词说起。在日语里面说一个人叫"兰学家"是什么意思呢？日本最早登陆的海外国家就是荷兰，所以在日本提"兰学家"不是研究纳兰性德，也不是研究兰花，而是研究西方学的。日本管所有的西方学都叫做"兰学家"，等于是研究欧洲的历史学家。这

图6　豪斯登堡（左）与荷兰纳尔登（右）
（资料来源：网络）

个事情也影响到了中国，我们知道的"荷兰猪""荷兰豆"其实都不是荷兰产的，而是因为日本人管所有来自西方的东西都叫"荷兰的"。

日本人对荷兰有非常美好的向往。他们拷贝荷兰，荷兰也从来不拒绝。他们做了一个完整的全息化的小荷兰。他们这个山寨可不是一般的山寨，而是"授权山寨"，是荷兰女王亲自授权的，并给他们提供了图纸。如果需要风车，风车就从荷兰运过来。连砖都是从荷兰烧好运过来的，唯一不一样的，是日本人自己按照《海贼王》做了一条船。在这里，建筑是荷兰的，服务员是荷兰的，做的花田也是荷兰的。

而且这里做了非常好的规划肌理。学规划的都知道，荷兰纳尔登的古城是棱堡，这种城市形态是文艺复兴时期枪炮发明后，做出的一种功能防御体系。日本人在豪斯登堡也按照这个逻辑做了规划机理，规划得非常成功。在这个基础上，豪斯登堡利用北九州的平原水乡，做了生态规划、科学饮水、植被修复、持续环保，然后搬了荷兰的三个要素——充满鲜花的国度、充满彩灯的国度和充满音乐的国度（图6）。

不仅如此，这里还做了一个小穿越，可以一日之间看遍荷兰，拍出来的照片和荷兰几乎一模一样。甚至你去的时候还会给你办理护照和一个荷兰签证。之后又做了四大主题，荷兰的艺术花田、荷兰的活力港口、荷兰的水乡生活以及荷兰的阳光小镇。这里有很多的日本人愿意过来买房子，因为在这里体验的就是完整的荷兰风情。

豪斯登堡不仅做了荷兰的外壳，还做了荷兰的精髓。有花车巡游，表演者也都是荷兰人，卖的东西也都是荷兰的。有异境可以利用异境，没有异境可以照搬异境，但是要做到全息度高和原汁原味。在这里有荷兰版的花车游行和各种表演，还能买到纯粹荷兰产的奶酪。这就是我们看到的荷兰城。

当然，豪斯登堡最为重要的吸引点在于夜色的打造。我们都知道在这样的地方，夜色是十分重要的。因为到这里旅游，如果吃400元的饭，最多有100元的毛利润，但是住一个400元的客房，至少有300元的纯利润。想让人在这里住，就得让人对这里的夜晚有所

图7　豪斯登堡——全域灯光设计，提升夜晚和冬季吸引力
（资料来源：网络）

期待。豪斯登堡在夜色的打造上非常成功，这和华侨城做的每个晚上都有秀其实是一个逻辑——异境感做得非常成功，这也是小镇成功的原因（图7）。

对于中国而言，我们可以拷贝的国内、国外的风情是非常多的。一方面是我们有56个民族，另一方面，也更重要的是我们在打造"一带一路"。其实"一带一路"的沿途国家，我们搬几个"风情"过来是完全没问题的，参照深圳东部华侨城的茵特拉根模式也是非常合适的。咱们这么大的国家，很需要这样的东西。

补充说一点，别人会让我们"搬他们的风情"吗？其实出过国的人就会知道，很多国家认为自己的文化能够被中国这样的大国接受、认可，是非常好的一件事。17世纪，荷兰最辉煌的时候，当阿姆斯特丹市政厅落成的时候，他们找了荷兰诗人冯德尔，特别写过这样一首诗："我们阿姆斯特丹扬帆起航，利润驱使我们跨海越洋；为了爱财之心，我们走遍世界每一个海港。"所以荷兰人觉得，只要你们跟我们做生意，拷贝我们完全没关系。因此，充分利用和展示"一带一路"风情是没有问题的（图8）。

2. 故事力

小镇打造要讲故事，讲故事的核心就是打造IP。这里举个例子，南派三叔在写《盗墓笔记》时，里面有一句话："2015，长白山下，青铜门开，静候灵归。"估计当年他也就是说一说，并没有什么其他的意思，但是却被所有的粉丝当真了。2015年8月7号，长白山去了5 000多人，游客翻了一倍。这么多人，又在这么短的时间内聚集，引起了当地政

图8 利用全息力，还可以打造展示"一带一路"国家文化的国际风情小镇
（资料来源：网络）

府的高度关注。其实就是大家到这里来赴盗墓笔记的十年之约。这件事情验证了汪国真说过的一句话："凡是遥远的地方对我们都有一种诱惑，不是诱惑于美丽就是诱惑于传说，即使远方的风景并不尽如人意，我们也无须在乎，因为这实在是一个迷人的错。"

所以今天，很多的旅游目的地都在争夺一个资源——名人故里！比如董永这个三好男人，他既是好老公、好儿子，也是好男人。这个人全国有二十多个地方在争抢，包括安徽的安庆、天柱山、当涂，江苏的丹阳、金坛、东台，河南的武陟、汝南，湖南的孝感，山西的万荣，山东的博兴都在争，说自己的所在地是"董永故里"。别说这样的好男人了，就说西门庆也有两省三地在争夺是他的故乡——我觉得这个事不用笑，西门庆也算是一个名人啊！在今天传播越来越容易的情况下，把一件事物培养成大家脑子里的共识其实是越来越难的。在中国，只要有共识，就有人去争。

为什么卡拉OK不火了？因为卡拉OK是一个K歌的地方。什么叫K歌，你唱歌给我听，我唱歌给你听。以前的时候你唱的歌我会唱，我唱的歌你会唱。现在你唱的歌我完全不知道，我唱的歌你完全不知道。现在谁能告诉我，目前全国最流行的歌是哪一首？估计大家很难达成共识。在座的各位，知道初音未来的请举手？初音未来是日本一个人造的声音，它唱过非常多的歌，它是不知疲倦的。初音未来是现在的一种虚拟偶像。对于年轻人来说，初音未来是极著名的，而对于老人来说根本不知道。

一言以蔽之，我们现在是越来越缺乏共识的时代，当我们越来越缺乏共识时，那些已有的共识就变得极为值钱。所以，《罗辑思维》的罗振宇说："世界越来越破碎，那些治愈破碎的力量就会变得越来越值钱——这个力量我们称之为共同的认知。"在这个逻辑下，

图9　因蓝精灵而声名大噪的胡斯卡小镇
（资料来源：网络）

我们看看这个共识有多值钱。

那么共识如何能形成故事力呢？我们来看一个有趣的案例——胡斯卡小镇，现在叫蓝精灵小镇。这个小镇位于西班牙的安达卢西亚龙达。因为安达卢西亚地区夏季炎热，房子刷成白色可以反射太阳光，所以在这里有几百个大大小小的白色山城。其实之前这个地方并不有名，直到有一天索尼公司要拍3D版的蓝精灵。索尼公司用Google Earth在地图上找哪个地方最适合拍蓝精灵，最后选定了胡斯卡（图9）。

索尼公司到了胡斯卡以后，一夜之间给了胡斯卡这个地方四千升的蓝色油漆，要求把白色的房子都刷成蓝颜色，并且允诺等拍完电影再全部将房子刷回白色。刷完之后有大量的到访者来寻找蓝精灵的故乡，胡斯卡就不愿意再刷回白色了。这个时候这里的人发现胡斯卡已经吸引到大量的人了，尤其是中国的游客。世界上任何一个旅游目的地只要碰上中国游客，那杀伤力是巨大的。前段时间，有旅行社推广欧洲古堡游，在香港没有组织起来，但在内地组织起了10个团。我问大家，如果在中国组织一个去欧洲看宠物狗的专门旅游，你们觉得有人参加吗？没问题啊！在中国，没有做不到只有想不到，只要你想得出来。

蓝精灵这样的故事更不用说了，我们都喜欢蓝精灵。大家都知道一首歌："在山的那边，海的那边，有一群蓝精灵……"这首歌其实不是电影的原版歌，是由瞿琮作词，郑秋枫作曲的歌曲。他们是广州总政歌舞团的正副团长。这两个人我说这首歌你不知道，我说另一首你们肯定听过，他们还写过《我爱你，中国》。总之，中国人很喜欢蓝精灵。而且这个小镇还做了一些事让大家愿意来。不像米老鼠的家族只有米奇和米妮等比较少的几个人物形象。蓝精灵可不一样，他们是一个家族，在这里得待半天，找到各种蓝精灵，例如：自以为是的聪聪、心灵手巧的灵灵、总爱抱怨的怨怨、喜欢恶作剧的闹闹，还有人见人爱的蓝妹妹。胡斯卡到处摆着大小蓝精灵，专门摆了好多地方让游客们拍照。还有蓝精灵酒店，在那里可以吃到蓝精灵吃的蘑菇餐。于是小镇的居民开始宣传，自己所在的小镇自古以来就是蓝精灵的家乡。他们还找到了重要的根据，为什么自己是蓝精灵的家乡呢？因为蓝精灵喜欢蘑菇，我们这里产蘑菇。这件事情，不管是真是假，世界上所有人都认为，胡斯卡就是蓝精灵的故乡。

胡斯卡是属于有资源的。还有"无中生有"的案例，最典型的就是日本的小山町。小山町原本没有什么名气，是环富士带旅游里面特别弱的地方。但是日本有个非常著名的童话——金太郎的故事，日本的金太郎有一点像中国的哪吒。金太郎的故事传了很多年，也没有人说是哪里的。小山町后来动了一个脑筋，将金太郎说成是小山町的，编了一系列金太郎的故事，所有人都知道这个是瞎编的，大家都骂它无耻，然而骂得越狠这个地方就越出名。旅行者从原来的每年200多万上升到了每年400多万，人气马上就上来了，一直保持着旺盛的战斗力（图10）。

中国是有很多的故事的，除了正常的史书，我们还有诸如《太平广记》《酉阳杂俎》《清稗类钞》等类书，都是故事特别多的。比如说中学课本里的《口技》这篇文章选自《虞

图10　金太郎祭典
（资料来源：网络）

初新志·秋声诗自序》，如果都能把这些故事找出来，给它们找个地儿，这些地方都能做得很成功。

我再说一个例子，从《山海经》里找出来的《三生三世十里桃花》，这个是现在非常有名的。我曾经问过我岳母，现在中国最著名的电视剧是哪个，她说是《人民的名义》，我老婆说胡扯，明明是《三生三世十里桃花》。这两个人的意见不一样，这说明我们现在的经济变成了范围经济。在这样的范围经济之下，如果我们进行故事性的打造，既是旅游的逻辑，也是习总书记说的："讲好中国故事"。

比如说我们拍一场秀，有些很成功，有些却失败了，许多人分析了很多原因。这里要我说，就一个原因：任何一场秀，都不可能把一个新的故事植入游客的脑子里，只可能对中国原有的故事进行再诠释。所以我们发现，所有成功的故事都是进行再诠释的故事，比如说《印象刘三姐》用的是刘三姐的电影，《印象西湖》用的是《白蛇传》的电影。这就是我们故事资源非常重要的一方面。

3. 情感力

旅游打造，如果可以抓住粉丝经济，利用情感，那么是可以成功的。

在情感力的逻辑里，说一个特别成功的案例——台湾的薰衣草森林。这是两个小女生进行创业的，她们做的是薰衣草森林。她们就是把小女生喜欢的东西进行放大，其实建筑都不大，总投资只有20万元人民币，但是收益却很大，一直到北海道都有自己的分店。这里就是把小女生喜欢的东西进行到底。为什么选择薰衣草呢？中国女人都是黄皮肤，黄和紫是对比色，只要把中国女人放在薰衣草里面拍照，怎么拍怎么美。你看其实所有的东西都花不了多少钱，但是小女生的消费力可是吓人的。

京东消费大数据显示，按照消费力排名：少女>少妇>儿童>老人>狗>男人，男人的消费力是最弱的。其实最具消费力的人是什么人呢，就是具有少女心的少妇！这些少妇，明明已经长大了，但是整天出去胡买。她买东西可以概括为一句话：有没有用没关系，但是都很有意思。所以这个案例的打造非常符合她们的消费习惯。

还有一个案例就是，台湾有一个地方是心之芳庭。心之芳庭做了两个部分，小镇里一部分是恋爱部分，一部分是婚庆部分。里面的很多建筑都非常简单，可能只是一面墙，但是都是按照布景的逻辑做出来的非常浪漫的背景。这里还做了很多的小屋子，包含餐厅、幸福角落、糖果屋等。心之芳庭用非常少的成本，做出了很适合拍照的点，尤其还有一些适合拴同心锁的地方。如果情侣拴了以后，感情成功了就还可以在这里结婚。

这里做得很巧妙，它不是婚庆礼堂，而是婚庆殿堂。这里做了婚庆的全程策划，有四个非常大的优势：第一，婚庆消费在旅游消费中算是消费深度很深的，因为绝大多数人这辈子就这一次；第二，婚庆越是新的场馆，大家越是愿意去；第三，大家都愿意去拍照，即使是沈阳零下十几度，都有人去拍，就是"痛苦一阵子，幸福一辈子"；还有最重要的是，任何加上美女的照片都是让人赏心悦目的，所以大家都愿意去。

80、90后本身就是爱玩的，抓住他们就可以构建一个范围经济，就是粉丝经济。我说一个例子，就是鹿晗。鹿晗有一次在上海开演唱会的时候，晚上在一个信箱旁边合了一张照。一个小时之后，鹿晗的粉丝都去了，合照排队的人排了200多米。粉丝的组织能力实在是太强大了！

4. 学习力

孩子是中国最重要的消费力，而中国的家长是世界上最望子成龙的家长。如果你带着孩子跑到某个地方玩了三天玩疯了，家长不见得高兴，但是能带着孩子去那儿学东西，家长会非常开心。那这里我问大家两个问题：第一，中国的孩子们最不缺什么知识？第二，最缺什么知识？

最不缺的是玩手机、IPAD的知识，它们没有说明书，但孩子两分钟就学会了。我儿子上的K12美国学校，前一阵组织看了动画片《小蝌蚪找妈妈》，结果集体晕菜。因为没有一个孩子见过小蝌蚪长成青蛙。现在的孩子都是五谷不分、六畜不认。我们公司有一个建筑师，那年我带着她出差，她看到车窗外面驴在吃麦子，想跟我说一声，但是她既不认识驴也不认识麦子，然后她说："李总，你快看，动物吃植物了！"我问"什么动物在吃什么植物？"她很认真地看了看跟我说："是哺乳动物在吃绿色植物，绿色植物还是禾本科的。"说到这里，我们应该看看邻国日本是怎么做的。这里给大家介绍一个名词："见学"。这个词来自日本，表示根据实际所见的事物进行学习并进行体会。

什么是见学体系呢，我给大家说三个例子。

第一，自然见学。日本川塾教育值得我们学习，其中川塾在日文的原意是水边的教室，日本人认为一条河流就是一个学堂。川塾教育已经成为日本儿童认知本国文明的必修课。我想说如果在中国，我们也可以开发这样的项目，在这里孩子们可以发现和认识河流中的常见水生植物。不仅如此，还可以请志愿者给孩子们讲各种故事，让孩子们摸摸鱼摸摸虾，这种地方开发出来对大

图11　学习力的经典案例：自然见学——日本川塾教育（资料来源：网络）

城市的父母非常有吸引力。在日本北九州紫川地区的河流见学中，专门用15cm厚的玻璃做了一个河流断面，让孩子看到鱼的游动（图11）。

第二，工厂见学。在日本札幌的白色恋人巧克力工厂，让孩子们可以深度体验巧克力的制造过程，体验奇妙的巧克力之旅。

第三，工程旅游或者建筑旅游。日本东京地下人工河（首都圈外围排水系统工程），是东京地下巨大蓄水分洪设施的见学地。地下25m的地方，有首都圈外郭放水路调压水

槽，长177m、宽78m、高18m，内部有59根巨大的混凝土柱，对孩子来说看起来是很震撼的。

这个就是我们所说的见学，而中国的婴儿潮正在到来，因而产生了一种非常重要的经济——"儿童经济"。亲子游是新经济时代的全球热点，《爸爸去哪儿》在第一季第一集开播时，几乎创下了空前的零负面收视评价。

所以说，我们可以在大城市周边，为中国孩子打造一系列的见学小镇，形成家庭亲子游的CBC（City Break Center），即满足都市人群需求，位于大都市外围的休闲中心——城市短期休闲中心。以北京为例，北京人在南锣鼓巷转了转，叫本地休闲；北京人到了九寨沟去，叫做远距离旅游；而北京人到了野三坡就是城市短期休闲。我们都知道野三坡比九寨沟差很远，但是野三坡赚到的北京人的钱可比九寨沟多得多。为什么呢？

CBC有三个逻辑。第一，近距离——抬起腿就能去，去了就是一两天，决策的成本很低；第二，切换感——就是所说的异境；第三，也是非常重要的，高频次——小景点密集化，轻体验，常来常新，常新常来。

说一个例子，潘石屹做的长城脚下的公社，本来已经没什么人去了。结果他组织了一个儿童俱乐部，叫做儿童公社，刚好赶上我儿子喜欢做饼干的时候，每个月都要去个几天，做饼干。后来我老婆让我尝尝饼干，我说我不吃，啥饼干没吃过。我老婆说这么贵的你肯定没吃过，这几块饼干值800块钱。足以看出，短期休闲，尤其是带着孩子的家庭短期休闲，"威力巨大"！

所以我想说，我们中国拥有世界上最全的工业体系，再加上我们有非常丰富的农业资源，甚至还有很多的农业遗产资源，我们很容易去组织这种见学旅游。

这就是我说的全息力、故事力、情感力和学习力（图13）。我们通过策划，可以把小镇做得更锐利化，使旅游更加拥有原力，May the force be with you。

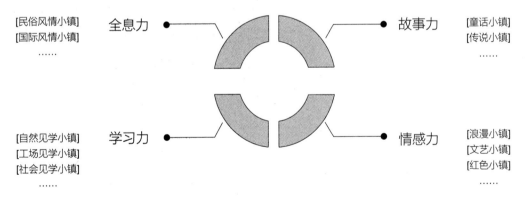

图13 四原力的具象化

6 90后微度假 ——————————————— 演讲◇刘力

都市更新·人文深圳　建筑策划专委会（APA）夏季高峰论坛上，清华大学房地产校友会副会长、上海五合智库董事长刘力博士作为本次大会分论坛"文旅创新与新型城镇化"板块的特邀嘉宾，分享了90后微度假的核心并以自己90后儿子的度假习惯为例，为大家讲述了90后的微度假。

"90后微度假"，这是跟旅游度假产品相关，更跟需求方相关的，不管是开发商还是旅游产品，我们提供的都是供给，其实我们更需要了解一下需求是什么。

去哪里？

国内就去北京、上海、广州、成都、重庆，出国就是韩国、日本，都是很近的城市。也有去郊野度假的，比如普吉岛、巴厘岛。选择的都是时尚都市，都是当天可到，不愿意花时间在飞机上，概括一下就是"文艺+小资"。

跟谁去？

不可能一个人去，也绝对不会跟家长去，一定是跟同龄人去，到哪都是拍照线上分享，社交是他们的核心。

何时去？

一般是周末，周末度假结合出差，就是周六、周日的时间，主要是工作压力大，没有时间，既是媒体人，又是互联网公司，工作压力大到超乎想象，我一直认为做建筑设计是非常苦的，但媒体人比我们还苦。长假人太多，而只能调频率度假，每个月差不多两次，一年度假次数超过家长十年来的度假数量（图1）。

住哪儿？

在国内住高星级酒店、精品酒店，出国旅游的话选择"爱比迎"AirBNB，可以有很广泛的

图1　90后微度假——出游减压

选择，可选择住在别人家里，也可以选择住别墅、庄园，享受到临时主人的待遇。例如，冰岛山上别墅，酒店系统里是订不到的，只能在爱比迎上面定到。这种方式可以体验当地的风土人情。

去干啥？

韩国物价较便宜，旅游加购物更划算，去日本就是女孩穿和服，逛寺庙，拍照，去台湾吃小吃，看演唱会，语言是没障碍的，概括起来就是吃、喝、逛、购、看、嗨。这就是90后的理想生活。

吃：Brunch早中饭，早饭跟中午饭结合起来。对于地方，评价是上海最佳，最有情调，包括环境和提供的餐饮，都是别的地方没有的。吃完早饭就不可能再吃午饭了，就吃下午茶，以甜食为主，比如说coco cafe，本来就是咖啡店，但香奈儿在这开几周的店，把所有的包装都换成香奈儿，换句话说就是香奈儿卖咖啡唇彩。这个店只开3周，加上明星强力造势，媒体参观，排队都要3h，也有上海老阿姨从众跟着排队，都不知道排什么。价值实际上来自限量限时，由于变成了快闪店，包括coco纸杯都成了收藏品（图2）。

对于这种消费业态来讲消费的就是形式本身，就是假格调，形式就是内容。

晚上吃正餐，基本选米其林餐厅，上海是国内唯一一个评定米其林的城市，其他城市顶多有在米其林做过的厨师。吃完了晚餐，可能还有宵夜，宵夜完全是网上流行的东西，去外地不可能了解当地文化那么透彻，哪儿好吃哪儿不好吃，网上一搜就都有了。

喝：酒吧是上海的最好，各种类型的都有，装修得非常有情调，其中一个是Botanic，完全由绿植作为主题的餐厅，还有上海流行暗门，就叫Barbers Shop，你不知道开关在哪，瓶子拧一下就打开暗门进去了。还有Shelter，是上海弄堂改造的一个酒吧。酒在任何酒吧里面都有，挑剔的是环境，而不是酒本身（图3）。

逛：不逛大商场，只逛买手店，设计师品牌店，小洋楼。上海有一个叫栋梁的买手店，卖的就是品牌。还有静安寺的买手店，是一个10 Corso Como意大利品牌店。1层咖啡、手表配饰，2层女装，3层男装，4层家具，5层杂志+酒吧，是一个很有特点的店。为什么逛买手店，逛创意设计师店，还有快闪店，体验的就是跟别人的不同，不可能到另外一个城市逛万达广场。

图2　90后微度假——排队吃

图3　90后微度假——酒吧

购：买国内买不到的、有特点的东西，日本有一个店叫#FFFFFFT，只卖白色T恤，全世界各种品牌的T恤（图4）。

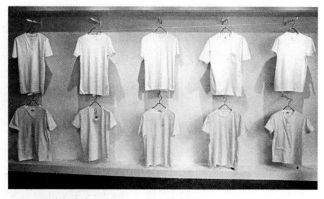

图4　90后微度假——#FFFFFFT店

看：看各种展览，上海爱马仕展，伦敦McQueen展、草间弥生。对于时尚人士来讲，追求时尚没有什么道理，这就是他的信仰，就是他的宗教。

嗨：主要是演唱会和夜店。去台湾看演唱会，上海的草莓音乐节，百威风暴音乐节。年轻人有这个本钱，不挥霍无青春。

社交：除了逛店、看展，选择时尚圈，跟工作贴边的朋友，其他场合很随意。

拍照：拍照是这一代人的使命，也不是去哪里都迷恋自拍，关键是拍城市特殊的角落，特别是拍食物，极度重视画面美感，线上的才是真实的。

微度假的核心，重点是感受每个城市特殊的气息、节奏，并非城市的名胜

一、催生的市场

由于有这样的市场需求，所以城市消费服务的供给方面也产生了巨大变化，才会出现个性的店面，比如上海的甜品店Chikalicious，可以喝酒、可以吃甜品，所有的餐具都是非常特别的，就是把甜品做成了主菜，我们叫做供给侧的精细化。

二、重塑消费生态

吃的是特色，不在意装修档次，只要网红店，宁可排队数小时，吃的就是文化氛围，他们觉得潮比食物的营养更重要（图5）。

三、城市的进化

城市文化的发展，除了规模和GDP，就是个性需求的驱动，有了这样的推动，城市

也因此有特色、文化、品位。艺术与消费文化是闲人、达人推动的。

四、90后的价值

追求品质，追求没意义、浮夸精致的生活，用他们自己的话说就是，买买买，吃吃吃，极度重视自我的感受。

个人认为，不必贬义看待90后的价值观，人类已经被

图5　90后微度假——吃

AlphaGo打败，以建筑设计界为例，从本人毕业已经经历了两次技术革命，大学里面画的所有图纸都是丁字尺、三角板画出来的。20世纪90年代初来了一次电脑CAD革命淘汰了手工设计图。2000年又来了一次革命，水晶石电脑效果图淘汰了手绘效果图。下一波革命到来施工图肯定不用人画了。

凡是机器能干的，电脑能干的，就不用人干了，大学所学许多技术技能都要被淘汰。

什么是机器不能干的？无非时尚、社交、创意、情商，这才是机器不能干的，也是人与机器的本质差别，这也是90后最擅长，60后、70后、80后不具备的。

| 7 | The Practice and Application of Foreign Architecture Planning 国外建筑策划的具体实践与应用 | ——— Speaker ◇ Steven Hicks 演讲 ◇ Steven Hicks |

City Renewal · Humanities Shenzhen　On the APA (Architectural Programming Association) Summer Summit Forum, Mr. Steven Hicks first summed up several key words that could lead us to success step by step. The first word is planning. The second one is implementation. The third word is how to control the entire project precisely. The fourth keyword is how to cooperate with the best talent to build a platform. Mr. Steven Hicks conducted about 140 projects in his previous work experience. This process has undergone a historical process from the Americas to Europe, Asia, and mainland China, which also partly represents the development of global holiday industry.

都市更新·人文深圳　建筑策划专委会（APA）夏季高峰论坛上，Steven Hicks先生首先总结了几个引导大家一步一步走向成功的关键词，第一个词是规划和策划，第二个词是如何去执行落地，第三个词是如何把控，对整个项目进行非常精准的控制，第四个关键词是如何跟最优秀的人才合作，搭建一个平台。Steven Hicks先生在以前的工作经验中，一共操盘了约140个项目，这个过程经历了从美洲到欧洲、亚洲，到中国大陆地区的一个历史轮回进程，这也一定程度上代表了全球度假产业的发展进程。

1. Definition of Tourism
一、定义旅游

"To Define tourism", firstly, we need to conduct a "feasibility study" of the project through market operation research, and then we need to have an "overall planning" of the site, including determining the needs of the market. The team which is in charged must maintain control over the overall planning and development of the project. The financial model must be able to correspond to business models and analytical work about the investment. The research that determines market demand can be conducted from five channels which are accommodation patterns, attractions, travel traffic, tourism organization departments and travel destination planning departments. In addition, the work before and after the conduction of the project also play a key role.

"定义旅游"首先要通过市场作业研究进行项目的"可行性研究"，然后要对使用场地进行"总体规划"，包括确定市场的需求，负责领导团队必须维持对于项目规划和开发的控制，财务模型必须能对应商业模型以及与投资者相关的分析工作；其中确定市场需求的工作，可以从住宿业态、景点方面、出游交通、旅游组织部门以及旅游目的地组织部门五个渠道来进行。此外，项目开业前后阶段的工作也起着关键性的作用。

2. Definition of the Overall Development of a Complex
二、定义综合体的全域开发

Similar to the concept of "integral tourism", IR (complex) is a concept that has a very distinct theme and requires strong clues to integrate different elements.

Enterprises like OCT has also engaged in many practice about tourism complexes. Reviewing China's real estate development over the past few years, we originally focused on the construction and maintenance of hardware. These hardware are often solid and fixed, remaining unchanged for a very long time. In the construction process of IR (complex), flexibility is very important. The iteration speed is fast nowadays. If we say we have big changes every ten years in the past, now we have big changes every three years, even once a year or half a year. The flexibility of IR requires comprehensive talent which is far beyond the original definition. It is not only requires them to have professional background and academic qualifications, but also requires them to be exposed to a wider range of fields. Many talents in areas that we have not been able to reach before will enter the development of the IR.

类似于全域旅游的概念，IR（综合体）是一个有着非常强烈的主题，并且需要很强的线索把不同的元素和谐地融合在一起的概念，像华侨城也曾从事了很多度假综合体方面的实践。相比较中国过去一些年的地产发展来讲，关注到硬件的修建和打造上，这些硬件往往相对是固化的，并且长期不变的。而在IR（综合体）的建筑过程中，灵活性非常重要，现在的产品迭代速度非常快，如果说以前是十年一变，现在可能是三年、一年、半年就会发生变化，如何使之具有灵活性，这就需要综合性的人才，这远远高过原来定义的范围，不仅要有专业背景和学历，而是扩展到更广泛的领域，有很多跨界的人，有很多我们以前接触不到的领域的人才将会进入到综合体的开发领域。

3. Practice Case Sharing
三、实践案例分享

The first case is the world's largest resort complex—The Venetian Macao, which has 11,300 guest rooms. When talking about the Venetian Macao, we often think that gaming is the basis for its success. However, the share of the gaming industry is gradually decreasing. The development of a complex should be the business model of a complete tourist destination.

第一个案例是世界最大的度假综合体——澳门威尼斯人度假村，包括11 300间客房。谈到澳门威尼斯人，大家往往会想到博彩是成功的基础，其实博彩业的份额是逐步下降的。一个综合体的开发应是一个完整旅游目的地的商业模型。

Venetian Macao, consisted of 3,000 rooms and other business elements in the first state. After that, it has built more than 10,000 rooms and a large number of commercial areas in different phases over several years. In the implementation process, at the very beginning, the Venetian Macao established its basic developing logic with great emphasis on the process of market research and product development. Then other brands came in one by one, thus forming the brilliant tourist destination what we can see today.

澳门威尼斯人度假村源于3 000间客房和其他业态元素，之后数年分期建设了1万间以上的客房和大量的商业区。在实施过程中，首先是在这个空地上建立它的基础逻辑，这个过程中非常强调市场调查和产品研究的过程，然后其他的品牌——进驻，于是形成了现在非常辉煌的旅游目的地。

From 2005 to 2016, tourists have grown from 9 millions to 31 millions. During this time, President Xi Jinping has gave instructions about the transformation of the Macao industries. The Venetian Macao transformed from the original gaming industry to more of a family tourism destination, which was a very complete and comprehensive growth cycle.

从2005年第一次开放到2016年，游客从900万增长到3 100万，这当中包括习近平主席对于澳门产业重点转型的指示，威尼斯人度假村由原来的博彩业更多地转变为家庭的旅游目的地，是一个非常完整的全生态生长周期。

The Venetian Macao's land was originally a reclamation area, which lacked resources of transportation, human resources, supply of college students and eta. However, many resources were introduced into the area through the construction of this complex, which brought in more than 14,000 jobs. Along with its completion and maturity, many smaller companies in the downstream value chain were also slowly growing up.

威尼斯人度假村所在的地块原本是一个填海区域，从交通到人力资源，到大学生的输送等投入方面都是不利的因素，但通过这个综合体的建设起到了引流导入的作用，并且为当地创造了超过1万4 000个工作岗位。而随着它的建成以及成熟，很多下游产业链较小的企业也慢慢随它一起成长起来。

The concept of IR (complex) was proposed during the third phase construction of the Venetian Macao. At that time, the Sands Corp. submitted the Sands Resort Project Proposal to the Singapore government. The former Prime Minister of Singapore, Mr. Lee Kuan Yew, proposed this concept; Singapore was going through economic downturn at that time—new attractions like large complexes were needed to stimulate economic growth. So at that time, the Singapore government approved two projects. One was an adult entertainment project—the Sands complex. The other was Sentosa—a family oriented project. These two projects, together, changed the pattern of entertainment destination pattern in Asia.

而IR（综合体）这个概念是在澳门威尼斯人建到第三期的时候提出的，那时金沙集团向新加坡政府递交了金沙度假项目建议书，新加坡前总理李光耀先生提出了这个概念；当时正好处于新加坡经济下行阶段，需要大型综合体新的吸引来刺激经济发展，所以当时新加坡政府批了两个项目，一个是成年人娱乐项目，就是金沙综合体，另外一个是圣淘沙，更偏向于家庭亲子的项目，这两个项目联合起来改变了亚洲的娱乐目的地的格局。

From the original the Venetian Las Vegas to the Venetian Macao, to the Sands Hotel in Singapore, the industry has gradually extended from the original gambling industry to a larger level including entertainment, conventions, exhibitions and family activities. Comparing these projects with the current domestic projects, we still have a lot to learn about the development of a new destination, the transformation of the city's original space and eta. The first phase of the Venetian cost 2.8 billions when opening and had 3 000 rooms, which was the largest gaming center in the world at that time. With 380 stores opening in the same period, it was also the largest convention and exhibition center and the largest indoor performing arts center in Asia.

从最早的拉斯维加斯威尼斯人到澳门的威尼斯人，再到新加坡的金沙酒店，从原初的以博彩为核心的产业，慢慢延展到娱乐、会议、会展包括家庭活动这个更大的层面上。这个项目跟国内目前的项目类比来看的话，无论是作为新目的地的开发，还是城市原有空间的转型，都具有非常重要的启发意义。威尼斯人第一期刚刚开业的时候耗资是28亿元，有3 000间客房，并且是国际上最大的博彩中心，同时开业的有380间商铺，是亚洲最大的会展中心和会议中心，以及最大的室内演艺中心。

In this process, the introduction of human resources and the procurement of goods were carried out globally—mostly from manufacturers and suppliers from Shenzhen. As for the human resources, about 80% of the talents at that time came from local area, including mainland China and Australia. Often in such a complex, there would be a committee to make decisions. It would cause a very serious time lag when the decision-making process was not smooth. The project of the Venetian was divided into 36 000 subprojects, making it a very large and complicating system project, which required a very smooth and efficient decision-making process.

在这个过程当中，大量的人力资源和货品采购都是在全球范围进行，很大的百分比是来自深圳的制造商和供应商。从人才构成层面，当时大概有80%以上的人才是来自于本地，包括大陆地区以及澳洲。往往在这样的综合体里面会有一个综合委员会作决策，当决策流程不便利的时候往往会造成很严重的时间滞后。因为在整个威尼斯人项目里面分成了3.6万个子项目，是一个非常庞大的系统工程，所以要有非常流畅的决策过程。

The reason why the problem could be effectively solved in the process is because the development team was committed to a very standard and rigorous critical path system. In the critical path system, all the processes including construction, architecture planning, design, investment introduction and eta were integrated into these 36,000 projects, which was carried out according to the accurate pre-research and architectural planning.

　　而之所以在流程里面能高效地解决问题，是因为开发团队致力于非常标准和严格的关键路径系统，在关键路径系统里面所有的建设、建筑策划、设计，包括招商等流程都被融合到这3.6万个项目里面去，按照非常精准的前期研究以及建筑策划来进行。

　　The total publicity and promotion budget of the Venetian Macao project was 40 millions U.S. dollars. The entire construction process from scratch was recorded by an architectural documentary, which was authorized to broadcast in Asia before the opening ceremony. The documentary played an important role in advertising and promotion. The way the Chinese mainland spread innovative ideas worth great concern, because it is a huge challenge that how to make use of the new generation and new media social platforms to best advertise and promote the project.

　　澳门威尼斯人项目的宣传推广总预算是4 000万美元，在整个建筑建设过程中，从零开始拍摄了一个巨型建筑的纪录片，并且授权在开幕前就可以率先在亚洲开放，这起到了非常好的宣传和推广作用。中国大陆是以什么样的方式传播创新的理念和思想的，是一个非常值得关注的问题，因为在项目里如何突破新的媒体平台，以及利用新的人群、社交平台，为项目进行最好的传播和推广是一项巨大的挑战。

4. The Feasibility of the Complex in Mainland China
四、综合体在中国大陆的可行性

　　The Venetian Macao project cost about 280 millions U.S. dollars, and the Singapore Sands hotel project cost about 580 millions U.S. dollars, all of which generated profits in 4 years. In China and in Shenzhen, can such a large-scale complex be established? It can be said that the comprehensive project has great inspiration for future development and scientific construction. Because the two projects that we have seen so far are developed from the same basis for an IR development. The model can be applied to different regions once it is developed.

　　澳门威尼斯人项目花了大概2.8亿美金，新加坡金沙酒店项目大概花了5.8亿美金，它们都在4年的时间就产生了收益。在中国、在深圳，这样的大型综合体是否可以成立？可以说综合体项目对未来开发以及合理建设有很大的启发意义。因为这样的综合体，它的逻辑，目前大家看到的这两个项目是一个IR发展的基础，当基础模型发展以后就可以应用于不同的地域。

　　China has a large population base, so the demand for large complexes is enormous. We can use this idea to direct the rural complex constructions, the development of characteristic towns, the lay out of the entire value chain of the industries, the conduction of larger-scale projects, the idea of "integral tourism", the foundation of the industry chain using the same logic and eta. All these are very meaningful for solving problems such as rural development, consumption upgrading and urban renewal issues.

中国有大量的人口基数，所以对于大型综合体的需求是巨大的。在乡村里面会运用这样的综合体理念搭建乡村综合体，包括用这样的理念建设特色小镇，综合产业生态如何布局，包括更大尺度的项目，包括全域旅游，如何用这样的逻辑形成非常强大的产业链基础。这些对解决乡村问题，解决消费升级的问题，包括解决城市更新等问题都非常有意义。

Mr. Steven's generation created an IR model and built an IR (complex) construction foundation for everyone. China's future resort complex and tourism development will depend on the more forward-looking and innovative thinking of the younger generation.

Steven先生这一代人创建了一个IR模型，为所有人搭建了一个IR（综合体）建造的基础，中国未来的度假综合体以及旅游发展，取决于更年轻的一代是否具有前瞻性和创新性的思考。

8 品质社区　文旅创新 —————— 演讲◇贾孝远

都市更新·智汇西安　建筑策划专委会（APA）夏季高峰论坛分论坛二"品质西安、文旅创新"上，西安贾孝远城市建筑设计有限公司董事长、台湾著名建筑师贾孝远先生，以《品质社区 文旅创新》为演讲主题。从品质社区创新、品质文旅创新两方面展开，首先分析品质对于社区及城市发展的重要引领作用，针对目前社区现状，通过打造"生态和谐里坊"，提升社区品质；其次分析西安市文化旅游现状，指出解决文旅创新的办法，最终提出以"慢"作为西安文化旅游的核心内涵。

一、品质社区创新

缘起（品质西安的提出）

2016年2月6日中共中央国务院发布《关于进一步加强城市规划建设管理工作的若干意见》。《意见》提出，新建住宅要推广街区制，原则上不再建设封闭住宅小区，已建成的住宅小区和单位大院要逐步打开，实现内部道路公共化，解决交通路网布局问题，促进土地节约利用。

同时，上官吉庆市长在政府工作报告中指出，"十三五"期间，西安要深入贯彻创新、协调、绿色、开放、共享的发展理念，实现经济实力、城乡居民收入、经济外向度三大跃升，促进城市创新驱动力、产业竞争力、综合承载力、辐射带动力及绿色发展力五方面能力大幅增强，确保在全省率先全面建成小康社会，努力当好"三个陕西"建设的"排头兵"。围绕提升经济发展、城市治理、宜居环境、对外开放、人民生活和政府服务等"六大品质"，建设承古开新、开放包容、高端优质、和谐宜居的"品质西安"。

但什么是品质西安？如何提升品质？这个课题常常困惑着决策者、规划师、建筑师和文人骚客的思维，即便是最有发言权的城市居民也都是众说纷纭，莫衷一是。因此，对社区品质的探索显得刻不容缓。

本文尝试提出"品质社区创新"的设想，试图回答以上的问题，力图创造让国人有归属感，有认同感，并为之感动的品质社区。

（一）何为"品质"

"品"一般指众人的鉴赏力、口碑、风评；"质"包括对细节及财富的斤斤计较和对细节的重视。"品质"是对所有工作流程的坚持态度。对品质的追求可以促进城市、建筑、景观更大的发展空间，让城市更注重细节，更有品位。品质社区的营造，就是创造大多数人认可的空间。

（二）品质社区的基本课题

西安作为中华文化的发祥地，本应是世界城市建设规划的重要典范，但在改革开放助推城市快速发展的过程中，其发展的重点却集中在了交通，忽略了文化的建设。城市建设表现为千城一面、环境恶化与区域失衡……这样的城市能算是有品质的城市吗？城市应该是为人服务的，品质社区应该是为中国人规划服务的。如何创造品质社区，我们不得不重新审视并关注以下课题：

目前，城市规划的体系和引用的理念忽略了传统文化的保护与弘扬，城市发展忽略了涵养中国人生活习俗的空间建设，城市设计忽略了人本思想的指导，其中主要表现为以下几点：城市空间忽略了"人性化"的尺度建设，忽略了"孝亲敬老"的空间营造，忽略了"爱幼重教"的核心建设，忽略了"敦亲睦邻"的关系塑造，忽略了"婚庆丧宴"的社区平台，忽略了"安全卫生"的设计管理，忽略了"生态环境"的整体发展。

如何导引中国城市发展，营造品质社区，是当代西安的不二使命。笔者认为在城市规划过程中解决以上忽略，落实"以人为本"的理念，才能确保品质社区的建设。

（三）品质社区——"生态和谐里坊"营造

为打造良好的品质社区，恢复以人为本的价值，提供一个乐居、安全的生活空间，传承中华民族"孝亲敬老"的美德；设置保障儿童安全的城市空间，在社区中设计公共的开放空间，营造融洽的邻里关系；布置合适的场所，提供社区行礼致意的文化空间。一方面保留传统文化，另一方面符合现代社会的需求，打造健康的饮食氛围和良好的卫生环境，维护传统的天人关系，加强完善的生态体系建设，遵循"顺乎天道，自然发展"的规律，由此提出了"生态和谐里坊"的概念。

1. 里坊单元之人性尺度

里坊单元结合城市肌理，一般在主要道路街廓内约25~30hm²的规模，步行距离最远不超过800m的范围，人口数约在8 000~12 000人，并考量以能支撑一所小学为指导性原则（图1、图2）。

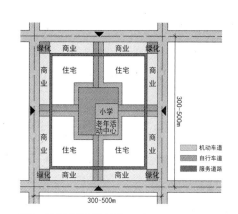

图1 里坊单元示意图

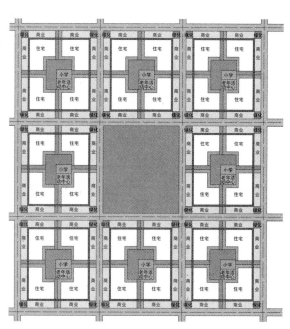

图2 城市空间里坊单元结构示意图

2. 里坊之生态永续环境

里坊应以绿道结合里坊中心公园，并考量城市转角垂直绿化，营造更具连续性、多元性的生态体系（图3）。每9~10个里坊单元应设置一个区域，以集中配置大型公共服务设施，如图书馆、博物馆、体育馆、医院、宗教设施、行政单位等，一方面满足公共设施需求，一方面完善生态体系。

3. 里坊交通系统模型

里坊交通应结合边界主要道路之大众运输系统。避免主要道路穿越单元核心区，尽可能人车分流，必要时应设置立体交通。里坊内部应以绿道、自行车道结合里坊中心，建构人性化体系，一方面使人容易穿越，一方面营造里坊内部气氛，避免过境交通进入（图4）。

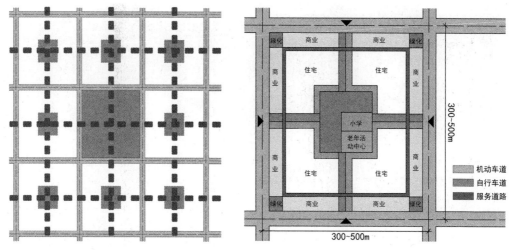

图3 里坊单元生态体系　　　　　　　　图4 里坊单元交通模型

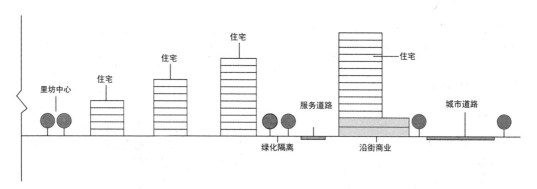

图5 服务道路断面示意

里坊住商间应设置服务道路，确保公共卫生与居住区的宁静氛围，营造健康、舒适的环境（图5）。

4. 里坊中心的营造

里坊中心配置应以公共服务设施的共享为原则。以幼儿园、小学、社区活动中心、民俗广场、公园绿地（防灾）、儿童游戏场及其他具社区特色的公共服务设施作为里坊中心。

里坊中心位置应考量邻里记忆、城市肌理、文物古迹、公共设施、历史建筑、原有校区、公园及步行距离等因素进行有机配置（图6、图7）。

5. 里坊单元之配置

临道路以住商混合模式配置，满足住民需求，同时与其他单元形成互补功能。内部应以住宅为主，道路将里坊至少分割为4个次单元，可配置不同住宅产品（如高档商品房、

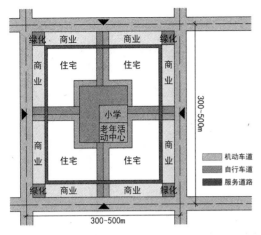

图6 里坊中心置于中心位置

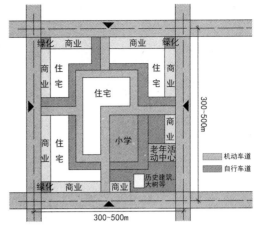

图7 因古树古建等里坊中心置于外围

普通商品房、经济适用房、廉租房等），满足多元和谐社区的需求（图8）。

（四）品质社区案例

截取纺织城旧工业社区的一个基本单元为例，将里坊单元的理念应用其中。目前，社区发展面临诸多课题，如新建高层住宅与老旧家属院及城中村、棚户区交杂发展，且家属区、棚户区建筑质量环境较差；如何维系新旧居民之间的邻里关系；老龄化严重，孤寡老人数量剧增；医院产业单一，配套服务不完善；特色建筑破败，内部结构有待改

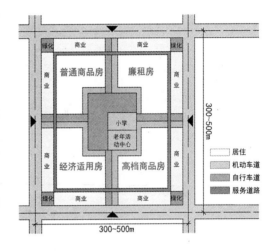

图8 不同住宅产品示意图

善；活动场地，绿化空间局促；老年活动中心、社区服务中心闲置；社区之间围墙相隔，城市被隔离⋯⋯

规划利用拔除法，拆除老旧破败家属院，利用拆除空间，部分设置公园绿地、体育活动场馆，部分重建安置小区；拆除棚户区，吸引社会资金，建安置区、商品房；特色苏式两层住宅再利用；结合医院，改造现有苏式建筑内部空间，设置养老中心；闲置社区中心再利用：重新开放，内容重置，环境改善，设置老人活动中心；梳理内部交通，利用现状小区内部主要道路，打开院墙，设置社区间绿色通道。以形成具有人性尺度、舒缓交通、尊老护幼、敦亲睦邻、喜庆丧宴、安全卫生、生态景观的"生态和谐里坊"（图9、图10）。

规划保持原有家属院的肌理，利用拔除法，增加开放空间、停车场，建构里坊中心，维持传统文化及邻里关系，建构具中华特色的"生态和谐里坊"。

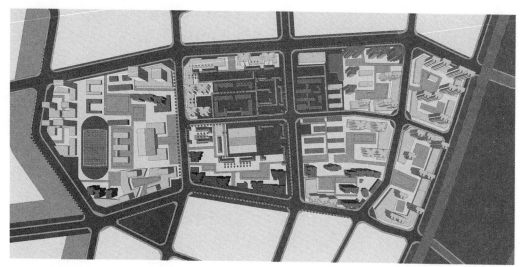

图9 平面图

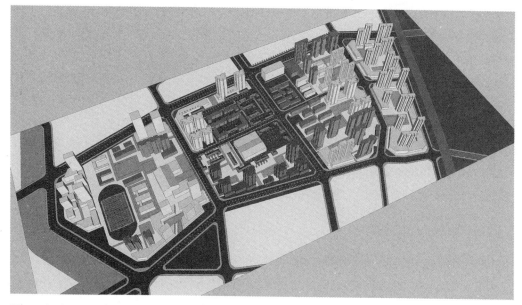

图10 鸟瞰图

小结

"生态和谐里坊"模式是传统中国城市居住理念和现在城市的完美结合，在城市中运用此模式，打造社区人性尺度空间，在舒适的步行范围内既能体会到传统中国人的城市肌理和人文关怀，避免城市盲目扩张带来的邻里关系消失；又能满足日常的生活所需，减少不必要的交通需求，改善城市交通环境；还能为城市的居民提供舒适卫生的居住环境、绿色健康的生活模式、安全放心的上学和休憩环境。

在都市更新的新观念下提出"生态和谐里坊"模式，必将增加城市内涵和魅力，成为居民最愿意和喜闻乐见的事情。只有这样的社区才能称之为中国特色品质社区，只有这样的城市才是最具有魅力的中国城市，才能真正让生活更美好。

二、品质文旅创新

在大众旅游和全域旅游的带动下，居民对文旅品质的要求不断提高，文化旅游成为人们热衷的旅游方式，体验不同的文化特色，感受历史留下的沧桑印记。西安作为旅游名城，拥有悠久的历史和文化，对于文化旅游来说有得天独厚的优势，随着旅游者素质的不断提高，游客对旅游品质的要求也在提升，因此更应注重品质文旅的创新。

（一）现状课题

近年来西安发展迅速，变得越来越国际化，而相应的旅游业却不容乐观，主要表现在以下几个方面：①资源特色缺乏挖掘，以一日游居多。如华山一日游、兵马俑一日游、法门寺一日游等，未能结合周边环境和资源，不能产生良好的联动效益。②同质化严重，开发模式单一。袁家村、回民街等旅游景点重复性产品较多。③交通体系不完善。景点间无法形成回路，沿途景色差，停车规划不完善，人车混行，标识系统不健全。④服务品质较低。以餐饮行业为例，卫生管理不到位，服务人员素质参差不齐，缺乏对特定旅游对象的规划。⑤离尖峰和夜生活单调。旅游景点淡季冷清，人气差，旺季人山人海，品质差；夜生活单调，一般晚上消费所产生的经济效益是白天的三倍，晚上生活单调对整个西安旅游收益产生很大的影响。⑥宣传推广不到位。

基于以上问题，笔者试图寻找品质文旅创新的方式。

（二）旅游发展——特色挖掘

通过对旅游人次的分析，增加旅游人次，提升区域就业率，西安年旅游人次：1.2亿，日均旅游人次：约32.88万，高峰期日均游客68万，1个游客可以创造6个就业机会，可以挖掘特色民俗产业，拉长旅游产业链；深入挖掘资源特色，尤其是地域四季资源，建构多元永续旅游网络，整合现有旅游线路，开发新兴旅游线路，政策引导户外教学线路，开发观光新产品，将沿途所有建设（建筑、景观、雕塑）都作为旅游的一部分开发；促进产业旅游转换，从产业开发选择入手，提升农业观光，包括耕种参与、畜牧观光；整理交通体系，由铁路、高速公路、景区环线等组成的现代旅游交通网，使"快旅慢游"逐步变为现实，营造最美旅程；提升服务品质，尤其是创新管理和服务理念，服务与国际接轨，引进国外先进的管理方法、技术和经验，开发特定对象（日本、欧美），注重对服务人群的培养与提升，设置中高低消费体系；丰富淡季和夜间活动，吸引国际观光客群，开发冬季旅游项目，解决离尖峰问题，丰富夜间体验，促进过夜消费；包装提升知名度，最终实现营造最美旅程的目的。

（三）休闲·慢生活

"慢下来"——从头到尾的休闲，西安文旅创新最重要的是"慢"，"慢"可以让西安旅游资源的开发更有品质。慢慢地玩赏，玩味——体验游乐的余味，欣赏——关注事物的细节；慢慢地停留，停下来——感受时空的灵动，留下来——倾听大地的旋律；慢慢地品味，品鉴人情冷暖，体味特色人生；慢慢地感动，抒发情感的真谛，获取行动的回报；慢慢地浪漫，幻想旅途的愉悦，漫话人生的精彩。慢，感受生活的品质；慢，体验城市的骄傲；慢，无形增长的经济。

让旅客的步伐慢下来，慢下来经济是西安最大的资源，最后让"慢"创造我们西安新的文化内涵、新的机会和经济增长契机。

结语

通过品质社区及品质文旅创新提升品质西安建设，不仅解决当下城市课题，极大地改善市民生活质量，更传承了华夏文化，促进了西安国际化大都市建设。此举必将丰富城市魅力和内涵，一方面有助于积极落实国家开放社区要求，另一方面对提升旅游品质、拉动经济增长也具有重要的现实意义。

9 文旅产业升级的四个趋势 ———— 演讲◇王旭

SMART覆盖除了硬件建造、地产以外的其他软性内容，这是未来决胜文旅和度假的关键要素。现在有很多乡村文旅，包括特色小镇，总体来说应对了国家的发展趋势，比如精准扶贫，比如文旅创客，90后特别愿意往村里钻。现在有很多的返乡客会把个人的城市经验带到乡村里面，形成乡村双创，这是非常好的关注点。包括之前有的专家在研讨，SMART认为当你与非常有趣的人聚集到你的产品区域里面时，就会产生非常好的内容出来。全域旅游就是把很多的人串联起来，有了露营地，有了非景点旅游，有了户外。

以上四个趋势，SMART并没有试图覆盖所有的文旅和度假产业，所有领域的趋势，SMART在关注点上发现这四点跟平时大家关注的不太一样，但是会决定文旅发展的命题，IP升级，人才升级，内容升级，社群升级。

首先是IP升级，不管是陈向宏的乌镇，还是现在的优秀景点景区，他们还是在关注文化。所有的内容性的元素和熊本、Line Friend、迪士尼相比，并没有IP人物，并没有承载的故事能给大家延展性。迪士尼如果不在上海，在很偏僻的角落，它仍然有很强的导流能力，因为本身是IP的吸引物，这里面对于IP的打造是特别大的短板，之前我们跟迪士尼的IP团队合作，关注这个领域的发展趋势。这里Line Friend可能会产生非常强的延展产品线，家用玩具和公仔，包括可以做主题咖啡店，实体授权，这其实在中国台湾、日本，已经变成了一个非常普遍的趋势，我们会意识到，中国大陆目前并没有强IP的打造，我们传播中国文化，喜洋洋和熊大熊二是无法代表我们的，如何深挖这个领域的IP，其实还有一段路要走，有这样一系列的IP主打，确实可以做到线上线下导流的联动，有一系列可以挖掘出来，包括熊本县长，这是1970年代非常喜闻乐见的形象，包括互联网的表情包。

我们知道熊本县长以政府的角色，以专业角色打造了IP之后，所有在当地注册企业的，都有权利向他们申请使用IP，这也是未来区域文旅发展的重要趋势，前提是我们是否有这样的人才和优质团队能够打造出来。和迪士尼不一样的是没有电影和编剧，但我们发现它用最轻的形式也做到了最强传播和强连接。继续进行延展策划，我们知道衍生品的时间段非常长，最后整体消费值是远远超过电影上映时候的收益的，这包括体验中心、品牌、联合开发、自媒体娱乐等。

这个领域，我们也在关注AI与IP和实景的互动能产生什么样的效果，最近我们走访了很多特色小镇，在这个名词之前，我们在建筑上，在自然环境上有很多优秀的小镇，无论是传统的古镇，还是休闲的小镇，他们投入了大量的资本，在硬件上不一定有太多的改动和改进，软件单说，但这些小镇往往因为缺乏内容、缺乏IP，导致缺乏人员的入驻，可能入驻4h，有些可能连2h都没有，转一圈就走了，这是中国小镇的现状。我们也在考虑跟小镇合营拍照，很多都是关于软件和活动运营，如何与IP实现连接？前一段时间火爆全球的口袋妖怪，就是二次元的东西，必须到特定的地点才能抓到特定的妖怪，为什么只有口袋妖怪？其实中国有很多的神话故事或者传统的IP故事，这方面被大大低估了。

我们也希望对这一些实验性的小镇或者文旅项目的开发打造，能够把我们的故事，把我们的IP，我们现在的技术融入进去，能够从互联网矩阵里面赋予文旅性和差异化，就是线上创建一个流量入口，必须到这个位置才能体验到互动，包括小镇导览，可能以前有物理配饰，但我们和二次元连接起来至少目前对我们的手机，就会有无限的想象空间。最近我们跟游戏公司和影视公司合作比较多，这方面的消费是令我们非常瞠目结舌的，目前游戏和物理空间的结合是被我们大大低估的，我们这一代是玩游戏起来的。关于AI技术，这方面只会越来越强，我想文旅产业链里面，谁可以先行深入到这里，和一些合作伙伴研发，就可以有一个先机。

这个游戏卡牌和物理空间的实景是可以实现的，如果在里面自拍的话，也可以和虚拟IP空间的形象在特定的小镇地点形成一张自拍。

SMART从2010年开始做全球的征集，在我们的小镇里面进行落地。比如《山海经》主题，每年有大量的美院学生会以各种形式表达主题，因为这里面有太多可深挖的东西，当发布一个竞赛的时候，所得到的反馈远远超过天才的脑袋，本身在先期营销阶段，已经为项目奠定了非常好的基础，社交媒体和网络传播可以达到非常好的效果，80%的视频是大众传播，里面最少有10%～20%属于专业级的短片，可以为电影节、赛事或者更精准的营销做一个基础，这可以从大众征集里面获得一个优势（图1）。

图1　Line Friend的运用

所有的IP，比如熊本县长，并不是简单的造型师可以创作，背后是非常专业的运营团队，可以说比明星的经纪人更专业的团队，要360°对这个IP进行策划与执行，包括内容、情感、地推、品牌推广，这恰恰为我们在物理空间做文旅，补充了很多软性内容，恰恰是人从体验的角度对一个物理空间最关注的东西。

可以进行场景的还原，虚拟现实，VR互动，探险之旅，现在有的科技已经达到，并且不可低估。主题节目和活动的策划，还有执行，包括不定期的代言活动，商业品牌的联合推广，包括刚才讲的社交媒体和传播。在中国有很多年轻人，通过几年的摸索，我相信他们比我们更关心《山海经》的故事，也能够把故事补充到我们这里面来（图2、图3）。

图2　熊本县长IP

视频和故事短片

视频传播内容分配

80%的视频内容定位为大众级传播类，20%的短片为故事性短片，定位为电影节赛事类影片。

80%
大众级传播类

20%
参赛级别短片类

图3　视频传播内容分配

10 玉树文成公主纪念馆设计 ———— 演讲◇钱方
——建筑策划的得与失

都市更新·智汇西安　建筑策划专委会（APA）夏季高峰论坛上，钱方先生通过对玉树文成公主纪念馆规划、设计、建造施工的全过程解析，给我们阐释了建筑策划的重要性，以及建筑策划的内涵，即，建筑策划是价值观影响的产物，是在特定制约条件下对资源利用的策略，是还原功能空间物质及精神本质的保障。

一、引子

上大学时，老师讲到我国1960年代初培养的优秀建筑人才，改革开放初到美国居然做不好设计，原因是在计划经济时代，我们的设计都是按照任务书来进行的，当没有任务书或任务书不完整时，设计便难以下手，而任务书是怎样来的，很少有人去思考。这实际上就涉及了建筑策划的问题，在国内高校建筑学的职业化教育中，关于建筑策划的课程是极其缺失的，再加上从业后在工作过程中没有研究和介入，理论引进又相对不成熟，导致建筑策划理论研究总体滞后。前些年我做了"博览建筑技术集成的研究"，是与东南大学、南京艺术学院一起做的课题，研究这个课题的出发点源于研究初期的认识，目前国内政府公益性建筑普遍缺乏（博览建筑更为明显）前期策划，造成使用前及使用中的大量改造。研究指出，在我国的新建博览建筑中，绝大多数都存在前期策划的缺失，博览建筑到最后都变成了建筑师形式主义的狂欢，最后怎么用却不知道，其中浪费惊人。

策划研究是做在建筑设计之前的。基于这个思考，当我接到玉树文成公主纪念馆这个项目设计的时候（这是一个博览类建筑），就坚定地认为做设计策划是非常有必要的。

二、文成公主纪念馆的建筑策划

文成公主纪念馆是由中国建筑学会组织的集群设计项目，项目基地选址是在国家重点文物保护单位文成公主庙（图1）附近。文成公主进藏时，曾在这里逗留了一个月。基地内无市政配套设施，且远离城镇。项目的设计任务书里只有面积要求和总体的风格要求，没有功能和展陈定位等要求。筹建方对设计的期望和需求局限在形式标签的层面上。而我认为所谓建筑风格，是历史性沉淀下来的历时性产物，短期内是难以形成的（非先入为主产物）。如果我们的建筑设计与当地的人文、气候、地理、环境特征能够很好地相容，就像建筑是在基地上土生土长出来的，处理问题的成熟方法积累下来所呈现的形式，才构成了建筑的风格。在特定环境下形成的建筑风格，是当地解决建造问题的方式，在不断被重复之后，随着时间的推移，不切实际的内容会被淘汰，这实际上是一个优胜劣汰的过程，最后才会产生一种风格形式。因此，我认为风格不是强加给建筑的，而是自然环境与人文合力生成的。

图1　文成公主纪念馆基址

　　　　二　全过程咨询中的策划

这个项目规模只有2 300m²左右，却总共历时三年，其中方案做了近20个月。这里有一个设计过程日志（图2，是不可多得的案例），从开始选址做方案，中间又换地做方案，最后又回到文成公主庙旁原方案调整，花了非常长的时间。过程中进行了多次大范围的讨论，讨论聚焦在汉族与藏族文化心理诉求方面的差异。我们开始的时候对藏族是不太了解的，通过和他们沟通慢慢了解到，藏族人对存在感的心理需求是非常强烈的。举个例子，藏族人对存到银行里面的钱是不放心的，他会隔半个月把钱取出来数一遍再存进去，于是有些设计按照他们的心理诉求还是适当妥协了。

我们整个策划和设计主要关注四个方面：第一是功能的构成；第二是展陈的定位，从立意构思上关注相应的政治诉求，这个项目是玉树所有赈灾项目里面唯一体现汉藏友好标志性事件相关的项目，所以在这方面我们做了文化上的策划；第三是绿色建造；最后是技术控制。

设计过程		
2010		
12/15/2010	成都	接收来自中国建筑学会《关于召开青海玉树灾后重建重点工程项目设计方案汇报审查会议的邀请函》，项目启动
12/29/2010	西宁	参加"玉树灾后重建重点工程项目设计方案汇报审查"会议
2011		
1/8/2011	西宁	参加"玉树灾后重建十大重点工程规划设计情况汇报会议"
2/22/2011	北京	参加中国建筑学会主持的"玉树灾后重建重点项目方案协调会"
5/6/2011	西宁	参加"玉树地震灾后重建规划委员会第九次会议"；会议要求重新提交两到三个设计方案考察
5/18/2011	玉树	玉树结古镇、文成公主庙、勒巴沟、新寨玛尼石经城等，与玉树州建设局、文广局、等专家座谈，交流设计意见
5/22/2011	西宁	考察湟源日月山及现有文成公主纪念馆
5/25/2011	成都	发函《关于玉树文成公主纪念选址等问题的明确》呈送规委会，就基地选址与设计输入问题提请建设方落实相关资料
6/3/2011	成都	初步提出概念方案5、6、7，发呈玉树州相关专家交换意见
6/20/2011	成都	提交概念方案5、6、7方案，报送玉树州建设局
7/20/2011	玉树	参加"玉树地震灾后重建规划委员会第十次会议"，会议一致认可并建议深化方案5、方案6，并要求新选址补充方案
9/14/2011	成都	接玉树州建设局要求，完成纪念馆方案估算，发玉树州建设局审查讨论
10/9/2011	西宁	参加"玉树地震灾后重建规划委员会第十一次会议"，明确选址困难，要求玉树州政府牵头，重新明确建设用地

图2　设计过程日志

从现场图可以了解到（图3）场地中有多个山头，规划的选址在文成公主庙旁边。设计期间，我们做了大量的取证工作，完善了场地资料，为我们后期的工作奠定了基础。从策略上，我们采取的是尽量隐藏建筑体量的策略，体现环境友好姿态。

从环境角度来看，我们遵从两个方向：一是人文环境，一是自然环境。人文环境是基于文成公主进藏的路线来考量。例如，建筑中唐风门头的选择，我们在选择唐风门头的时候，关注到现在藏族建筑的金顶比例，实际上它的比例是源于唐风建筑的，甚至某些比例

图3　现场图

尺度即使汉式明清建筑也还是赶不上藏式和唐风的接近程度。从政治方面看，文成公主纪念馆所承载的诉求，是可以通过既有建筑风格来体现的，既不是全藏式风格也不是全汉式的风格（融合，第三种可能）；从社会功能需求上看，本项目位于勒巴沟旅游线路上，为促进该线路的旅游文化发展，本项目提供了文成公主庙及旅游线路上的游客休憩、停车等服务功能。为后期布展避免浪费，我们同时也做了展陈定位的策划，并得到认可及实现。

　　整体建筑设计构思用了两个最简单的建筑元素的组合，是汉藏元素的融合。一个是汉族唐风的门头，再一个是西藏宗堡建筑的磴道，构思取意"大唐天路"（图4）。

　　在设计过程中，我们把墙体升出屋面作为磴道，整个磴道呈依山之势。建筑的唐风门头是木结构组装的。这些门头如果在当地取材，需要砍伐很多树木，对生态破坏比较大，

图4　整体建筑设计构思中汉藏元素的融合

也缺少工匠技术，设计决定在西安制作部件（装配式建筑雏形），到当地再组装。建筑部件的运输路线与当初文成公主出西安进西藏的路线是类似的，这是一条经策划的文化象征意义路线，其过程也是一个汉藏友好的行为学象征。

绿色建筑理念是结合场地设计贯彻的，绿色建筑理念从展陈策划先行开始，依据展陈设计，我们布置了四个展厅，展厅顺着山坡地势循环了一圈，循环的路线也是按顺时针路线走的（藏族转经规定），最少改变原始地貌。在材料选择上，尽量使用当地及性价比高的材料，如杂色毛石、硬泡聚氨酯（性能加运输费综合更优）等。在建筑技术的策划方面，坚持采用恰当的适宜技术，使用被动技术优先。

在施工图设计过程中，需要做一个很好的全过程的控制（对施工过程的预判也是策划）。建筑主体结构需要与水专业设计结合起来，项目建在山坡上，如果遇有大雨，大量的雨水冲下来，会对建筑和环境造成危害，所以我们做了截水沟的疏导；考虑到朴素装修，所以我们在结构配合上，采用了简约的形式，但在后期实施中，由于我们总造价控制严格，甚至偏低一些，最后省出来一些钱，结果都用在装修上了，导致装修有些过度，建筑通风和采光（被动式节能）受到些许影响，结构先行的理念没有完全体现出来。供暖方面，我们采用了增焓空气源热泵，提高了能源利用效率，也减少了污染的排放。

三、建筑策划的得与失

通过本项目，我认为我们对展陈定位及功能的策划，的确有益于建造及使用中对资源的有效利用，且投资浪费极少，但前期或总体的策划，尤其是在设计建造全过程方面仍有些缺失。我非常希望未来我们的职业建筑师能够更广泛地与政府或业主沟通，去影响一些政府项目的前端决策，包括选址、功能业态、展陈定位和市政配套等方面。文成公主纪念馆建成之后还是存在一些问题的，市政配套不到位，导致现在用起来比较困难，使用后评估没有办法下结论，这是我觉得有缺憾的地方。我深切地认识到，策划是伴随设计动态推进的过程，绝不是静态的。如果视策划为静态是不合理的。我认为策划其实是从宏观到微观的同构现象，是可以覆盖到设计的各个层面的，只有这样才能把一个设计做好。策划对每一个参与者的个体素质要求非常高，因为他需要有深广的眼界和睿智的思考。

我的一点粗浅认识：建筑策划是由建筑师应用专业知识或借助专业团队，对设计目标从定位、设计、建造、使用到运维的系统性谋划。它是价值观影响的产物，也是建筑师在特定制约条件下对资源利用的策略，还是还原功能空间物质及精神本质的保障。设计离不开策划，没有策划设计将会迷失方向。

11 从观光游到度假目的地的 体系构建

演讲◇谢翅

都市更新·人文深圳 建筑策划专委会（APA）夏季高峰论坛上，赛博旅游文创执行董事谢翅先生作为本次大会分论坛"文旅创新与新型城镇化"板块的特邀嘉宾，分享了"从观光游到度假目的地的体系构建"并深度解读了"灵山小镇·拈花湾"。

在江苏省无锡市马山太湖国际旅游度假岛的山水之间，佛光普照的灵山胜境之畔，有一座无中生有、从零起步的特色小镇：自2015年11月开园，2016年总游客人数达到400万，全年收入6亿元（其中，非门票收入2亿元），入园总人数位居同行业类景区第一，酒店及客栈平均入住率占同类度假小镇榜首。此外，2016年上半年收入明细中，前两位香烛收入2 228万元、工艺品收入2 746万元，高于餐饮收入的2 057万元，这座六成以上毛利、变现堪称奇观的小镇，如今已是中国公认的一线景区，她就是灵山胜境继一期88m释迦牟尼青铜立像"灵山大佛"、二期大型动态音乐群雕"九龙灌浴"、三期世界佛教论坛会址"灵山梵宫"、四期：五印坊城之后的五期作品——灵山小镇·拈花湾（图1）。

灵山小镇·拈花湾，缘起于马山（灵山）最西部的耿湾区域背山面水、五条山坳形同佛祖拈花指的山形水势，得名于"佛祖拈花，迦叶微笑"的禅宗典故，以"世界级禅意旅居度假目的地"的独特定位，首创禅意文化为主题的特色小镇，填补了国内旅游行业禅意文化旅游体验的空白。在这里，唐代建筑的唐风宋韵与江南小镇的梦里水乡和谐圆融，基于耿湾地形规划的主体功能布局"五谷、一街、一堂"，皆以禅意体系命名，追本溯源有故事有概念，乘兴而往有功能有路线（图2）。

图1 灵山小镇·拈花湾

二 全过程咨询中的策划

图2　灵山小镇·拈花湾的唐风宋韵建筑

缘起
踩油门的那叫观光
踩木屐的才叫旅行

　　作为专业化旅游咨询服务集成商、灵山小镇·拈花湾的全程策划运营方，我们见证了从灵山胜境到拈花湾、从观光游到全域度假生活的嬗变。于1997年建成的灵山胜境，"一山、一寺、一佛"即有"湖光万顷净琉璃，返照灵山正遍知"之盛名。诚然，与中国大多数观光型景点一样，灵山胜境同样面临着景区比高、比大、比全而缺乏商业服务配套和深度体验、旅游产品业态单一停留在门票经济时代、游客停留时间短无法撬动更多消费等缺憾。2015年，灵山胜境面临300万游客量瓶颈，三期灵山梵宫，塑造中国当代佛教艺术馆实现了观光游的阶段突破，但游客量和旅游收入增速放缓、持续下滑，转型发展成了胜境生命中必然承受之重。

　　如何实现从观光游到度假游？并以旅游目的地来打造全栖旅游产品，增加客群黏性，让游客真正慢下来、闲下来、住下来、玩起来呢（图3）？

禅造
漂洋过海来看你，翻山越岭去找你
一切可能都不及，披星戴月来享你

　　灵山小镇·拈花湾的诞生，正是基于传统观光游景区面临的发展瓶颈，顺应从观光游

图3　灵山小镇·拈花湾的惬意夜景

到休闲度假游的发展趋势。从7年前预知趋势，3年潜心策划，1年半落地建设，以度假目的地构建的三大体系去擎造产品，最终实现了从看山观水到悦山乐水的突破。

需求体系层面，当我国人均GDP超过8 000美元，旅游消费需求爆发式增长："世界这么大，我想去看看""生活不止眼前的苟且，还有诗和远方的田野"，已不是小资的无病呻吟，而是大众的扪心叩问。此时，灵山小镇·拈花湾所在的长三角成熟度假市场，整个中国最富裕的1亿多中高端消费群，在别人渴望进城时却选择逃离都市，信步去看一场花事，渡船去赏一湖春水，从一座城到一个镇，将一生过成几种人生……了解到旅游产品升级的内在客观需求后，基于社会消费趋势的外部深刻洞察，让拈花湾开启了文化消费的会心一击。

文化体系层面，拈花湾开发之前的灵山胜境，历经旅游核心吸引物的四期迭代，如何在佛文化的先天基因下，通过拈花湾来实现大灵山主题的延续与创新？经过1年论证，佛文化+度假=禅意生活方式，让所有人为之一振。于禅者，每一心念，都是一次生命的重建，经由不同来路在此心安处画云水禅心，才能同踏归程凭岁月静好入人间烟火。有了精准IP作引，16 000平方米的会议中心、7.8亿元打造的五星级酒店群、1 700亩禅修中心、限研吾的胥山大禅堂等，顺理成章地作为度假产品，在一剪闲云一溪月，一树菩提一烟霞之时，抵达"挑剔"的游客内心（图4、图5）！

产品体系层面，既要把故事和概念讲好，又要把产品和服务做好。在拈花湾，我们秉持"文化主题化，主题场景化"两大基本原则，从吸引、承载长三角350万观光客为出发点，构建拈花一笑，给市场一榔头的三大业态，打造从禅意客栈、禅意街区再到禅意体验的全域度假产品：1座五星级波罗蜜多酒店+13家主题酒店+2个客栈作为引爆业态，让人

图4　灵山小镇·拈花湾一角的佛文化小品

图5　灵山小镇·拈花湾的禅意建筑

图6　灵山小镇·拈花湾的休闲、娱乐

们想要来；无处不在的餐饮、休闲、娱乐等作为承载业态，让人们留下来；灵山禅食、欢喜抄经、特色茶道、拈花行经等作为延伸业态，让人们还要来！余秋雨说，伟大见胜于时间是韵味，伟大见胜于空间则是气势，拈花湾构建的四大空间亦是见所未见的行业创举：在公共聚集空间，登堂、入院与其他景区全然不同；在休闲旅游空间，花海产品研发至第四代，实现了全时全季不凋不败；在商业消费空间，香月花街"不招商，而造商"，全管家式为主体招商服务；在文化体验空间，禅居、禅艺、禅境、禅景、禅悦，俯拾皆是，倾尽五感（图6）。

1.0时代，我们喻为"漂洋过海来看你"，强调的是"观光"；2.0时代，我们且说"翻山越岭来找你"，强调的是"文化体验"；3.0时代，我们执于"披星戴月来享你"，强调的是"生活方式"！这时，我们可以骄傲地说，180万$^+$只是起点，300万$^+$也不是终点！

匠心

迭代思维

产品不是一眼万年

而是不断推进打磨迭代

为让游客充分感受别致的禅意风情，拈花湾请到杭州G20峰会晚会导演沙晓岚原班人马，打造相媲美的大型互动实景演出——《禅行》，将五灯湖"花开五叶"灯光水秀进行全新改版，通过鹿鸣谷探幽、琉璃灯海光影、拈花亮塔仪式、新春市集、祈福巡游等，避免了印象系列300万人大阵容、阴天下雨游客少等弊端，给游客带去了全新的游赏感受（图7、图8）。

极致思维

把每件事情都做好，小镇便成功了

图7　大型互动实景演出——《禅行》一　　　　图8　大型互动实景演出——《禅行》二

为了让苫庐屋顶最大程度地达到自然禅意的效果，我们从江苏、浙江、福建、江西、东北甚至印度尼西亚的巴厘岛等地方选择了20多种天然材料，又初选8个品种进行100天户外试验，最终找到了2种既牢固耐用又美观自然的天然材料。一个小小的茅草屋顶，整合了18家专业机构和企业的资源与力量，前前后后"折腾"了13个月的时间（图9）。

图9　茅草屋顶的故事：会呼吸的禅意建筑

原本最简单的庭院竹篱笆，在拈花湾却演变成最复杂的工程。经过数月尝试，几番苦苦寻觅，终于在国外找到两位七十多岁的匠师。选竹、分竹、烘竹、排竹，编织手法、竹节排布技巧、结绳技法……光打结的麻绳就选了三十多种、十几种技法。这里的竹篱笆搭建，共需使用29种标准工具，普通竹篱笆建造有29道标准工序，竹丝竹篱笆有43道标准工序（图10）。

为了让苔藓们在拈花湾快活地生长，每片巴掌大的苔藓都要整3次地形、浇3遍水，一块桌面大的苔藓，要花上一整天的时间。六个月过去了，大山中的苔藓在拈花湾安家落户，鲜活疏朗，禅趣盎然（图11）。

图10 竹篱笆的故事：大巧若拙，重剑无锋

图11 苔藓的故事：最不起眼的，往往是最重要的

创新思维

从招商到造商，打造旅游商业体系

在拈花湾，我们秉持旅游商业"创新化、主题化、极致化、情感化、体验化"的五大特征，在拈花湾休闲度假生活的核心区域，以商业肌理和视觉形象两大体系，全国首创打造一条收门票的商业街——香月花街（图12～图15）。作为禅意生活的缩影和绝佳体验地，香月花街布满了琳琅满目的创意零售和主题各异的禅意客栈，其中风物集土产社，不

图12　香月花街——禅意客栈（一）

图13　香月花街——禅意客栈（二）

图14　香月花街——创意零售

图15　香月花街——休闲娱乐

仅是一家店，更是无锡在地文化以及健康生活方式的倡导者；来自台湾的品牌餐饮——洪师父牛肉面，做工精细，取材生态绿色与小镇精神完全契合。零售、客栈业态之外，商业街的餐饮、休闲娱乐业态应有尽有，一种禅境与现代人结合的生活，被街市中的万物诠释得恰到好处。

服务思维
13家禅意客栈
是13家禅意生活馆
也是13种老板娘文化

在拈花湾，客栈的老板娘，一度都是各个岗位的灵山人，直到梦想在此照进现实：一花一世界、门前一棵松、一轮明月、一池荷叶、芦花宿、无尘、百尺竿等，一个主题客栈就是一种审美情趣的洞见。13家主题客栈采用平台化模式管理，与无锡君来酒店管理集团实行联合管理，在经营中我们经常拍摄记录差评服务以便改进，哪怕餐厅有积水，也要立即改善（图16、图17）。

从观光游到度假目的地的巨变，已经从原本"百闻不如一见"转向了诗与远方的心灵构建，灵山小镇·拈花湾的出现，打造了自然、人文、生活方式相融合的旅游度假目的地，追求一种身、心、灵独特体验的人文关怀，会带着追随她的人们寻找空灵舒缓的梵唱、摇曳清音的月光，在兰谷幽居梅开偏隅，许下对岁月静好的期许。

图16　禅意主题客栈内景

图17　禅意主题客栈外景

12 乡村遗产酒店与城乡社会交换

演讲◇吴必虎

都市更新·人文深圳　建筑策划专委会（APA）夏季高峰论坛上，吴必虎老师分享了三个话题，一是中国由短缺经济向过剩经济转化过程中的社会矛盾，以及社会制度对生活方式的制约；二是城乡交换；三是城乡交换中，乡村的社会休闲与度假的地方转变成遗产酒店。

一、过剩经济时代的制度（liyi）冲突

中国的城镇化进程是由30多年来的高速工业化所推动的，但目前，城镇化已经进入稳定阶段，乡村人口向城镇大规模迁移也已基本稳定。伴随着技术的进步，中国社会农业、制造业短缺的状态已不复存在，目前已逐步过渡到了休闲社会。休闲社会的特征是第一、二产业的就业承接力大幅下滑，同时社会已进入过剩经济时代。但与休闲社会不相

社会进入过剩经济时代，制度仍停在短缺经济时代

工业过剩：去产能压力巨大

建设过剩：二、三线城市房地产失势、土地财政仍难结束

农业过剩：劳动力剩余、粮食产量稳定、宅基地空置

土地制度成为后工业化时代最主要的制度障碍

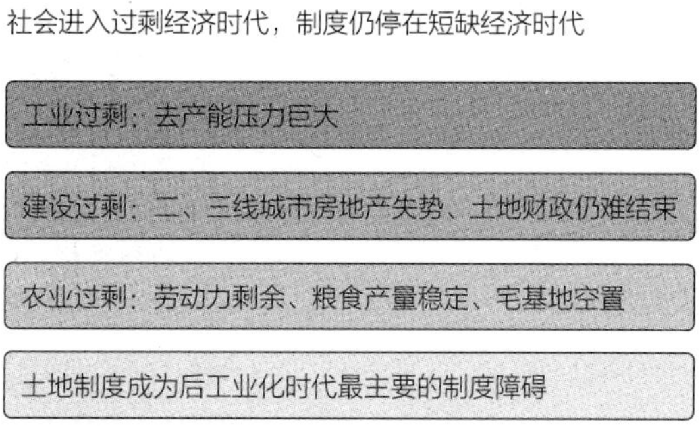

图1　与休闲社会不相匹配的相关表现

匹配的是，目前的制度却仍然停留在短缺经济时代，具体表现为：工业过剩，去产能压力巨大；建设过剩，一方面二、三线城市房地产失势，另一方面土地财政仍在推动新的建设；农业过剩，农村劳动力剩余、粮食产量稳定、宅基地大量空置。土地制度已成为进入休闲社会的后工业化时代的最主要制度障碍（图1）。

目前，土地制度冲突的核心在于：建设用地供应与需求之间的极大不平衡。为什么无法提供更多建设用地？中国建设用地仅占国土宜居面积的3.2%，远低于发达国家，如日本为10.4%，德国为8.6%，法国为6.0%。将中日两国的首都北京与东京进行比较：东京有很多市民能住别墅，但反观北京，能住别墅的却是少之又少；是北京缺乏国土宜居面积吗？实际情况是，北京市共有国土面积1.6万km²，其中有7 000km²平原，即使2 500万北京人都住进别墅，也仅需1 500km²。但目前北京市的建成区仅2 000km²，建成区面积仅相当于东京、洛杉矶的八分之一；北京市的开发率仅为12.5%，而香港的开发率高达

25%，是北京的两倍之多。而造成这一问题的关键就在于土地制度。高尔夫球场、独栋别墅、容积率、住宅占地面积理应由市场供需决定，而不应由土地制度决定。

现行土地制度的建立基础在于耕地保障。但关键问题在于是否需要18亿亩耕地（另有说法是23亿亩）？凭什么设立18亿亩耕地红线？中国人口会增长到18亿吗？设施农业会不会减少对耕地的需求？目前，中国粮食市场有"四高"特征：高产量、高仓储、高价格、高进口。中国是粮食进口大国，因为外国的粮食更便宜。5月23日，国土资源部官网公布了《中华人民共和国土地管理法（修正案）》，其中多条明确指向耕地红线保护，包含"占用耕地与开发复垦耕地相平衡""严格控制耕地转为非耕地""确保本（县以上）行政区域内的耕地保有量不减少""国家实行占用耕地补偿制度""国家实行永久基本农田保护制度""禁止占用永久基本农田发展林果业和挖塘养鱼"等。而《土地管理法（修正案）》第三十四条规定："各省、自治区、直辖市划定的永久基本农田应当占本行政区域内耕地的百分之八十以上"，但关键问题在于：粮食生产必须各省自行供给吗？《土地管理法（修正案）》不仅违背地理科学规律，全球多数国家80%左右的人口集中在沿海地区，不同省份的城镇化率不同，建设用地指标也应区别对待，东部地区无需严控建设用地（图2）；《土地管理法（修正案）》也违背历史规律，古罗马时代即可由埃及为意大利本国提供小麦制作面包，区域分工古来有之。

现行土地制度的另一个基石为"农地农业用"，这也是农业部部长所多次宣称的土地使用基本理念。但农地是否一定要农业用？ 2015、2016、2017年连续三年中央一号文件要求：农村要一二三产融合发展，因此，农地也应提供给一二三产综合使用。完成了城镇化进程的农民还会从城镇回到乡村吗？农村土地进入流通会导致历史上的土地兼并吗？答案不言而喻。中央指出农村要农户发展，农村要搞旅游、度假，但搞旅游、度假都需要土地作为前提条件，如果农地只能农业用，那么旅游、度假发展所需的土地从何而来？实

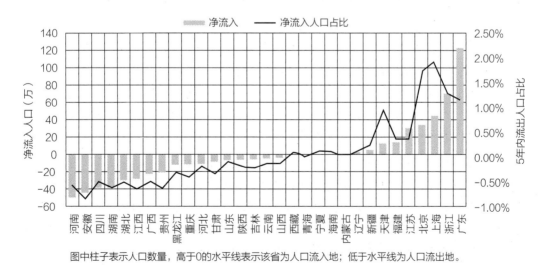

图中柱子表示人口数量，高于0的水平线表示该省为人口流入地；低于水平线为人口流出地。

图2 各省人口净流入数量（2005—2010年）
（资料来源：城市数据团）

际上，在空间规划的实际操作中发现，并不需要将全部农地用来进行农业生产，在满足农业需求之外，还有大量土地闲置，这些闲置农地理应向农户发展，用于旅游、度假发展所需。显然，目前的土地短视制度抑制了长期的财富创造与积累。

二、中产阶级形成与城乡社会交换

中产阶级是旅游业发展的主要原因。中国中产阶级，人均GDP已超过6 000美元，达到了度假的条件，因此度假需求急速增长，尤其是以长三角为核心，京津冀和珠三角为两翼的东部地区，这其中又以长三角地区需求最为旺盛（图3）。

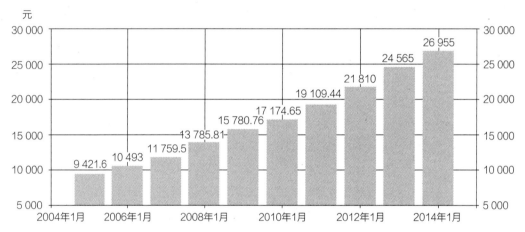

图3　2004~2014年中国的人均可支配收入变化情况
（资料来源：www.TRAOINOCCONOWCS.CON|NATIONA.SURCAU OF STATISTICS OF OSNA）

目前，中国的城市中产阶级成为休闲度假市场最大的消费群体。2015年瑞士信贷宣称，根据美国的标准，中国有全球最庞大的中产阶级——1.09亿人。在庞大的中产阶级支撑下，中国的旅游需求爆发：2015年，中国共接待国内外旅游人数超过41亿人次，旅游总收入达4.13万亿元。在旅游需求的刺激下，遗产酒店应运而生，并广泛出现。

境外游虽具诱惑，但并非日常所能实现的旅游行为，毕竟每天都跑到巴黎广场喂鸽子是不现实的，最大的可能就是环城市周边的短途度假，这构成了对旅游乡建的巨大需求。我国人口已经达14.5亿，其中有许多农民希望进入城市，导致了传统村落空心化，而另一方面，众多城市人口又有到农村购买宅基地的需求，但城市周边大量的小产权房却得不到应有保障。显然，城市与乡村居民存在人口、土地多种交换需要，而乡村—城市社会交换双向通道存在制度障碍。解决这一难题的关键在于是否允许农村居民出让自有宅基地。有进城意愿的农民可以把自己的宅基地全部或者部分出让给城市居民，从而携带土地出让所获的200万元进城，就可以避免从事底层工作，而从乡村餐馆等个体经营起步。这种由城市居民和农村居民完成的交换将是全新的社会交互，一方面不用国家任何投入，另一方面既实现了乡村复兴，又能提升社会幸福指数（图4）。显然，如果产权制度不改革，农民的宅基地不能进入市场，中产阶级普遍的第二住宅需求将无法满足，而中产阶级在城市买房的投机行为也始终无法转变。此外，目前的宅基地制度还有如下弊端：为什么不可以建设独栋别墅？为什么每户农民宅基地必须同等大小？

旅游天然是城乡社会交换的基本途径，能让村民参与其中，并获得工作与收益，能让乡村的文化、生态与物产，重新产生市场商业价值，最终盘活乡村各类资源，建立新的文化认同，并构建可持续的乡村内生经济系统，实现乡村全面复兴。在城乡交换的庞大需求下，乡村遗产酒店广泛出现。

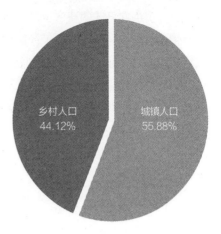

城乡社会交换：进城人口7.68亿

国家统计局2015全国人口抽样调查：城镇人口76 750万人（占55.88%），乡村人口60 599万人（占44.12%）

图4　城乡社会交换

三、乡村遗产酒店发展的机遇

虽然乡村遗产酒店在满足城乡交换方面有天然优势，但其发展的必要前提是解决中国农民的产权及保护问题。农村应避免大拆大建，但《土地管理法（修正案）》中的"拆旧建新"存在问题。在这一法律条文规定下，老宅的唯一出路就是交给村集体，由村集体卖给开发商，并最终拆除，统一建新。因为建设需要土地指标，但国土资源部并不批建设用地指标，而这都是由于政策错误所导致的。因此，中国的产权制度、文物制度、中央文件都为乡村遗产酒店或者乡村度假设施设定了很多条件。

旅游乡建是将旅游作为乡村城市交换的平台，通过旅游进行乡村建设。旅游乡建是一个新的课题，是1+4的结构，即自然农业与慢食品+家庭农场（牧场）+乡村Mall（农品集市）+乡村电商+乡村度假综合体遗产酒店。我反对住建部提出的到2020年所有的村子要进行规划，目前乡村规划缺乏专业人才，均由城市规划师完成。但城市规划与农村规划完全是不同维度的。乡村规划一定要让中国农民的产权得到保护，不能轻易拆村子。

其次，风景名胜区需要改变，应在观光的基础上发展度假。针对不同风景名胜区的度假可以分类规划，分类管理。最近国家文物局已在进行遗产酒店的相关研究，但文物法还没有改，现在文物法的要求是不能够用于商业经营。社区服务、休闲度假等，PPP、EPC都是解决乡村土地交换以后发展的重要思路。遗产酒店的主要功能分为文化展示、遗产教育、社区服务、旅游休闲四大类。文化展示保持遗产真实性，体现文化内涵，对酒店所依托的遗产文化，所在地的传统文化、非物质文化遗产、民风民俗等有专门的展示体验空间。遗产教育可以根据酒店所依托的遗产类型，开设具有针对性的遗产研学活动，可以为酒店客人提供向导式的遗产解说服务。社区服务即遗产酒店应为所在社区提供定期开放或免费预约参观服务，以服务于社区居民的文化生活，加强酒店与社区之间的交流与联系。旅游休闲在满足住宿功能的基础上，酒店可根据所依托遗产的承载力，逐步增加餐饮、康体、购物等多元化休闲空间。遗产酒店的投资与运营可以采用多元化投资渠道，如国家拨款、基金会、民间投资、PPP、EPC，也可以采用所有权、管理权、经营权分离：文保事业单位转向特许经营，还可以通过农民自有住宅文物的引导与支持。

中国已经到了过剩经济时代，土地制度要改变，让人民有休闲度假的土地资源，让每个人过上幸福生活。

13 文博为魂，激活古镇新生
——安仁古镇"文化+旅游+新型城镇化"的创新实践

—— 演讲◇尹建华

都市更新·人文深圳 建筑策划专委会（APA）夏季高峰论坛上，尹建华老师以安仁古镇"文化+旅游+新型城镇化"的创新实践为例，分享了关于《城市化进程中的古镇新生》的精彩内容。

一、中国小城镇发展之路

城市化是全球趋势，中国的城市化经过几十年的发展，也有很多经验需要总结。以往摊大饼式、高消耗式不可持续性的城镇化已经过去了，现在提倡的是新型城镇化。城镇化提倡的是以人为本，更加关注城镇化的质量和内涵。特色小镇解决的不仅仅是千镇一面的问题，解决的更是小城镇可持续发展的问题。特色和产业应该是特色小镇的核心要素，建设特色小镇是中国新型城镇化的战略选择。这个特色是特色资源和特色产业，特色资源可以转化为特色产业，特色产业可以聚集为特色资源。特色小镇是破解中国小城镇发展的一把钥匙，特色如何有特色，应该在于创新，创新的源泉在文化（图1）。

习总书记强调文化是一座城市的独特印记，更是一座城市的根与魂。文化旅游是作为特色小镇发展的途径，最终需要依托文化资源将其打造为旅游目的地，文化是核心，旅游是目的。要做到文化的有效传承，就应该把它融入当下的生活，也就是把文化遗产融合到

文化如何传承?
让文化遗产融入现代生活。

旅游如何设计?
文化引领,文旅整合。

产业如何创新?
抓住核心,突出特色,
延伸上下游产业。

图1 特色小镇如何建设

现代生活中。文化旅游如何进行策划、设计,我们讲的是文化引领,文旅融合。产业如何创新,则需要抓住核心,突出特色,延伸上下流。

二、安仁,一个文旅创新探索的实例

下面我以安仁古镇为例,讲一下文旅探索实践的实例。安仁古镇是中国博物馆小镇,距离成都市区41km,距离双流国际机场36km,核心区不到4km^2,全镇户籍人口7万多,是中国博物馆协会授予的博物馆小镇。2016年,住建部公布了126个第一批国家特色小镇,安仁古镇是唯一一个以博物馆为特色的小镇。仁者安仁,民国时期曾经统治四川的刘文辉、刘湘的故乡就是安仁,在不到4km^{2}的小镇上至今保存着27座民国公馆建筑,还有树人街、裕民街、红星街等街区保留了民国的街巷肌理和建筑风貌。樊建川在安仁投资了占地500亩的建川博物院群落,包含31座博物馆,有抗日战争、川西民俗、红色年代、抗震救灾四大系列。2015年,安仁古镇接待国内游客280.5万人次,国内旅游综合收入超过4亿元。2000~2015年,安仁在建川集团、报业集团的建设下已初具规模。2016年5月底,华侨城正式入驻安仁,作为华侨城"文化+旅游+新城镇化"战略的实践地,安仁古镇的打造可以说是一个攻坚之作,也可以说是塔山之战(图2)。

博物馆是安仁的最大特色。安仁拥有29座博物馆,说安仁是博物馆,有两层含义:第一层含义,安仁古镇本身是一个巨大的、天然的生态博物馆;第二层含义,安仁古镇已经建好和正在规划的,未来建成100座博物馆。

博物馆是安仁通向世界的桥梁。一方面,博物馆储存的是人类的共同记忆。另一方面,博物馆又是一个地方的集体记忆,具有强烈的地理性标签。随着旅游化和城镇化进程的加快,安仁也会有再地域化的过程。首先是本土文化接触外来文化,初步接纳、包容外来文化,最后通过吸收、通过保留、通过继承完成再地域化的过程。而博物馆则是这个过程中最好的媒介和通道。

**仁者安仁，
百年中国的川西镜像**

安仁镇是民国军政要员刘文辉、刘湘的故乡，在约4km²的土地上，保存了27座民国公馆建筑，平均数量甚至超过南京市。

镇上树人街、裕民街、红星街等街区保留了民国的街巷肌理和建筑风貌，丰富的近代遗存使安仁镇成为"旅游者了解近代中国人怎样生活的最佳去处"（世界旅游组织）。

图2　安仁——百年中国的川西镜像

在博物馆，让文化遗产融入生活。
博物馆与当下发生紧密的联系……

图3　安仁的博物馆——沟通的桥梁

　　博物馆在安仁不仅是文化的容器，也是旅游的载体，同时更是新型城镇化的加速器。在安仁，应该重新发现定义博物馆。在安仁，博物馆不仅仅是传统意义上的学术殿堂、研究陈列的中心、教育的机构，它还有一层意义价值，它是桥梁，是本地人相互沟通、本地人与外来人沟通、同时也是历史到未来沟通的桥梁，是游客体验本土文化的一个过程（图3）。

　　在西方，以博物馆为核心的文化产业发展得如火如荼，但在国内，博物馆目前还是作为公益、文化事业的一部分来强调，对于产业而言刚刚起步。在安仁古镇，我们在保留博物馆事业属性的同时，应该加大它的产业属性，要开发更多文化创意活动，吸引更多的游客。博物馆是安仁文化的容器，不仅照见安仁，还收藏人类的记忆。安仁最有特色的是百年历史，现在保留下来的层面主要是民国时代的。百年安仁，馆藏中国，博物馆可以发挥很突出的作用。博物馆让文化遗产融入了生活，让文化遗产和当下发生紧密联系。在安仁，博物馆的发展目标不仅仅是历史文化的容器，也是当代城市的器官，与百姓相关的题

展示内容：参与当下
时下最热门、最时髦展览的主要题材，
都可以在中国博物馆小镇找到。

图4　安仁的博物馆——历史文化的容器，当代城市的器官

材，与生活相关的题材，应该在安仁的各个馆里予以呈现（图4）。

博物馆在安仁是文化旅游的最佳载体，博物馆在安仁深度改变着我们的生活方式。博物馆的展示内容是和当下发生关系的，当下的热门展览在博物馆里面随处可见，根据观众的需求可以作定制性服务，像今年的Gucci创意总监就在北京作了一场定制展览。同时，用科技手段将传统的博物馆转化为承接式的体验展，也是视觉盛宴。博物馆不仅是当地人的精神场所，也是游客和古镇重要的触点，还是作为安仁人、安仁故事的一部分。同时，博物馆在安仁也将成为贯通文化旅游、上下产业链的关键点。我们知道，台北故宫在文创方面非常成功，北京故宫也在开展文创，让国宝通过文创跟咱们发生关系（图5）。

韩国济州岛有一个博物馆群，专门强调游客体验，有太极熊博物馆、美人鱼博物馆等，很多游客不仅去看，而且博物馆很多的文创产品，大家都喜欢买，还是消费蛮高的地方。还有西班牙的古根海姆博物馆，也是通过基金会的形式总管，出品牌、出产品、全球招募加盟、品牌塑造、策展、宣传一条龙服务，自建馆，提高品牌，也是很成功的一种模式。将来在安仁，大量的博物馆将以微特博物馆的形式出现，是一些小而美的博物馆，数量非常多，形式不限，充盈在古镇的各个角落，成为安仁古镇的人文风景。博物馆的建设和经营方式可以有多种，企业、政府、大博物馆机构等都可以在安仁选址设馆。安仁未来的博物馆都将是一馆一品，并注重开发设计个性化的文创产品。未来安仁的博物馆将是打通上下游的关键环节，博物馆会形成产业生态圈，围绕着产品的整合、修复、会展、博物馆服务、艺术品拍卖、展览策划、艺术产业、传媒产业、现代农业体验、农产品的研发等，形成以博物馆为核心的产业生态链。博物馆是一种世界性的语言，同时又是本地化的语言。博物馆，应该是安仁古镇的一个最大的IP，从这个意义上讲，博物馆应该是IP开发的灵感源泉，因为这是最具有识别性和特色性的（图6）。

刚才说了安仁博物馆，华侨城就是一个巨大的平台，从国际到国内，从大机构到普通藏家，都可以在这个舞台上表演，都可以在这个平台上建馆，多方文化在安仁实现沉淀和融通。以博物馆为核心的文博产业链，一方面支撑安仁城镇化产业，另外一方面也是安仁

观众需求：定制服务
Gucci创意总监Alessandro Michele为他的男朋友Giovanni Attiliy定制了一场展览。不用羡慕，在安仁，你也可以。

科技领先：沉浸式体验
沉浸式体验展，将传统展览转化为视听盛宴。

图5　博物馆的承接式转化

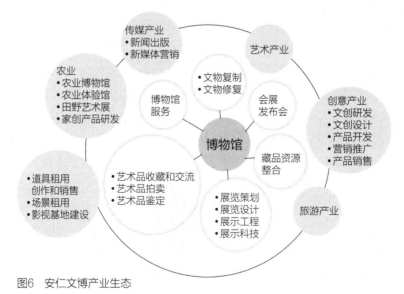

图6　安仁文博产业生态

吸引游客、吸引外界人的核心资源。博物馆形成的产业链，将成为安仁博物馆故事的多重叙述者，多重讲述安仁故事。

　　博物馆在安仁，既是空间，一个个点连接古镇和未来，也是集合古镇与文化的载体，是安仁文化创新的源泉。安仁既是特色小镇，又是文旅融合的样本。

14 The Significance of a
New Cosmopolitan City-
Culture Innovation to the
Urban Community

——— Speaker ◇ Rick Solberg
演讲 ◇ Rick Solberg

文旅创新对城市社区
的意义

Urban Renewal · Cultural Shenzhen At the Summer summit meeting of the Architectural Programming Association（APA）, Mr. Rick Solberg shared his practical experience on a new type of integrated urban community. He claimed that theme parks and tourism projects are the best solution for the development of the new town. In addition to enriching the tourism culture of the city, the most important thing is to integrate the three elements of a healthy community—life, work, and entertainment.

都市更新 · 人文深圳 建筑策划专委会（APA）夏季高峰论坛上，Rick Sloberg先生分享了他关于新型综合城市社区营造的实践经验，阐述了主题乐园和旅游度假类项目在很多情况下是新城镇开发建设的最佳解决方案的观点。而要做新城镇开发建设，除了丰富城市的文旅内涵以外，最重要的是怎样把"健康社区三元素——生活、工作、娱乐"很好地衔接在一起。

1. Characteristic Town
一、特色小镇

The meaning of characteristic town is "moving population and industries out of the crowded first-tier cities, creating more job opportunities for small towns, and encouraging people to live in small towns in order to achieve the purpose of reviving small towns". The emphasis of characteristic town is on nurturing culture. A professor in the United States wrote a book called "The Soul of Economics", which elaborates on the economic development of the characteristic town. With the economy evolving from "agricultural economy – industrial economy – service economy – experience economy – autonomous economy", the characteristic towns continue to undergo changes along with these economic development.

特色小镇是"把人口和产业从拥挤不堪的一线城市转移出来,为小城镇创造更多的就业机会,并让人们到小城镇里居住,以达到复兴小城镇的目的",特色小镇的重点是培育文化。美国一名大学教授写了一本书叫《经济学的灵魂》,书里面详细地阐述了特色小镇的经济发展历程,随着经济从"农业经济—工业经济—服务经济—体验经济—自治经济"的发展,特色小镇伴随着经济的发展再不断发生着变化。

The characteristic towns of the United States are often used as examples of the development of characteristic town. However, in fact, the characteristic towns in the United States have taken many detours. The first category of characteristic towns are supported by the single economy, such as coal town in Virginia, steel town in Pittsburgh, automobile town in Detroit, and oil town in Houston. Due to an overly monolithic economic structure, these towns, whose development is restricted, is currently looking for new ways. The second type of U.S. characteristic towns are service-oriented, including the banking/finance towns in New York City, the university towns in Boston, and the medical towns in Rochester. The third type of characteristic towns are based on experiential economy, such as the famous movie town in Hollywood, and the music town in Los Angeles. The Hollywood towns decayed very fastly in history, and they are currently in a stage of recovery.

美国的特色小镇常被作为小镇建设的范例,但其实美国的特色小镇发展走了很多弯路。第一类是由单一经济体支撑的特色小镇,如维吉尼亚州的煤矿小镇、匹兹堡的钢铁小镇、底特律的汽车小镇以及休斯顿的石油小镇等,由于过于单一的经济结构,目前发展受限都在寻找新的出路;第二类美国特色小镇以服务型为主,包括纽约市的银行/金融小镇,马萨诸塞州波士顿的大学小镇以及罗切斯特的医学小镇;第三类是以体验型经济为主的小镇,如著名的电影小镇好莱坞、加州洛杉矶的音乐小镇等,历史上好莱坞的衰败速度非常的快,目前处于一个刚刚复苏的阶段。

The economy will eventually move into an era of artificial intelligence, so people will have more time to think about how we should live. The Cunningham Group has completed many famous theme parks. The current challenge is that when it comes to new type theme park projects, more virtual worlds and virtual environments are introduced, but virtuality cannot bring real feelings. Therefore, the design of the theme park will eventually return to the essence about how visitors can have a real experience.

经济最终会走向人工智能经济时代,到时人会有更多的时间去考虑我们应该怎么生活。康宁翰集团做过很多著名的主题公园,目前他们所面临的挑战是,在做新型主题乐园的项目时,更多引进的是虚拟的世界和虚拟的环境,但是虚拟不能给人带来真实的感受,所以主题乐园的设计最终还是要回到怎么让游客有一个非常真实的体验上来。

2. Theme Park
二、主题公园

The overall design idea of the theme park includes both radial and runway types. For example, almost all Disney parks are radiant. The ring type is a type of racing track where visitors can visit each sites from the starting point to the end point, while a radioactive park allows visitors to start in any direction from the central point (Figure1).

主题公园的整体形态设计包括放射式和跑道式两种，比如几乎所有的迪士尼乐园都是放射式的。环形是赛车道的类型，游客是从起点到终点游玩一圈，而放射形的公园，游客可以到一个中心点随意选择任何方向开始游玩（图1）。

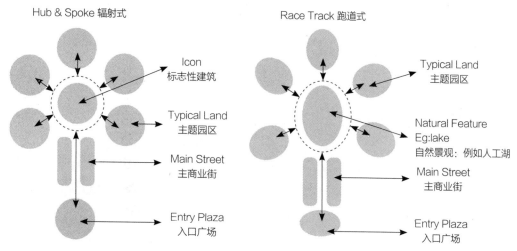

Figure1　The overall of the theme park
图1　主题公园的整体形态

All theme parks have a core business district. The core business district is the economic engine of the park, accounting for a large proportion of the theme park's revenue. For example, the blue part in the center is the core business district of Disneyland California, which is well connected with all the districts. Another example is that Orlando Universal and Disneyland also use the same business district to connect the entire park. Visitors must go through the core business district to reach the park, and then leave through the core business district to the parking lot (Figure2).

所有的主题乐园都有一个核心商业区，核心商业区是乐园的经济发动机，在主题乐园的收入中占了很大比例。比如加州迪士尼乐园，蓝色部分是核心商业区，核心商业区处在中心位置，很好地衔接了所有的板块。另外一个例子是奥兰多环球和迪士尼探险岛也是利

Figure2　Core business district of them parks
图2　主题乐园的核心商业区

用同一个商业主题串联整个园区，游客一定要经过核心商业区才能到达园区，离开的时候再通过核心商业区到达停车场（图2）。

Emphasizing relevance and promoting people-to-people interaction is a very important factor in the theme park design, which includes the creation of a festival atmosphere, the creation of a place where people can be gathered, the use of five senses to create a destination, the design of a comfortable pedestrian flow, and the promotion of experience sharing, while the reduction of motor vehicle traffic will bring a very comfortable environment experience.

强调关联性并促进人与人之间的互动是主题公园建设中非常重要的因素。这其中包括营造节日庆典般的氛围、创建能将人群聚集起来的场所、利用五种感官来创建目的地、舒适的人行流线的设计以及促进人与人之间的经验分享等方面，而减少机动车交通将会带来非常舒适的环境体验。

3. Practical Project
三、实践案例分享

The first example is the Yuquan Lake theme resort project. The project consists of the central lake and surrounding land. The basic conditions for construction are good, but because the lake is too big, whose perimeter is 3 kilometers, the lake cuts off the sight between the opposite shores, which will cause poor experience for vistors. The design team found that the overall scale of Yuquan Lake is many times larger than Houhai.

The team designed two plans. The first one is to build a bridge to connect the two sides. The second solution is to make an artificial island to connect the two sides. The lake district is a commercial core area. The team divides the land into two large groups. The south site is adjacent to the high-speed rail station, so it is designed to be a dynamic area while the north site is planned to become a static area.

第一个案例是玉泉湖主题度假区项目。项目整体由中心湖面和周边用地组成，设计建造基础条件较好，但由于湖面过大，环湖一圈需要3km，而且湖面切断了对岸之间的视线联系，这样就会给游客造成很差的体验感。设计团队通过尺度对比发现，玉泉湖的整体尺度比后海大很多倍。

设计团队做了两种方案，第一种是搭一座桥把两岸衔接起来，第二种方案是做一个人工岛，用岛把两岸联系起来。湖区是商业核心区，设计团队将地块分成了两大组团，南侧组团紧邻高铁站，所以设计成为动态的区域，北侧组团规划成为静态的区域。

In order to enhance visitors' experience, we must firstly shorten the walking distance of visitors. The team finally designed six areas with different themes to limit the range of tourists within 400 meters. After the sub-district, the commercial purpose is very clear. Different people can choose different areas. For example, the blue area is mainly for day-trip tourists. The yellow area mainly provides daily life support services for nearby residents. The team also designed a single track to connect the high-speed rail station and the entire park (Figure 3).

而要提升游客的体验感，首先必须缩短游客步行的距离，最终设计团队做了6个区域，把游客的步行范围限制在400m以内，并赋予每个区域一个完整的主题内容。分区以后的商业目的就非常明确了，不同人群可以选择到不同板块，如蓝色板块主要是一日游的游客，黄色板块主要为附近的居民提供生活配套服务；设计团队还设计了一条单轨将高铁站与整个园区串联起来了（图3）。

The most important part of any theme resort design is the storyline. The team treated the entire lake as a harbor in the inner sea. The site is divided into five major

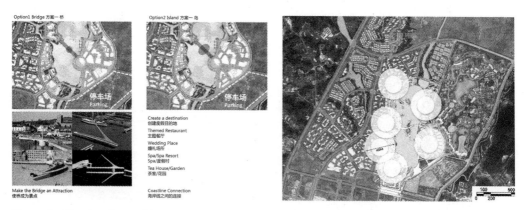

Figure3　Shorten the walking distance of visitors to enhance their experience
图3　缩短游客的步行距离，以提升其体验感

　　　　二　全过程咨询中的策划

harbor areas, each of which has a different name. The styles and stories of five areas are completely different. They are named after the "Carnival Harbor" "Exploration Harbor" "Quiet Harbor" "Harmony Harbor" and "Discoveration Harbor". With different piers, many different characters can be created. Each pier has a different story, so that the whole storyline is created. For example, the pier in the first district "Carnival Harbor" is named "Taiping Pier". This is named after the "Taiping", the largest ship that transported tea in the Silk Road period.

任何主题度假区的设计最重要的一环就是故事链。设计团队将整个湖面作为内海的港湾来处理，一共分为五大港区，并为每一个港区起了不同的名字。五个港区的风格和故事完全不同，分别以"狂欢港区""探险港区""恬静港区""和睦港区"以及"发现港区"作为主题命名。有了不同的码头就可以塑造很多不同的人物，各个码头都有不同的故事，这样故事链就产生了。如第一区"狂欢港湾"的码头取名为"太平号码头"，这个是以丝绸之路时期最大的运送茶叶的船只——"太平号"来命名的。

An island is added on the basis of the original plan. There are a lot of commercial contents on the island, including theme food and beverages, theme commerce, etc. The commercial island actives the water. In addition, many other projects are added to increase visitors' experience. The current planning has been approved by the government (Figure 4).

最新的方案在原有的基础上增加了一个岛，岛上有很多的商业内容，包括主题餐饮、主题商业等，整个把水面做活了，此外还增加了很多其他的项目来增加游客的体验感。目前，这个规划已经获得政府批准（图4）。

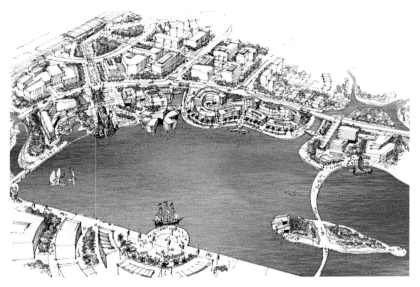

Figure4　An island is added on the basis of the original plan
图4　最新的方案在原有的基础上增加了一个岛

The second example is the Guangzhou Tech City project. Many talents was introduced in the Guangzhou Tech City. However, due to the lack of residential facilities and commercial facilities, the staffs return to Guangzhou in the evening, then the Guangzhou Tech City become a dead city. The Corningham Group was invited by the Guangzhou Government to redesign.

The aim is to increase the contents of the destination and keep the staff there. Through a lot of project research, the design team finally found an appropriate solution.

第二个案例是广州科技城项目。广州科技城引进了很多人才，但因为居住设施和商业设施的缺乏，所以到了晚上工作人员都回到了广州市，科技城就变成了一个死城。康宁翰集团受到广州市政府的邀请去作改造，主要是增加目的地的内涵，把工作人员留在那里。通过很多的项目研究，设计团队最终找到了比较合适的方案。

The design idea concludes: "The Science City we designed will use as many means as possible to create and celebrate. Through these connecting facilities – roads, bridges, canals, 'clouds', people will be gathered here. The innovation here is to make our lives more colorful because they chose to explore one of the routes – the Silk Road or Silicon Valley Highway."

设计团队的愿景是："我们设计的科学城，会采用尽可能多的手段进行创造和庆祝，通过这些连接设施——道路、桥梁、运河、'云端'将人们聚集到这里。这里的创新点在于使我们的生活变得更加丰富多彩，因他们选择去探索其中的一个路径——或是丝绸之路或是硅谷高速公路。"

Finally, the design team planned a lot of cultural and tourism projects on the square, adding many commercial, dining, and entertainment facilities. The team also designed a very large gallery called the "cloud gallery", which mainly solves the problem of traffic flow and realizes convenient transportation links between various districts. The idea is to create a theme town center integrating dining, commerce, and entertainment together. The middle "cloud gallery" shown in the figure is the water system that runs through the entire square. The boat can float into the interior of the gallery, carrying people straight through the entire square, and then directly to the central area. After reaching the central area, the ship will land and fall to the lake (Figure 5).

最终设计团队在广场上规划了大量文旅类项目，增加了很多商业、餐饮和娱乐设施，设计了一条非常大的长廊，叫做"云雾长廊"，主要解决交通流通问题，实现了各个区块之间便捷的交通联系，这样整体打造成集合餐饮、商业、娱乐于一体的主题性的城镇中心。图中显示的正中间的"云雾长廊"是贯通整个广场的水系，船可以上浮进入长廊内部，带着人们直穿整个广场，然后直接到中心区，到达中心区以后船会降落下来，落到湖面上（图5）。

Figure5　The design team planned a lot of cultural and tourism projects on the square
图5　设计团队在广场上规划了大量文旅类项目

Figure6　The team chooses watermeter to represent the Tech City
图6　设计团队用水表来代表科技城

All the projects done by the Corningham Group are telling stories and emphasizing the relevance of the overall project, while all the buildings are telling stories to people. Just like the drainage channels I just mentioned, there are very bright screens on the water channels. There is a very large market below the channels. The team chooses watermeter to represent the Tech City, because the watermeter was invented in China (Figure 6).

康宁翰集团做的所有项目都是在讲故事，强调项目整体之间的关联性；所有的建筑物都是在给人们讲故事，如刚才所说的水渠，水渠上面有非常亮丽的屏幕，下面是一个非常大的市场，设计团队用水表来代表科技城，因为水表是中国发明的，所以用它来代表（图6）。

The purpose of the architect's design is to build a very nice and comfortable building, so that people can live in a good house. However, the design of the cultural and tourism project is just the opposite, hoping that people will walk out of the building to the outdoor space to enhance their experience.

建筑设计师的设计目的是建造非常漂亮、舒适的建筑，让人们住上好房子，而文旅类项目的建筑的设计恰恰相反，是希望人们走出建筑到户外空间来增强体验感。

15 2015年沙龙对话——
金融运营和文化复兴

主持人	王舒展	北京建院建筑文化传播有限公司董事长、《建筑创作》杂志主编
嘉宾	左士光	杭州中联筑境建筑设计有限公司董事长、中国工程院院士
	赵佳慧	伟业顾问集团助理总裁、数字化顾问总经理
	邹 毅	上海领易投资顾问有限公司总经理、《房地产观察家》微信公众号出品人
	崔 曦	方寸营造建筑工作室总建筑师
	赵 力	艺术介入联合发起人、总顾问
摘要		对话从金融、建筑、艺术三个行业的专家角度出发，在地产行业转型的大背景下，探讨了金融、艺术与建筑交互的可能性。背景各异的各位嘉宾分别讨论了投资行业的现状、设计公司的发展方向、地产公司对大数据的利用、人本质需求的研究、艺术如何介入城市，最后以资本如何在城市的复兴中发挥作用收尾。

155   二 全过程咨询中的策划

王舒展　左老师，请问您怎么看互联网公司可以轻而易举获得高额投资？

左士光　资本市场都是贪婪、恐惧来回转换的。8～10个月前确实互联网行业吸引力很强，新兴的投资项目非常多，成千上万，从中开始挑，可能有500个还不错，基金再去抢这些，很多时候可能投资方也没了解清晰，也会出现投资额高于实际估值的情况。

　　现在的资本市场处于一个恐惧的时期，表现在大家口袋里装着钱但是不敢投资了，或者是说，大家要压价了。这次资本市场的寒冷期跟2008年那个时候的资本市场不一样，那个时候是真实的资金短缺。现在各个基金其实是有钱的，但是不太敢投，或者是等待着大砍价的机会。这个是资本市场的情况。我说的更多是主流基金，有一些新兴的民营资本的涌入，他们的投资行为是略有不同的，这是资本市场的状态。

王舒展　邹老师，在今年这样一个整体形势下，我们的房地产商正在做什么事情，和资本之间会有一个什么样的关系？

邹　毅　我们写过几篇文章，一篇是《2015年中国设计公司该怎么干？》。当时我觉得今年的产值会下降30%，现在最新的数据出现了，远远不止这个数。设计行业在大规模的洗牌，可能整个行业的订单合同下降了50%～70%这样一个水平，这就是我们所经历的去库存、去常态最大的变化。

　　我前两天写了一篇文章叫《中国大规模城市建设已经结束》，中国已经进入到一个城市更新的模式，无论是资本市场也好，还是整个行业的机会也好，都开始转向城市复兴。前几年生产了太多的房子，我自己做策划，在一线跑了很多的城市，反过来发现，大部分的三、四线城市基本上没有项目，一、二线城市在部分项目上还有。另外一方面所依赖的专业机构的服务大幅度地减弱，现在全部都是上市公司，要有非常丰富的人才结构和资本支持才可以玩下去，我觉得这可能是我所经历的一个行业的剧变。我们前一段时间做了一个城市更新项目的合作，我们认为下一步我们聚焦在这个城市更新领域里面可能要逼着我们去做跨界，最重要的问题是现实非常残酷，就是大规模的新项目已经结束了，现在来看这个付款的周期会非常慢，这个可能是我们所面临的现状。

　　当下我们的设计业务该怎么干？从一个跨界的人士来看，我认为可能需要做转型，我们的上游在做转型，地产商在做大规模的转型，这种转型可能就需要做一定的跨界，好在现在出现了大量文创型的项目。所以我认为大型的跨界已经成为设计界最重要的一个发展趋势。下一步整个工作的发展模式就会变成一个从资本推动型的需求推动变成供给推动。我们需要提供非常精彩的产品，消费就会被激发出来，我们就需要高品质的设计、服务，所以我们转型也好，做研发也好，一定要代表未来的方向。

王舒展　赵女士，您管理的这样一个数据中心，我们当时就觉得伟业和我爱我家这个数据中心里面就看到了某一种转型的气息。以前是做服务的，现在又开始做数据，我非常想知道在您这样的一个岗位上，到底是怎么样理解这种转型或者说你们头脑中的转型路线会是什么样子的？

赵佳慧　我加入我爱我家的时候是去年年初，大家知道去年是特别难的一年，无论是开发商、地产中介都面临了一个很大的挑战，正处于行业低谷和转型的时期。以前我们盈利的手段是非常粗暴的，一块地开发商就可以盈利，我们中介不需要做太多的服务，只需要做一些手续的办理就可以盈利，但其实客户真实的感受是缺少关心的。我们做这个数据中心的目的是什么？就是回归到本质，从建筑到产品的设计、营销，我们越来越关注的其实是人的需求是什么。

　　庄教授讲的整个评估的工具，其实就是想把艺术能够用科学的角度去评价，我们如何使用？其实伟业成立有20多年，我爱我家成立了15年，大家可以想象，其实这两个公司经历了黄金的地产10年，我们有成交、客户、房产等方面的数据，但是这些数据一直是沉寂的状态，作为一个实现营销端的公司，我们用这个数据可以做什么？这个是我们的思考点。

　　我们现在跟如BAT这样的互联网公司、跟不同的开发商在进行合作，目标是把这个行业的数据进行整合，从而能够对人的需求有更好的把握。一个项目最本质的是什么？人本质上的需求、人员的流动，只有基于这个本质我们才可以去建设不同的图层。

　　给大家举一个例子，我们今年做了一个项目，就是在研究北京市五年以来过往的这些客户他们在购房上的一个变迁是什么样的，是什么驱使了他们的迁移。基于这些人的迁徙，我们可以看到北京产业的流动，北京整个城市布局和规划的变化，以及对房地产这种产品、需求的变化。这个研究的意义在于我们回归到人的本质去看，大家的居住最看中的是什么。地产开发商要继续赚钱的话，就要专注这些，不止是拿一块地就可以赚钱了，我们中心的目标就是做人和房的研究。

王舒展　崔老师，请您就传统建筑设计院的设计方式和您现在正在做的城市领域当中涉及的方方面面的设计方式两者间的区别发表一下看法。

崔　曦　现在这个社会面临前所未有的一些挑战和机遇，转型或者说在以前的基础上去做更多的一些突破是必然的。现在的设计工作除了常规工作之外，还向两极有所发展，其中一极就是更为扎实的一些分析和技术介入的工作，比如说庄老师说到用前期建筑策划很多分析的手段，很理性地去分析问题、解决问题。在一些基础的分析工作里头，我们应该加入更多的实地的那种调研、实地地去了解基础的情况，包括从环境到上下游关系，本身建筑现存情况的各种数据，同时还可能要用到很多的分析手段，做更为扎实的前期的这种分析工作。

另外一极，现在的这种设计要为人的体验和生活而设计。实际上我们可能是在更高的一个层面，或者是更全的一个层面，或者是从城市和区域发展的一些动力，或者是国外的研究中去寻找，把这些元素加到设计里头，最后得出我们的设计需要去做什么样的功能，是一个什么样调性的产品，需要用什么样的设计语言去描述。

王舒展 赵老师，五六年前建筑师与艺术家其实很少有交流，请问您参与的艺术介入社区这样的一些活动，是怎么样的一种经历？

赵　力 中央美院有很多同学说，一毕业就失业，实际上说明的是在社会转型的过程里面，作艺术家自我的选择，一种是自己愿意成为职业的艺术家，因为的确这一段时间艺术品的市场和可能性使他能够更职业化，另外一个我们可以看到，实际上这个社会的用人单位和用人机构的一种转型，被迫地使他们要去进行创新。

现在美院所谓的视觉艺术家，更多地转向了团体的形式，这样才能更多地适应现在社会的需求和发展。艺术家获利的方式也更加多元，除了艺术品贩卖，还有通过和城市、空间、建筑发生关系，形成一个公共性的服务的可能性，通过公共性的服务产生价值。

这种方式实际上和原来对艺术家的培养，或者说艺术家的成长道路完全不一样，原来都是单个主体面对一个作品进行创作，现在必然要通过为公共艺术服务，或者是公共性的服务来展现艺术服务的可能性，才能获取它的价值和美誉度，甚至是品牌，或者是参与度。在这样的过程里面，艺术家从来没有过的一个时代来临了，就是公共意识。

就我们中国来说，很多的艺术家和城市发展关系不大，更多的是个人性的创作，从文人角度，标榜的一些好的艺术家的标准都是为个人服务的，实际上都没有见过一个真正的公共的意识。这几年的变化过程里我们参与了很多，一方面是感觉好过了，有机会了，另一方面我们觉得是准备不足。

在我们所在的学院，有一个新的学院叫艺术管理和教育，这个学院里面核心的艺术管理就有一个叫艺术策划。而现在建筑师也开始要做策划人了。我们的建筑师想从原来的空间设计转变，扩大来看是一个城市空间的设计，这是一种空间的转换，或者是责任感、使命感的一种变化。

王舒展 现在再把这个话题转回到左先生，您如何看待在转型创新的大环境下，资本在城市复兴的过程中的介入？资本如何才能良性介入？

左士光 我说一下转型问题，我自己身边的体会，大家谈起建筑，地产是离钱最近的。资本和建筑的结合是喜忧参半的。好的方面在于，原来传统住宅地产赚快钱的，现在都难以为继。想从政府获取支持的话，项目都要跟文化、旅游等方面有关，这块有可能迎来很多资本的注入。中国投资的机会有一个大题，这可能是西方没有的，就是消费升级，这个消费升级实际上能创造的商业价值是巨大的，西方为什么很小？因为他们已经完成了，不管是国内还是国际的资本都看好这一块，在这块会迎来很多资本的关注和注入。

那为什么说以前有资本对这一块不感兴趣？有两方面，一方面是商业的原因，另一方面是我们两个不同的人群，大家交流的方式不一样，思维的方式不一样。

先说商业的本质，知名的基金品牌通常把钱投在什么TMT领域，就是科技、媒体、通信。现在实际上无处不互联，要不然就加互联网，要不然就互联网+，包括一些智能硬件、人工智能等，都是往这个方向去走。投资资本关注的主要原因就是因为它的爆发性，投资方跟企业家争论的短期回报，企业维持高速增长，在资本市场才可以维持好的估值。做所谓的商业模型、估值模型这些，其实都是在说明这个行业在现在这个增长的情况下，到什么地方可以跨过盈亏平衡点。所以，互联网的项目就有点像豪赌，失败的话损失惨重，成功则会盆满钵满。你们都身处其中，知道这个行业的艰辛，它不是一个爆发性的、高增长的行业，本身只是跟资本有一些不太相同。

另一方面，大家是两类人群。我认为建筑师是感性的、艺术的。而文化人看我们就都是铜臭味。这个就是沟通上的问题。在沟通上应该换位思考一下，这个不是急功近利的事情。当大家不再那么浮躁、泡沫没有那么多的时候，看准大的方向，迎接人们对消费升级的需求，对精神层面的这些需求，只要是有价值的东西，早晚是一定可以盈利了。有了这样的一些理解，看了一些大方向，就应该相信我们的艺术家们、建筑家们，资本应该这样结合。而要弄明白这个盈利的模式，得看清楚每一步的风险，这也是需要一个过程的。

王舒展 邹老师，您作为接触过两个领域的人，请您谈谈您对金融与建筑设计公司对接的看法。

邹　毅 我10年前作为一个金融背景的人，进入到一个设计团体的时候我觉得非常的痛苦，一方追求利益，一方追求感性，但我认为这个中间还是有交集的，我觉得当前的行业可以用六个字来概括，高库存、高竞争。过去的黄金时代已经不会再出现，那个时代是一个井喷式的发展过程。

这个行业面临一个转型，我讲两个结论，存在哪方面的机会，既能够发挥原先的专业知识，同时又可以跟这个角度契合？斯标科（音）是一个明星公司，因为他们发起了一个PPP基金，通过跟资本的绑定在大基建这个领域里面获得了一片蓝海，中国的房地产在掉头向下，但是中国的基建市场在向上走，这里是一个大的机会。

现在这个时代是一个非常难的时代，中小公司靠内容，我们一定要抓住消费升级的趋势。中国人下一步已经不再会去盲目地消费房产、汽车，而是消费他们所喜欢的东西。整个消费要回归到人的心里，所有的投资或者是所有的消费要回顾到人的本性。所以，我认为要做有情怀、好质量、能激发人内心深处消费需求的东西。能够满足人的升级需求就可以赢，这是我的一个初步的观点。

16 2016年沙龙对话——
"品质西安·文旅创新"

主持人	王 旭	SMART度假地产专家委员会秘书长
嘉宾	陈志杰	高级工程师、喷泉委员会专家组成员
	杜 琳	上海御庭酒店管理集团有限公司集团副总裁
	周 彤	穷游网创始人
	范学宜	时代乡村发起人、著名艺术家

品质西安·文旅创新 2016年5月19日,在首届旅游发展大会开幕式上,李克强总理指出:把旅游业打造成为国民经济的战略性支柱产业和人民群众更加满意的现代服务业。以旅游升级换代促进国民经济的提质增效。可见,一个全新的文旅时代已经到来。从观光游到休闲游,从远途游到周边游,文旅产业已从炒家时代到用家时代,如何避免景区建设、城市微度假、乡村旅游等开发的同质化,将是未来发展过程中一个必须直面的重大课题。此次沙龙,文旅创新的学者与践行者对新时期中国的文旅发展进行了深入的探讨与分享。

王　旭　文旅创新和跨界互连是分不开的，在文旅度假领域，请从个人专业的角度分享一下对于文旅创新方面的一些想法，一些思路，或者对文旅创新的建议。

陈志杰　所谓的水秀，狭义上就是指传统普遍认为的喷泉，有小涌泉、大涌泉等类别。广义上讲，水秀并不完全是喷泉的一种，还有国画里的高山流水，充满优雅的人文气息；有农村的田野风光、小河流水、小桥人家，一幅悠闲自得的景象，令人心旷神怡。

　　1980年代以后，中国喷泉行业发展比较快，城市里多了很多喷泉艺术，暴露出的问题也比较多。主要的问题有因为喷泉导致周围环境的光污染、声污染；其次是做出来的喷泉不太符合实际情况，比如，鄂尔多斯建了一个价值一亿多元的喷泉，实际上一年用完了第二年就不能再用了，造成了很大的浪费。

　　针对以上问题，如果从城市规划设计、建筑设计等前期介入，整体考量，统一规划，统一验收，既能对整个城市建设增加吸引力，又能避免很多浪费。目前，在清华大学成立了喷泉委员会这样一个专业的平台，同时还成立了水务工作室，来协调喷泉工程与现有建筑设计规划不符合的问题。

　　"水文化市场"有很大的前景，而且与城市规划建设，老百姓的生活息息相关。广义的水文化，包含水处理、污水处理等。随着水处理各方面技术的发展，污水处理后，还可以二次利用，大大地提高了水的利用效益。如北京的清河，污水处理完后，大大提高了附近居民的生活质量。喷泉如果按照文化艺术方面的要求，也是很有市场前景的。在1980年代，香港沙田附近的某商城，建了一个按照龙的传人乐曲做的喷泉，30多米长，20多米宽。这个项目建成以后，每天晚上9点30分，喷泉开始使用，为商场增加了约20%的营业额。未来随着水幕、电影、激光等高新技术的发展，可以在喷泉里植入广告等趣味、艺术性的内容，既可以美化城市，还可以解决一部分干旱、局部地区空气湿度不足的问题。

杜　琳　御庭酒店集团，下面有两个品牌，一个是御庭，一个是安缇缦，御庭酒店是比较早进入英国的小型精品酒店之一。2006、2007年，还是出境游的时代，我们在苏州建设第一个休闲度假酒店，后来在江苏南京、云南、浙江莫干山，一直到现在的四川成都。从最早的占地10亩，44间客房的小型度假酒店到今天的占地4 300亩综合性的旅游度假区，从单一功能的度假酒店向多元化的综合旅游度假转变。

　　国外的旅游景点，比如迪士尼或者拉斯维加斯，都有一个非常规范的规划体系，有很完善的旅游配套设施，而我国的旅游景点这个问题比较严重。在酒店

发展到浙江莫干山的时候，周边环境还没有文化旅游元素，我们在酒店里增加了娱乐、餐饮等配套功能。酒店发展到四川成都都江堰的时候，我们加入了体育健康，打造体育旅游元素。将整个酒店定位为国际化，引进加拿大、法国、德国设备，希望大家不用走出国门，在中国最美的地方体验最想体验的项目。

做文旅创新，要注意两点。第一点是文化旅游，做好客户定位、产品定位；第二点是落地适合自己的盈利模式。怎么样盈利是摆在房地产和文化旅游之间很有趣的话题。

周　彤　相对来说地产和旅游我认为是隔绝的行业，所以穷游从去年开始有了一个名词叫"城市徒步"。穷游不仅是一个小的旅游项目，而是希望所有人对这个城市或地方有更多的认知。

很多中国的旅游开发是基于新景点和新项目的开发，基于很多元素组合在一个风景区内。但是我们认为一个国家或者一个民族，引人注目的目的地除了著名的景观外，还要有根植于历史当中的文化，这才叫文旅。目前，大家的旅行还是以离家远行的景点观光为主，而真正的旅行应该是以文化为主。

目前，穷游网有八个主要服务点。以北京为例，我们在北京带客人去穷游，时间控制在半天左右，选择的路线不是长城、天坛、颐和园等景点，而是带他们走走北京的胡同，北京的寺庙，北京的匠人区。在这些地方看不到高大巍峨的建筑，看不到帝王将相历史书中的故事，但是能看到这个城市或这个地区多年聚集下来的文化沉淀和历史传承。再比如，根植于广阔地区的云南客家文化，经历这么多战乱留下的文化传承，我们应该非常珍惜。在城市的改建或者新的地产开发规划中，不仅要对这些传承作一些物理的承接，还需要注意文化的保护与传承。当人和在地的房屋规划景观结合在一起的时候，是一体的，是让人向往的地方。

穷游的领队不只是同业人员，还包括北京大学、复旦大学、清华大学的相关人员，还有两个是博士后。他们喜欢他们所住的地方，他们对这个城市的文化有很深的了解，他们愿意让更多的人对这个地方有更多的认知。

范学宜　"宜之务本"主要做的就是"回到本源"的事。我是生活在乡村的诗人，没有乡村就没有诗歌，乡村是呼唤灵魂的地方。上帝通过大自然和艺术两种语言把生活变得完整。而现在我们在乡村所看到的事物，没有能够唤醒心灵的文化内涵，我们失去了乡村的文明和乡村带来的最贴切的天空、大地、流水。花不香人不来，湖水不清澈鱼儿不游。我将诗歌介入到艺术领域的很多方面，包括书房，我希望我住的地方有花香，有鸟鸣，充满诗意。缘起我了解乡村，熟知大自然，知道太阳的起落，熟知晨昏之间的关系，熟悉花开花谢……所以我做了乡村旅游，希望打造一个有乡村体验，有心灵情感出发的地方。乡村应该是诗意的，在这里的建筑是有呼吸的，这里的每一件物品都是有情怀的，都可以传承。我的合作伙伴是乡村里的乡绅，不仅有钱，有情怀，还要尊重文化，有向往与渴望。

有本书叫《诗经》，《诗经》以前没有名字，是古代的养老制度。在古代，男人60岁，女人50岁没事做，要到官府登记，需要儿女赡养。政府便安排这些孤寡老人到民间去采诗，采上来交给政府的专门部门，政府给发生活的银子。还有一本书叫《食物本草》，收集了许多民间关于水的药方。比如，喝了参霜的水治酒后脸红；采梅花下的雨滴治眼疾；泥沟深处的水涂抹在蛇咬的地方不会长疥疮等。

我们效仿古人的做法，将书中提到的文化植入乡村旅游中。在十里八村采集民间故事，民间传说，民间谚语，做成田园诗集。同时在图书馆里请教当地的老人，讲一些千百年来积累的田间智慧。比如，在三点之前采艾叶，否则三点之后的艾叶效果不佳；端午节的时候从地上刨一根草，如果根下有水滴，证明三天之内会下雨，如果没有这一个月都是旱天。活化老人力，将文化体验做到诗意的乡村旅游中，打造本真的乡村体验。

让诗意回归乡村，以现在的精神挖掘传统文化，唤醒所有人，发扬在地文化，用最本质的文化复活时代，打造时代乡村旅游项目。

除了文化体验，还在项目中增加了科普教育，在乡村里完成教育与艺术的实践，用做公益的状态去打造乡村旅游，尊崇中国传统的文化。如有水的地方就有蜻蜓，有花开的地方就有蝴蝶，在韭菜地里种一棵白牡丹……全部用当地的植物。时代乡村，心灵回归，再出发。

（二）都市更新

1 都市更新的技术支持
——建筑策划的方法与技术

——演讲◇庄惟敏

都市更新·人文深圳　建筑策划专委会（APA）夏季高峰论坛上，庄惟敏老师分享了建筑策划的重要意义以及他目前对建筑策划的技术和方法所做的研究工作，并对建筑策划的教育提出了自己的希望。

一、建筑为什么需要策划?

仇保兴部长曾说，很多项目在使用寿命没有到达时就被拆除了（图1）。据不完全统计这种拆除在"十二五"期间有数十亿元，损失带来的巨大影响和现在国家整体的发展相矛盾。建筑是能感染人的，特别是人居环境。2000多年前，维特鲁威的建筑三要素是"实用、坚固和美观"，新中国成立之后提出了"实用、经济，在可能的情况下美观"。2016年国务院印发的《关于加强城市规划建设管理工作的若干意见》，明确了"适用、经济、

中国建筑平均寿命只有30年?

质量因素之外的拆除

畸形政绩观和GDP追逐症导致国内城市大拆大建成为普遍现象。据统计，我国每年老旧建筑拆除量已达到新增建筑量的40%，远未到使用寿命限制的道路、桥梁、大楼被拆除的现象比比皆是，带来的浪费尤其严重。

图1　未到使用年限而被拆除的建筑

绿色、美观"。

以十三五规划及近期出台的《中共中央国务院关于进一步加强城市规划建设管理工作的若干意见》为纲领，为了更好地落实中央提出的"把城市规划好、建设好、管理好"的要求，更好地在规划和建筑设计中加强科学决策和落实后评估制度，展开后续的课题研究工作，把建筑策划和后评估制度的工作向前推进。政府已经看到策划和评估的重要性，并不希望在重复投资行为的同时犯同样的错误。前策划和后评估，同时把评估出来的结果反馈到前面进行的项目，项目的标准以及要求实际上是很多国家政府起初就已经想到的问题。

国际建协宪章里有17项政策，其中政策三提出了对一名建筑师的基本要求：建筑师要为设计项目编制任务书。编制任务书这一项是中国的建筑师以前所缺失的部分。书中对项目资金、项目管理及成本控制方面都有涉及。导则8关于实践范围的政策推荐列举建筑师有七大核心业务内容，即：①项目管理；②调研和策划；③施工成本控制；④设计；⑤采购；⑥合同管理；⑦维护和运行规划，这7项核心业务通过9项流程实现，即：①设计前期阶段；②概念设计阶段；③初步设计阶段；④施工图文件阶段；⑤招标、谈判和合同签订阶段；⑥施工阶段；⑦交付阶段；⑧施工后阶段；⑨其他服务。前4项我们还比较熟悉，后面几项我们并不熟知。住建部公布的全过程工程咨询试点名单上只有40家单位进入了咨询全过程，还有很多单位都没能进入。这是建筑策划行业面临的挑战，也是建筑师面临的挑战。

1959年美国人威廉·佩纳（William M. Peña）和威廉·考迪尔（William W. Caudill）在《建筑实录》上发表《建筑分析——一个好设计的开始》一文，被公认为是现代建筑策划的萌芽。到20世纪90年代，建筑策划的理论和应用在西方发达国家逐渐发展成熟。进入21世纪以后，建筑策划全球化和信息化趋势越发明显。《实践领域协定推荐导则（2004年版）》（Recommended Guidelines for the Accord on the Scope of Practice, 2004）中，明确将建筑策划列为建筑师在设计业务所能够提供的"其他服务"目录中紧随第一项可行性研究之后的第二项关键业务，要求建筑师在设计前期阶段"帮助业主分析项目需求和限制条件并形成最终项目设计任务书"（图2）。建筑策划是一个好设计的开始，建筑设计是一个发现问题到解决问题的过程。他在这样的理念指导下完成了最重要的一本专著《问题搜寻法》，明确提出避免一个错误的开始要知悉所有问题。

当代建筑界国际组织普遍认为建筑策划是建筑师执业实践的重要领域。在国际建协理事会通过的《实践领域协定推荐导则》（2004年版）中要求建筑师在设计前期阶段"帮助业主分析项目需求和限制条件并形成最终项目设计任务书"。

UIA-PPC. Recommended Guidelines for the Accord on the Scope of practice.2004: 4~5

图2　国际建筑界UIA对建筑策划的定位

中国大部分建筑师常习惯于按照业主的题目进行设计。那么，如果任务设计书错了，建筑师就是按照错误的导向进行设计。所以，很多建筑不到30年就拆了，很大原因就是按照错误的导向开始的设计。国外的建筑策划已经形成了一整套的程序，很多公益性的特别是政府投资的项目，必须进行建筑策划。建筑策划结果或者设计任务书，必须通过严密的研究生成，而且设计任务书要经过有关部门的审查。建筑策划是建设项目过程中必不可少的环节，建筑策划中的决策更是核心环节。

二、建筑策划的技术和方法

中国传统的建设程序是城市规划建设立项、建筑设计、建筑施工、使用运营四大方面。按照常规的基建流程，庄惟敏老师认为应该把建筑策划和POE纳入基建流程，形成建筑全寿命周期（图3）。

实际上，很多建筑设计过程中已经蕴含了策划意识，比如面积配比。在医院设计中，一个床占的面积，加上病房，加上辅助空间，加上医技、门诊、住院部以后，每一部分的比例关系。医院是以病房为基数的，酒店是以客房为基数的，学校是以学生数量为基数的，这都是平常的建筑生涯里面的常规工作。在这之后又有很多概念出现，例如棕色木板墙法、问卷调查法、SD法，还有AHP法、矩阵法、回归计算法等。今天应该研发一些方法，帮助建筑师在不习惯或者习惯于按照任务书做常规建筑设计的同时，运用有效方法来研究设计依据问题，研究题目问题。在传统流程中，加入建筑策划和后评估，希望建立起一套评价体系。这套评价体系的依据是任务书样板数据库，这项工作目前正在做，这是解决设计底线的问题（图4）。

庄惟敏老师认为，对我们国家而言，建筑是有底线的，所谓底线是不犯错误的问题，不仅仅是好看、难看的问题。他希望针对底线问题本身，对设计任务书能够践行分析和研究，可以应用到计算机技术以及大家熟悉的一系列方法，上图红颜色的是关于文本和

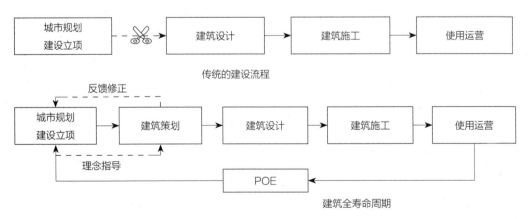

图3　建筑策划的位置及建筑全寿命周期

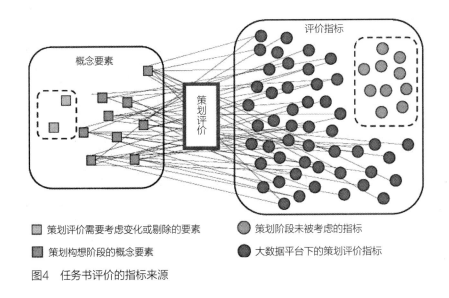

图4 任务书评价的指标来源

图例说明：
- 策划评价需要考虑变化或剔除的要素
- 策划构想阶段的概念要素
- 策划阶段未被考虑的指标
- 大数据平台下的策划评价指标

面积的问题。那么，到底怎么研究一个设计任务书的合理性以及科学性？可用于任务书"数据"挖掘的技术有：C语言、R语言、Python。Python是文字处理软件系统，以文本挖掘功能强大的Python作为技术平台，对任务书样本的文本和面积两大部分数据内容进行归类和分析。

关键词聚类，聚类后红框的是这一类词汇出现频率较高的部分，把这一类词聚起来加以分析，而后形成竖状结构，可以看到量的大小以及块与块之间的关联性，从而研究它的风险。通过平衡作用变成聚类的可视化图像，也可以变成散点矩阵图以及雷达图。最终建立起评价体系，用它来评价设计任务书。

在这个工具的基础上，抽取若干个重要的项目进行分析，在分析的基础上得到全信息手册，用它来对现在的数据库以及各种各样的任务书进行分析比较。为什么要这样做？与住建部签署课题时明确希望得到一个工具，完善基建流程，以后规避政府投资的不同级别的重要项目进行建筑策划研究和设计任务书评价。这也是建筑策划里面很重要的一部分，就是对设计任务书进行评价，避免在设计前期出现偏差，导致建筑师走向另外一个歧途。

第二个工具是APIM，它实际上是建筑策划的全信息数据库系统（图5、图6）。它会形成一个完整的平台界面，在这个平台界面里，可以对应不同的点击来发现和项目相关的同类项目数据的情况，项目本身所具有的物理特征，与它相关的类比的同类项目所带来的数据支撑，以及数据分析。比如分析一个学校，可以将学校的类型、功能、区位、面积、单方造价、学生数量、停车数量等信息输入软件里，然后进行推导。从数据库中检索到相符合的条件，在设计学校的时候，用这样的软件系统可以将所有跟它类似的项目调取出来。调取出来后对这样的项目进行类型化分析，而后进行风险评估，来研究设计任务书和项目所存在的风险。

背景：多元化价值判断、多方利益诉求、多维度信息、复杂的问题
目的与意义：对建筑策划过程的全信息进行数据收集、规范、整理、记录、储存、构建建筑策划项目信息数据库，通过数据关联验证经验、发现规律和获取知识，以实现策划生成、决策辅助和信息共享。

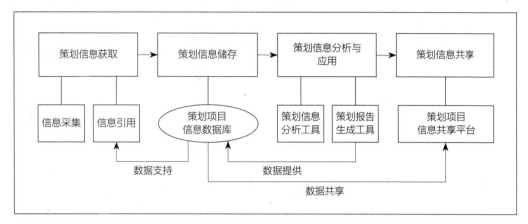

图5　建筑策划全信息模型（APIM）架构

在这样的坐标系里形成由低到高的风险分布分析图，以此来分析它的风险概率。任何一个项目的任务书都可以拿来在这里进行分析，通过软件平台系统寻找方案相对应的风险点，以此来确定风险系数以及和方案一一对应的风险量。

这套系统正处于初级阶段，现在称其为1.0版本，对它还会继续深入研究。通过这个软件，可以对项目进行回馈、梳理和研究。建筑策划本身不是以人或者以感官、主观评价为主，希望能够提供必要的工具。

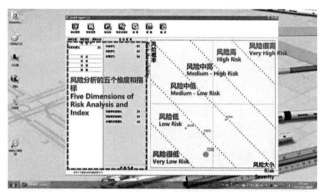

风险分析和五个维度：　　　　　输入项目参数，根据参数与数据库案
功能、形式、经济、时间、绿色　　例参数的偏差计算出风险可能性；根
　　　　　　　　　　　　　　　　据指标权重值得到风险严重性

图6　建筑策划全信息模型（APIM）分析应用

在方案评价过程中，通常习惯使用的方式是请专家评估，多半基于专家的主观经验。设计任务书的评价体系以及建筑策划的信息管理系统就是客观工具。这两个工具还在不断的研发过程中，前期的国际论证是对这两个工具本身论证的一部分。还有使用后评估，在很多发达国家如欧美以及日本，尤其是日本，他们重要的项目必须做到使用后评估，如果不做使用后评估，同类项目重复投资将不予批复（图7）。

通过五个层面的研究，将问题的提出、策划、设计、建造、投入使用和评估结合，目标就是希望在制定任务书时不要出错，在设计过程中寻求最佳解决方案，把所有的问题点找到，反馈到最初的出题过程中去。通过短期价值、中期价值、长期价值，分阶段、分层次地对它进行评价。短期价值多半是直接返回给客户和使用者，中期价值是反馈给

建造者，而长期价值则是标准。对短期、中期和长期价值分层次的分析和评估，事实上对直接的使用者，行业里面建筑本身以及行业标准体系和规范都有它深刻的意义。

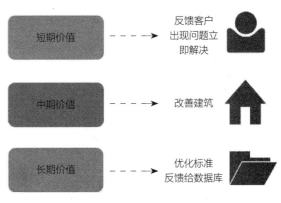

图7　建筑策划与使用后评估POE

当然，最重要的是希望政府、开发商、建筑师一起在环境、建筑、资源等方面，通过数据库的收集、数据的整理，包括战略以及测试评估，将六个方面融合。换言之就是政府回答标准问题、开发商研究POE带来的效益问题、建筑师将POE纳入职责规范、学术界对POE进行大量研究、公众也对POE加以认识，他们也会参与到其中。当然，最后还有费用评估，这些一旦进入了国家基建程序的流程，比如法律化，POE就自然会有它的费用来源和归属（图8）。

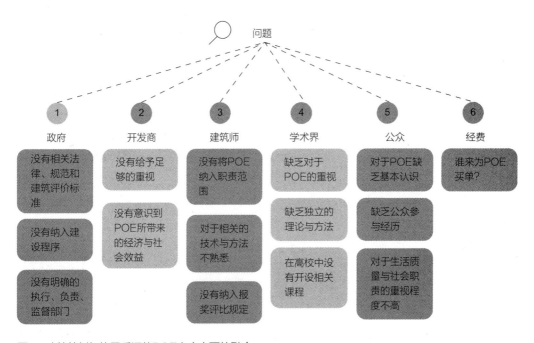

图8　建筑策划与使用后评估POE六个方面的融合

三、中国建筑策划教育

关于建筑策划教育，这两天的论坛有一个关于建筑策划教育的沙龙，在座的有很多都是高校教授，大家知道建筑策划本身在国内启蒙比较晚，但很多学校都开了这门课，有的是近似这门课，它和很多建筑学科相关。建筑不是像以往一样简单的建筑空间创意的问题，但是很遗憾很多建筑系的课程，以及与建筑系相关的学生知识背景并不是很完整，所以大家也会看到西方和中国之间的差异。

中国建筑策划研究已经有很多的成果，这里只列了清华大学建筑教学的一些教材，很多学校的老师也带来了他们的研究成果，希望大家共同努力不断丰富教材。庄惟敏老师的这本书《建筑策划与设计》，已经明确为"十三五"的教材，他希望这本书能够在建筑策划教育层面训练学生们有策划的意识，包括教学模式、程序化以及方法工具本身（图9）。现在已经有很多学校都在开设建筑策划这门课，确实是令人高兴的事。但是策划课教育相比于建筑学的核心领域还远远不够，有很多的学校建筑策划、使用后评估以及教学体系还不完善，这也是本次年会希望重点探讨的部分。

2017年5月5日，中国建筑策划理论与方法成果鉴定会暨国际学术研讨会在清华大学召开。会议由中国建筑学会主办、中国建筑学会副秘书长顾勇新主持。专家委员会主任委员由中国工程院院士孟建民担任，副主任委员由全国工程勘察设计大师黄星元担任，由原中国建筑学会副理事长、美国建筑师学会会员、英国皇家建筑师学会会员、澳大利亚皇家建筑学会会员张钦楠先生，美国哈佛大学设计学院前院长彼得·罗（Peter Rowe）教授，意大利都灵理工大学建筑学院院长保罗·迈拉诺（Paolo Mellano）教授，住房和城乡建设部处长汪科等国内外专家担任鉴定委员。鉴定会上，庄惟敏教授系统、全面地介绍了中国建筑策划理论框架与所研发的建筑策划新方法（图10）。这套体系，不仅在国外于20世纪50年代就已经开始采用，到现在中国越来越需要当代建筑师有这样的认识，也

图9　庄惟敏老师的《建筑策划与设计》被选为"十三五"的教材

图10　中国建筑策划理论与方法论证鉴定会

很高兴那么多的专家都开始参与到建筑策划，建筑策划教育也需要大家一起来提高。

"在正确的时间，人与智慧汇聚在一起，去做真正为人服务的工作"，这几句摘自于 CRS，全球最著名的建筑策划研究机构，他们做了大量研究，开创了建筑策划的先河。他们说建筑是创意，跟形式美有关，但另一方面要看到当代建筑师缺的是脚踏实地地把握住底线问题。从使命感和从社会责任感出发，脚踏实地地落在建筑设计上并不犯低级错误，对当代建筑师来讲更加重要，更加迫切。

2 从古都西安到圣地延安：圣地河谷——金延安项目策划设计与评估

—— 演讲◇赵元超

都市更新·智汇西安　建筑策划专委会（APA）高峰论坛上，赵元超先生结合圣地河谷——金延安项目实例，强调建筑策划及后期评估的重要性，并详细论述了从研究策划、规划设计、营造、运营到评估的建筑策划全过程操作的要点。

一、走向全过程的建筑设计

目前，建筑师的设计模式是在有明确的设计任务书的情况下创作，把一个整体设计过程人为地分割为一个个片段，建筑师的工作通常简化为形式的设计，作为一个对整个建设项目负责的建筑师，其工作内容萎缩为整个建筑环节的一部分。在这种设计模式中，建筑师在设计过程中只能尽量满足甲方任务书提出的功能、面积、经济等各项要求，在这种要求下建筑师还要追求自身对项目的表现和理想，但往往会沦为满足甲方需求的绘图工具。

随着社会的不断发展和对建筑营造本质的深入理解，越来越多地要求建筑师全过程、全生命周期地对建筑负责。建筑师要在模糊的投资意向下从策划开始工作，从项目设计的源头开始设计。它涵盖了研究、策划、规划、设计、营造、运营和评估的全过程服务。新的设计模式更倾向于全过程设计，是对建筑师传统执业范围和设计能力的挑战，也可能是未来建筑师工作内容的常态。

总结过去几十年城市建设的失误，不仅是低质量的重复建设，更重要的是建筑设计离建筑科学越来越远，过多地关注于形式、理念等表面的东西，偏离了建筑的本质是用最小的代价换取最大的效益，只算政治账不算经济账，我们的建筑设计观从一个极端走向了另一个极端，从而使大多数建筑设计缺乏设计的科学决策。

我非常有幸在2013年做了延安圣地河谷项目，在这个项目的设计中，完整经历了从项目的立项、策划、规划、设计、运营、评估到再设计的过程，在此谈一点设计心得。

延安具有独特的自然生态和丰富的历史遗存，是一个从北宋时期起，在贫瘠的黄土高坡上建立的山城。但中国历史的每一次转折都与这片神奇的土地有关，特别是中国共产党在延安的十三年之中孕育了毛泽东思想，为新中国奠定了基础，被誉为革命圣地。即使现在我们的许多观念、价值和做法都可能在此找到答案，很多人都非常怀念延安时期的风貌，睹物思人，延安深刻地影响着中国社会的历史进程。延安的历史遗存，给每一位到访者都有一种心灵净化和思想洗礼的作用，而如今的延安城像中国其他城市一样千篇一律、特色丧失，把一个优美的黄土风情的历史小镇风貌不可逆转地彻底破坏了。金延安的建设就是要在延河河谷中重塑延安的印象，寻找共产党在延安时期艰苦奋斗的体验和精神。由于目前延安的风貌破坏，历史记忆的碎片化和片段化，如何营造一种理想之城的场所感和精神家园是金延安建设的重要任务。因此，借鉴西安城市特色塑造的经验，希望在延安能打造出具有延安历史特色、延安风貌和历史情怀的文化旅游项目。

在弥漫着怀旧情感的后现代社会和红色旅游的双重影响下，延安试图重建红色旅游，作为自身的支柱产业。通过调研分析发现，延安市目前旅游景点分布较为零散，商业整体服务水平偏低，需要一个综合性的旅游中心，同样也需要一个大型的、综合性的高端购物中心，将其塑造为具有延安特色的现代化的新区。

延安市2009~2011年旅游及商业零售情况　　　　　　表1

时间	全年生产总值	旅游收入		商业零售	
		收入总额	占生产总值比例	收入总额	占生产总值比例
2009年	720亿元	53亿元	7%	89亿元	12%
2010年	885亿元	90亿元	10%	110亿元	12%
2011年	1113亿元	110亿元	10%	130亿元	12%

表1的数据表明，延安市的旅游收入与城市商业占生产总值的比例基本持平。商业呈稳定发展，旅游稳中有涨。依据此特征，建议金延安板块的文化旅游需求与城市商业需求比例设置上保持均衡。

二、金延安建筑设计再策划

改革开放以来国内大部分旅游设施是低俗和低质量的重复建设。所谓的"清风一条街""古镇"及各类主题公园，导致新的复古主义泛滥，给城市造成新的垃圾和负担。新的旅游建设应有新思路、新举措和新的创新。金延安它不是迪士尼，也不是舞台布景和所谓的仿古一条街，而应有更多的内涵，绝不是形式演绎和变幻。一个富有吸引力的场所应当是由多样化的建筑组合和文化沉积而成，是能够讲出故事的场所。其实，城市空间是最为重要的，建筑立面风格只是一个方面，这种多样性不仅体现在建筑立面形态方面，更重要地体现在业态的多样性和空间的特色方面。

国内文化商业创意滞后，业态类同且缺乏个性，导致文旅地产同质化问题突出；高度商业化使得大量外地商品、外来文化进入本土，迫使本土原住民搬离，造成本地文化空心化和虚假化，原真文化的魅力逐渐消失，进而影响古镇古村的可持续化发展。

我们理解的金延安是延安城市副中心，是中国红色旅游新地标，是以弘扬红色文化、塑造城市特色，发展旅游产业为任务，集旅游集散服务、特色主题娱乐、休闲度假、人文居住等多种功能为一体，渗透立体城市和智慧城市的人本城市设计理念的综合性城市主题旅游新区。

新城建设坚持特色是其灵魂、地域是其生命、生活是其根本。注重当地传统文化的传承与现代生态文明的结合，既满足现代人的物质和精神消费需求，同时不破坏当地的人文脉络和生活习惯。强调人与自然的和谐共生，注重各种功能的混合。红色旅游开发和发展，不是为迎合外来游客而改变自身气质，而是凭借和发挥自身独特气质和传统生活方式，吸引游客长期关注。小城应保证城市基本的功能，我们设想有一个2万常住人口的城市，这样才能有丰富的生活和多样的选择。小镇的产业是以延安红色文化旅游资源和黄土文化为依托。

我们对本项目的定位是以挖掘历史民俗文化，弘扬延安精神为内涵，在黄土地上运用绿色生态理念打造具有地域文化特色、富有鲜明时代特征的现代新城区。概括为在黄土地上书写现代的绿色文明，建筑风貌上提炼成：写意延安，镜像历史（图1）。

金延安策划经历了多次文化策划，但缺少详细的城市空间和建筑形态策划、商业业态策划，以及经济的收益策划。这些不足只能在规划设计中弥补。建筑师也从一个单体的设计者，成为一个城市的设计者。

规划空间结构是一个中心、两条主轴。一个中心即以钟楼为中心的核心文化商业区；以东西轴和南北轴为两条主线，东西轴——红色文化与现代都市商业相结合，并向东一直延伸到乡村；南北轴——南街以1940年代的延安城为蓝本，表现那个火热的年代，北街则表现历史更加久远的历史民俗文化。两条轴线形成两个主要的特色步行街，西街为60m宽的大型商业Shopping Mall，由西往东渐次升高，跨越包茂高速，最终通向井家湾的黄土高坡之中。它是一条现代自然的时尚大街，与之对比的南北轴线是历史民俗风情街，在南街布置了共产党在延安时期的新华书店、教堂、邮局、大旅社及窑洞酒吧等，北街则着意表现更古老的北宋年代，以范仲淹

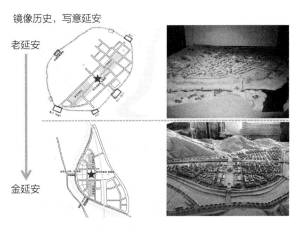

图1 对延安的规划和定位

在延安的历史为主线，设计了戏台、衙门、书院等特色建筑，南街以一条主街连接九个不同的院落，北街以一主两副的街道穿插其中，着意体现陕北的历史文化和窑院的特色建筑形态。四条大街业态也有区别，西街集现代高端、时尚消费于一体，与红色主题雕塑相互辉映，形成一条红色文化浓郁、商业繁华的核心街区。结合红色主题雕塑、主题酒店和地形特色形成一条从城市到乡村、从洋到土的空间序列，表现浓郁的黄土风情；南街以中国共产党在延安时期的风貌为主，以文旅商业、创意产业、民宿等业态为主要功能，打造红色旅游街区；北街以黄土风情的北宋风貌小镇为主线，结合陕北民俗，打造特色旅游体验街区。整体上表现穿越千年的旅游体验。

金延安的城墙具有多种功能，城墙是城市的重要边界，也是老延安城的记忆核心，还担负重要的防洪功能，我们采用现代材料清水混凝土结构，内部所形成的空间作为城市的公共配套设施。在这里通过立体城市的概念，城墙顶面标高以上是人的空间，城墙下部以停车为主，巧妙地创造了一个立体城市，人成为城市中的主角。从而利用山地城市标高建立了一个完全步行的街区，打造成城市新客厅、旅游新天地、精神新家园、立体宽窄巷。

钟鼓楼及西街，是金延安的中心和红色主轴，既服务于游客，也服务于当地百姓。我们并没有按传统的真实的街道去做，而是反其道行之，设计了一个现代商业林荫道，既是广场也是街道。之所以敢于这样策划，一是大型商业综合体的功能需要，同时也是延安自由、奔放的都市印象。

城墙以粗放的清水混凝土一次成型，辅以青砖，重点打造沿河景观，让人回忆漫步滚滚延河水的历史记忆，不追求细部的历史的真实，尽量在精神上保持一致。天然去雕饰，延续粗犷、豪放、质朴、大气的风格（图2）。

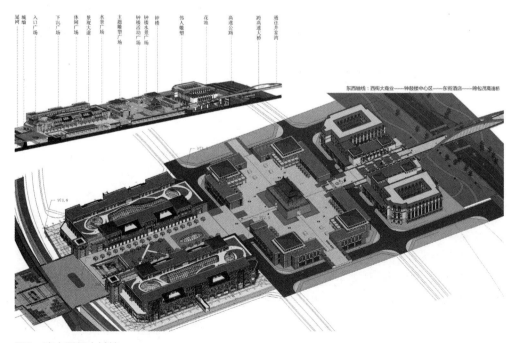

图2　清水混凝土城墙

图3　立体城市

如何在脆弱的生态环境中寻找适宜建造的理念，使之成为一个绿色之城、智慧之城、活力之城和人文之城，是我们追求的目标，也是城市的亮点。强化城市特色，在立体的城市空间中形成的院中院、房上房，使空间妙趣横生，体现了陕北聚落院院相连、环环相扣的特色。立体城市的容积率分为平台以上的容积率和地面以上的容积率，在整体设计中保持城墙顶面地面以上的低强度开发，地面以下高强开发，确保基本的投资回报（图3）。

一次规划，分期建设，滚动发展、渐次成型，在没有形成城市的时候，如何保持已建成部分的活力，让投资有所回报；如何保持良性循环、可持续发展，始终是我们设计所面临的问题。

三、金延安建成环境评估与再设计

钟楼和西街在去年已建成，并在去年11月举行了长征会师的仪式，作为火炬永久的会址，从而奠定了中国第一红街的地位。大型活动检验了外部空间和动线，普遍反映良好，现代化的商业中心为延安提供了赏心悦目的购物体验，南街也多次举办美食节庆活动，成为延安旅游的一个新地标。但由于局部刚刚建成、设施配套不足，也存在以下问题：西街和钟楼建筑使用的灵活性和适应性还不够强大，荷载不满足新功能的要求，对体验式商业和儿童教育的业态估计不足，如滑冰场、水族馆等，需要局部加固才能满足新的使用要求。立面和色彩过于正式和严肃，空间还应更丰富。对于南街：尺度过大，不利于经营和细分；地下室商业面积过大，不利于分割使用，同时地下室自然采光和通风不佳，地下空间导向性不强。

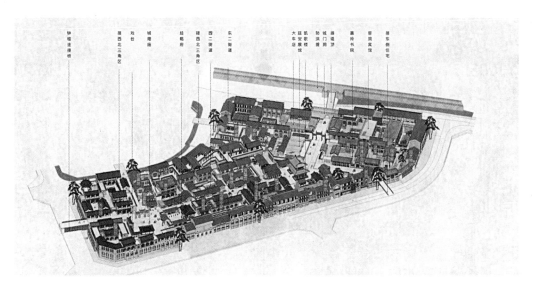

钟楼连接桥　提西三角区　戏台　城楼　经略府　接西北三角区　西二院道　东二院道　大车店　凯歌楼　延安防洪闸　城门洞　接通安展馆　馨持书院　坚固真馆　提东侧住宅

图4　规划北街鸟瞰

我们充分吸取在南街和西街的经验，在实际的建筑中对设计存在的问题进行进一步评估，总结在一期中定位不准、业态分析不够、立面形式不够丰富的缺点，在二期北街的设计规划策划中用更多的时间分析和策划，反复修改设计，特别针对在招商中所存在的问题，推敲每一细部，缩小了空间单元，追求更原始的地域材料和创造更丰富的公共空间（图4）。金延安项目历时多年，我们不断在策划—设计—再策划的过程中循环往复，在实践中提高，它也是建筑师再教育的课堂。

建筑师的职业特点是为业主提供全过程、全方位的服务，同时要有社会责任感，运用自己的专业知识为项目准确定位。只有把每一个问题都想透，才能设计出符合时代要求的适用的空间环境。建筑师要参与建设的全过程。对于每一个项目，可能有不同的团队，但设计与策划一体化的体制非常重要，建筑师的业务范围要扩大，不能仅满足建什么样的形式的问题，更要关心人的使用和运营。应改革现有建筑师体制，改变建筑师的执业范围过窄和单纯的美学评价体系；应给建筑师充分的权利，充分发挥建筑师在项目决策中的作用。

建筑师执业的专业化是未来建筑师执业的必由道路。在规划设计过程中，业主与建筑师充分沟通，发挥不同设计团队的作用，使这一项目顺利地进行，目前已完成30万m²的建设。二期及住区也在积极筹划中。预计今年10月开街。我们以忐忑的心情接受广大使用者的检验和评估。

中国第一代建筑师建立了中国建筑的现代体系，但在新中国成立前的救亡图存的危急关头和新中国成立后的历次运动中来不及思考建筑更本质的问题，巴黎美院的建筑体系与中国重义轻器的文人建筑思想相结合，形成了目前只重形式、偏重美学设计的现状。新常态孕育着设计的新生态，应通过科学的建筑策划使建筑回归理性，回归科学。

3 成都远洋太古里项目开发 —— 演讲◇辛长征
过程分享

都市更新·人文深圳　建筑策划专委会（APA）夏季高峰论坛分论坛一"都市更新与城市人文复兴"上，远洋资本投后总经理辛长征先生作为APA委员，以《成都远洋太古里项目开发过程分享》为演讲主题，从天时、地利、人和三个方面分享了成都远洋太古里项目的开发经验。辛长征先生为清华大学工学硕士，在房地产行业已经从业14年。曾供职远洋地产、光大安石及万丈资本，现任远洋资本投后管理部总经理，参与过北京远洋国际中心、北京远洋光华国际中心、成都远洋太古里和北京通州新北京中心等项目，有着丰富的房地产开发经验。

一、项目的成功首先源于"人和"

基于远洋地产与太古地产合作的第一个项目北京"颐堤港"，成都远洋太古里也是秉承同股同权的合作模式，发挥各自的专业特长，合作共赢。双方签订的合作协议约定：在开发过程中，如果在招商设计运营中有不同意见，以太古地产为主；如果在开发建设和营销中有不同意见，以远洋地产为主。

项目管理层面双方股东一致同意按照"董事会授权下的总经理负责制"的高效模式，在预算内相应事项，本地的项目管理团队能够得到充分授权，同时以月度为频次保持与双方董事之间的沟通，也是保证成都太古里顺利开发的重要前提。

太古集团在北京的三里屯太古里项目，此前已经开发运营几年时间。成都太古里是基于北京太古里的产品迭代，北京三里屯太古里存在的问题，比如，在餐厅里面吃饭需要出门去上公共的卫生间，三层到二层到平台之间的交通不甚友好，成都太古里项目相应作了各方面的优化提升（图1）。

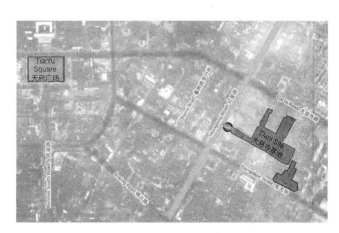

图1　成都太古里区位

二、项目成功的第二个因素是"天时"

成都太古里所在地块在2008年完成一级整理开发，当时锦江区下了决心筑巢迎凤，以实现春熙路商圈东移升级的发展战略布局，春熙路20世纪八九十年代的建筑已经不适应现代商业空间需求。锦江区政府具有前瞻性的区域发展定位和决策魄力，是造就本项目的不可或缺的前提。

还恰逢两个路径与市场时机：一个是先期成功开发的成都宽窄巷子项目，走出了一条历史文化街区开发的可借鉴经验路径。另一个是成都从那几年开始，市场对于高端奢侈品的接受起步。成都人民在消费上观念是远远领先于其他的城市人民的，有数据显示，成都LV店开业当天达到600万元的营业额。

三、项目成功的第三个因素是"地利"

项目宗地有两顶帽子，第一顶帽子就是作为省级文物保护建筑的大慈寺保护控制范围。第二顶帽子跟宽窄巷子类似，成都把这个片区定义为历史文化街区。在这两个帽子之下进行开发，出现了屋脊15m的控高、原有道路肌理的保留等"限制性条件"。但恰恰是这么一个建筑的历史保护背景，与现代商业的碰撞融合，才营造了一个独一无二的低密度城市街区商业作品。

四、项目的具体情况

成都太古里整个商业部分建筑面积接近25万m²，为复杂的产品设计，里面涉及的设计顾问、设计资源组合起来不下20个单位。施工组织与过程远超常规商业地产项目，短短不到两年之内，商业项目使用了3.9万t钢筋、1.4万t钢材（也就是成都远洋太古里地面上27栋房子对应的主体结构总量，包含了近15 000个不同型号的钢构件）。项目外立面的元素也非常丰富，单栋的玻璃种类达到20多项。

关于这点，辛长征谈到个人感触：老房子、老街区、老城市是经历几十年上百年的环境与人文互动演化出来的，在国内我们常常认为可以在一个月之内把老房子拆完，在一两年之内通过制式化的设计和建造，把新的"老房子"建起来，但是现实中往往实现的效果不尽如人意。回顾与审视成都太古里项目的产品体系构成，在重现历史记忆和空间上还算达到了一定境界，营造出了多变的建筑空间趣味，恰恰说明只有发自内心地尊重历史、复刻历史，方可重现历史。在这一点上，远洋和太古为大家做出了一个可供研究探讨的案例作品。

在开发环节与里程碑方面，自2008年太古地产单方开始聘任相应的设计师团队，进行地块整体的方案研究，到2010年年底挂地，接着拿地后花了一年半左右的时间完成各项报规的落地，整个产品从零开始到落地经历了三年半。辛长征认为，项目开发思路是谋定而后动，整个项目开发建设强度虽然非常大，但是，它背后更重要的是花了很长的时间跟合作的伙伴、各个部门，共举各方之力形成一个优秀的作品。

五、对商业比较有影响的因素

成都太古里这个有趣味的步行商业街，它的街道尺寸、宽窄的变化，尤其是有一些很有意思的窄巷子，完全基于原来的道路。商业项目讲究摩擦，这也带来很多的乐趣。成都太古里会在不同的节点形成个别的公共聚客的空间，可能转角过去豁然开朗，这些都是比较活泼、丰富的空间。

关于古建元素的提炼，首先，因为成都太古里戴两顶帽子，参与报规的过程中，"两难、兼顾、合理"，最后的形态是外围现代化的元素非常强，慢慢形成了由外而内、面向大慈寺的现代到历史的过渡。其次，很多顶级的奢侈品商家希望有独立的展示空间，在这个项目上确实把他们放到了外围，达到一个很好的融合。为了保证项目通达的人流，将春熙路的人流汇集到新的商业商圈，通过跟成都政府达成共识，在各方面的努力下，完成地铁既有的风亭改造，从而将春熙路人流导向本项目。

一般在别的城市，道路红线和广场红线地下空间是不可能给予产权的。但是成都市大概在2012年已经有地下空间出让的先例了。其实这也是成都市政府对核心的城市土地价值的最大挖掘，这使政府能够跟开发商、市民和城市达到很好的平衡点。项目大约有五千多平方米的道路跟广场地下空间获得了相应的地下开发权，从而实现了整体的地下空间利用。

成都太古里设计方案也在地下免费设置了9个旅游大巴车位，大慈寺作为千年古寺，日本、韩国的访客非常多，通过这个设置，也极大地提升了项目与大慈寺的地面空间整合，实现了一体化的地面人车分流。

项目交通问题方面，成都太古里借助68台扶梯、54台垂直梯，与室外连廊形成了各层之间的通达交通，有着极为人性化的舒适步行体验。

4 整个城市都是你的Office —— 演讲◇张剑

都市更新·人文深圳 建筑策划专委会（APA）夏季高峰论坛分论坛一"**都市更新与城市人文复兴**"上，纳什空间创始人兼CEO张剑先生作为APA委员，以《整个城市都是你的Office》为演讲主题，从联合办公/众创空间受关注的原因出发，分享了自己对城市空间的理解，并详细介绍了纳什空间的运营理念和方式。

一、联合办公/众创空间受关注的原因

1）共享经济的兴起和中国政府的支持

"共享经济"这个经济学术语由来已久，它最早由美国得克萨斯州立大学社会学教授马科斯·费尔逊（Marcus Felson）和伊利诺伊大学社会学教授琼·斯潘思（Joel Spaeth）于1978年提出。2010年前后，随着Uber、Airbnb等一系列实物共享平台的出现，"共享经济"开始商业化，也逐渐进入大众的视野。而今，WeWork与Airbnb、Uber并列成为全球共享经济三大代表，很多人关注这个行业就是从WeWork开始的。一个月前，投资了阿里巴巴的股东——软银宣布投资WeWork，WeWork估值达到了200亿美金，跻身全球第五大科技独角兽。而纳什空间是作为众创空间被关注的。

2014年9月的夏季达沃斯论坛上，李克强总理发出了"大众创业、万众创新"的号召，随后，在960万km²土地上掀起了"大众创业""草根创业"的新浪潮。每年双创周，李克强总理都会亲自了解创新创业现状，以及未来发展的潜力及可能性。这项政策的颁布导致全国各地涌现了大量的创业企业，为联合办公行业带来了机遇和资源。2016年，中国新注册的公司数量超过500万家，预计2017年这个数据将达到652万家。同时，全国各地出现了大量的众创空间为这些创业企业服务，这也是这个行业备受关注的重要原因。

拥有65万m²运营面积的纳什空间是当之无愧的行业第一。纳什空间在北京、上海、天津、深圳、杭州都设有办公空间，累计服务过上万家企业，其中25%的入驻企业已获得各类VC、PE等投资机构投资（图1）。

2）未来办公方式的转变和整个城市的更新

不管这个行业叫众创空间还是联合办公，它的内涵和外延都不止如此，这个行业要改变的是面向未来的工作方式和模式。随着移动互联网的发展，企业小型化趋势越来越明显，并且这个趋势是不可逆的。如今在美国出现了很多个体户和自由职业者，国内也出现了大量的创业公司。在移动互联网的平台下，大的平台可以支持很多小公司，这些小公司可以在大的平台上长久地生存。例如，一个人在全球有两千个粉丝，每个粉丝每个月给他十块钱就可以活下来了。

小公司的增加使得传统办公空间的定义被打破，变得更灵活，移动办公也开始兴起。现在办公不是简单地需要一个固定的网线、一个格子间，还需要一个能够进行商务洽谈的咖啡区、能够休息睡觉的休息区、能够安静思考的办公区等。在这个背景的驱使下，未来会有很多的办公方式的变化，这是这个行业要做的事情。

除了办公方式的转变，新办公场所的兴起与聚集，也影响着社区和城市的发展，办公空间会促成社区的形成和城市的焕新，进而推动整个城市的发展和进步。推动办公升级，

图1　纳什空间Space（石景山）

纳什空间作为行业内的领头羊，也是新一轮城市更新的重要参与者之一。

二、对城市空间的理解

我理解的空间是因人而美，小的空间其实可以承载非常大的梦想。比如说硅谷的车库办公文化，从苹果公司的创业车库（图2）到谷歌的创业车库，都是非常小的空间，但是这些小的空间却成就了世界上最伟大的企业。在中国也是一样，百度的创业地点北大宾馆的环境非常差；腾讯最早的工作室是由赛格赛博科技园的一间舞蹈教室改造的；阿里的创业故事是从湖畔花园开始的，严格来讲是一个小区，按照规定是不办公的，现在那里已经成为阿里的创业基地。我们能够看到这些公司成长的过程中，尤其是在开始的时候，办公的环境是非常差的。但是湖畔花园现在已经变成了湖畔大学，国内有非常多、非常优秀的创业者在湖畔大学读书，成为一个新的生态和体系。现在百度、阿里、腾讯已成为中国互联网三大巨头。谷歌和苹果的工作环境也早已发生了翻天覆地的变化。

三、纳什空间产品

纳什空间和行业内的其他企业不同，纳什空间是从都市空间最小的单元着手的。现

图2　苹果公司创业车库
（资料来源：网络）

在有很多做建筑规划的，规划的面积一年可能是上百平方公里，而纳什空间研究的是 200m²、100m²，甚至是60m²的空间。小的空间在传统上获得的关注可能非常少，但是每个城市里面有大量的创业者和小企业，其实就是在这样的空间里面办公的。纳什空间帮助他们改变工作环境是很有意思的一件事（图3）。

纳什空间独创超级工作室产品，对80后、90后创业者办公空间的提升和改善有很大的帮助。超级工作室是60～200m²的独立、私密空间，通过纳什专业的设计工程团队将舒适、一流的设计理念融入至小空间内。纳什空间把超级工作室的每一个元素都做成了标准化的方案，能够最大化地利用空间面积，最优化地设置功能分区，用最低的成本创造最佳的办公体验。超级工作室的客户仅需一些租金即可享受甲级办公环境，拎包办公大大节约了人力、物力、财力，使中小企业可以以较低的成本享受到大企业的办公环境和办公理念。未来，超级工作室、传统写字楼、联合办公区将成为三足鼎立的办公产品。

同时，纳什空间会在产品上不断地迭代和升级，以期实现更好的标准化、智能化，智能化包括手机控制门禁系统、雾霾净化系统、自动温控系统、视频会议系统等，都可以通过一个账户去联通使用。纳什空间希望未来和国内非常好的建筑师一起做小空间的研究，真正帮助到创业者的发展（图4）。

纳什空间并不局限于小空间的概念研究。例如星巴克，星巴克的出现为人们增加了办公地点的选择，人们可以边喝咖啡边工作，办公可以在不同的场景下更自由地延展。纳什

图3　纳什空间超级工作室1.0

图4　纳什空间超级工作室2.0

空间也做了很多联合办公，这些联合办公空间有着不同的故事和风格：纳什空间做了办公空间和商场的结合，如天津爱琴海1 500m²的商场里面的办公空间；做了游泳池的改造，如北京悠乐汇800m²的游泳池改造的办公空间；还有京东旧址的改造、写字楼顶层的改造、写字楼底商的改造等。

纳什空间的两种空间产品不是独立的，纳什在核心城市的核心区域有很多超级工作室，同时在不远的地方会配套一个联合办公场地。超级工作室用户可享用身边的联合办公区资源，会客、会议、活动、临时办公空间自由共享，比如当超级工作室的入驻企业规模扩张或者需要场地举办活动时，他们可以去最近的联合办公区寻找工位或者多功能厅；而联合办公区的用户可根据发展需求，在超级工作室与联合办公区间灵活切换，零成本变更迁址；纳什也会在联合办公区里主办很多有意思的活动，也会辐射到周围超级工作室的入驻企业，为大家提供一个交朋友的平台。超级工作室加联合办公区既适应中国人喜好私密空间的国情特点，又顺应共享经济之发展趋势。

我们在今年下半年有一个新的空间即将开业：是在北京国家会议中心的项目——Space鸟巢旗舰店（图5），我会以此为例向大家分享纳什在一栋整体的写字楼项目中是怎么进一步解决办公的问题的。该项目不光有超级工作室和联合办公区两种办公空间产品，还结合了项目独特的地理位置和商业配套，增加了健身、咖啡、餐饮、便利店、艺术展、儿童教育等丰富的商铺业态，能够极大地提升该项目办公人群的办公生活体验，提升项目价值。在项目三层，我们创造了"城市会客厅"，从封闭式会场，到可举办室内外联动活动的大型露台，适合承办国家会议中心的五星会议；从标准会议室，到根据不同时段进行场景切换的包房式商务洽谈会议室，适合在国家会议中心参展的商务人士和项目周边办公人群会议、洽谈使用。我们还将三层和休闲餐厅结合到一起，"城市会客厅"将会成为精英人士休闲、娱乐、会议的绝佳场所。纳什空间还有许多有意思的空间可以去做，如图书馆办公、工厂办公、机场办公，甚至是在度假的地方办公，巴厘岛就有很有意思的联合办

图5　纳什空间Space鸟巢旗舰店

　　　　　　　　　二　全过程咨询中的策划

公。这些都是纳什空间愿意探索的方向。

纳什空间不只做空间，而是以空间为入口的企业服务生态。入驻企业可以享受大型优质企业服务商的服务并建立合作关系。纳什空间已经和国内最好的企业服务商例如阿里云、百度云达成了战略合作，还为会员提供融资服务、政务申报服务等各类差异化的服务。纳什的客户还可以参加纳什举办的各类活动，比如入驻企业的欢迎仪式、健身沙龙、读书沙龙、节日party、CEO俱乐部、游学活动、纳什公开课等。纳什通过规模化、完善的一站式企业服务解决方案，为企业省时、省事、省钱、省心，实现高效办公。

纳什空间是行业内第一家开发线上APP并实现线上线下互通的品牌，企业可以通过加入会员体系，并通过线上操作享受办公空间的所有服务。在这个平台上，高密度覆盖的空间产品可在线上直接查看和管理，还可以享受大型优质企业服务商的服务并建立合作关系。

我们现在有十万人在纳什空间办公，这十万人其实就是十万的DAU，每个会员的平均停留时间超过八小时，这些人是北京、上海最优秀企业的员工，他们的价值远远不是点击一下那么简单。互联网的价值就是用户每一次点击所形成的数据，无数的数据叠加起来，就形成了阿里、腾讯这种巨无霸生态企业，我们线下的会员如何在线上停留更长的时间、创造更多的价值，怎么把它充分地发挥出来，未来有很多新的技术和新的应用都可以尝试和探索。

最后，张剑介绍了纳什空间名字的由来。纳什空间源于诺贝尔经济学奖得主约翰·纳什所创立的纳什均衡理论，纳什空间的理念就是希望在大量空置、未高效使用的房产和需要更好服务、更好发展的企业之间找到好的平衡点。纳什空间通过为企业提供一站式的服务、搭建企业家之间沟通交流的纽带，使企业获得更大、更有意义的帮助，在工作和学习之间找到平衡。

5 厦门都市转型与市民城市营造 —— 演讲◇夏铸九

城乡复兴·美丽厦门　建筑策划专委会（APA）秋季高峰论坛上，夏铸九老师提出厦门的都市转型过程中面对的老城保护、社区晋绅化、文创产业引入与活化等问题，是当前城市设计的艰难挑战，需要整合性的越界知识与新的专业沟通技能，亟须不同的都市价值开拓城市的新视野，以社区参与方式共同缔造对城市的共识，这是新专业论述的价值建构，也是市民城市的营造。

一、厦门都市转型

针对厦门的都市转型过程中面对的老城保护、社区晋绅化、文创产业引入与活化等课题，是当前城市设计的艰难挑战，需要整合性的越界知识与新的专业沟通技能，过于拘泥发令、技术狭窄分工下的现代建筑师与规划师已经难以胜任，亟需不同的都市价值开拓城市的新视野，以社区参与方式共同缔造对城市的共识，这是新专业论述的价值建构，也是市民城市的营造。比专业者更关键的力量在于地方政府，厦门的都市转型过程中城市整体与各个地点的定位、方案执行的过程，地方政府与厦门市民社会间的互动关系，更是都市治理的要害。

相较于中国纳入全球经济之后珠三角与长三角两个最领先的都会领域（metropolitan regions），处在其间的海西都会区域，其中福建省部分，面积12.4万km^2，人口3700万，国内生产总值（GDP）2.4万亿元，而海西的特殊性是其为福建沿海地区，人口近3000万，生产总值（GDP）2万亿元，面积估计在5万km^{2}左右，但是平地少，估计国内人均生产总值（real GDP per capita）是前述两个三角洲的2/3左右。

高铁，作为21世纪的城际运输工具，已经成功地链接起海西与珠三角、长三角之间的新关系，发挥着重构国土区域空间的节点"中心化过程"的重要力量。而厦门，作为海西都会区域的厦泉漳都会区（metropolis）之中商贸、旅游节点的港口城市，它本身的都市土地与财政限制是卖地条件已经不再，城市增量规划必须转型存量规划，换句话说，过去的经济发展方式必须在当前的经济新形态下改变，这是自然环境与社会关系恶化所造成的新都市问题倒逼出来的区域再结构，也说明了一个由新经济引领的网络社会与信息城市所带动的都市转化过程，这就是厦门的转型。

全球节点城市的都市定位，是2014年3月厦门市政府批准的《美丽厦门战略规划》中提出的"美丽厦门·共同缔造"诉求的历史条件，是城市设计工作的挑战，更是朝向市民城市营造的过程。

厦门是个美丽的闽南海港城市，期望美丽厦门，首要在做好都市保存（urban conservation）。然而，厦门市中心区的离岛鼓浪屿已经开始改变，2003年鼓浪屿在行政上并入思明区，中小学、医院等都市服务功能逐步弱化，鼓浪屿被定位为景区，晋绅化（gentrification）发生，所有居住者搬离，常住人口减少，游客急剧增加，快速向旅游产业的营业型社区转化。目前，鼓浪屿的实质物理空间正在急速破坏中，鼓浪屿的地方社会结构也在快速改变，空间快速商品化的过程也使鼓浪屿已经获得代表中国申报世界文化遗产的资格在2017年审议时横添变数。

鼓浪屿申请世界文化遗产的任务面对的首要课题是如何避免旅游带来的过度开发与破坏，社区晋绅化改变了社会结构，就会丧失鼓浪屿的文化活力与社会内涵。鼓浪屿临终的过程已经在发生中，必须面对，这个过程与申遗的目标完全背道而驰。1997年云南丽江大研古镇申遗成功之后，商业过于泛滥迫使四方街附近的纳西族原住民搬离的教训全世界皆知，成为丑闻，不可不慎。

图1　厦门鼓浪屿
（资料来源：王唯山提供）

鼓浪屿的定位是厦门的风景区，若是能朝向深度的文化旅游发展而不是大众旅游，才能避免破坏。若是能重新植入适当的公共设施与都市服务，譬如说，有特色的学校，鼓浪屿才能进一步地再社区化，重新朝向一个可居住的地方转化，即居所（dwelling）营造，这也才是市民的城市价值再现。同样地，厦门市中心中山路的保存，并不只是实质物理环境的保存与修复，如何能维持既有商业活动的特色，深根地方、发扬传统，强化店家组织的自我管理与其文化表现，才是切中问题的要害（图1）。

二、市民城市营造

与过去简单机械的、不考虑地域特色使用者的现代主义价值不同，遗产保存的最大差异在于朝向整合性保存（integrated conservation），保存的论述将人与石头并举，地方的居住者与城市的物理实质空间要求同时受到重视。换句话说，保存与再利用必须同时考量，物质遗产与非物质遗产不可分割，这样市中心历史街区的遗产才能得以活化，厦门的历史特色才会得到生命，厦门才会真正美丽。不然，若是仅仅保存空间形式的躯壳，本身就是一种破坏行为。

至于沙坡尾渔港，假如渔船退渔、渔民上岸、渔村更新，沙坡尾是厦门最后一个渔港功能的终结，集体记忆的抹除，聚集文化产业，塑造"沙坡尾海洋文化创意港"，这是与保存无关的创造性破坏，如何能期望更多厦门地域特色的延续？过去的个人表现取向的现代建筑师，为建筑形式的乌托邦追求的致命吸引力所惑，重视形式的创新，空间的文化形式的象征表现，他们无法胜任沙坡尾渔港地方特色延续的任务，他们不擅沟通也无意于此；社区参与、共同价值缔造，是传统意义的建筑师完全无法完成的工作。

由目前厦门电子媒体上所获得的市民团体发布的信息来看，不但沙坡尾的"定位"，由原来渔民为主的生产性渔港转化为商业景区的方向值得商榷，而且"规划过程"缺乏市民参与，如何能成为"共同缔造"？这样，沙坡尾转型的项目计划书的具体内容如何建构？实质物理空间的设计如何掌握地方特色的空间模式？未来的沙坡尾的建设又如何回应地方居民的真实需求？沙坡尾在过去由于都市服务投资长期不足造成的脏乱差现象又如何改善？

沙坡尾若是作为一个历史场所的保存，整合性保存是保存论述的挑战，渔船与渔民，尤其是延续绳钓的渔船与渔民，是厦门珍贵的非物质遗产，不但是九龙江流域海洋文化的起点，更是城市里最后的渔港，渔船与渔民如何返回沙坡尾才是留住厦门港的味道的核心工作。渔民与从事渔业生产的社区，加上送王船祭典、仍然存在的巷弄空间与传统地名、1920~1930年代水泥施工的传统宗祠、店屋与骑楼空间等共同构成了厦门市民的集体记忆，这是还活着的文化与历史场所，更是厦门都市转型过程中必须留下的渔业生产文化，是值得珍视的都市保存计划（urban conservation project）。它的工作还可以涵盖正在推动中的海事博物馆，如果能进一步将其基地延伸扩展至龙珠殿、龙王宫、鱼肝油厂、修船厂的船坞与机器等区域，以至于覆盖沙坡尾全区，将展现为一种生态博物馆的网络。

这种活的保存确实是艰难的工作，但是却值得作为突破的试点，不然，为何需要经济新常态推动经济与社会转型以及城市的转型？过去这些年为什么我们的城市会"自我妖魔化"？为房地产资本所异化，专业者则是魔鬼容颜的化妆师，企业化的地方政府就是助长城市妖魔化的推手。

至于市民，或是城市的劳动者，如沙坡尾的渔民，他们对都市空间的价值，是使用价值的实现而不是交换价值的表现。沙坡尾若是走向商业开发、旅游开发等利润导向，实现的是房地产的价值，又哪里能实现"让城市融入大自然，让居民看得见山、看得见水、记得住乡愁"？当前全世界的全球化城市中市民最大的负担就是居大不易，全球化程度越高的城市，市民越是无能负担房地产价格的飙涨，而在中国尤甚。厦门沙坡尾的改造，为何不思考与商品房并置、阶级混居、廉租型的社会住宅？既非放手私人房地产资本炒作获利，也非全由公共部门营造出品质不良、社区恶化的标签化公屋，而且转由非营利团体第三部门承担任务（图2）。

另一个案例为曾厝垵聚落保存。据说，曾厝垵的渔民自发参与改造运营，将曾厝垵变成了文创艺术品点与特色商铺和民宿结合的文创渔村，可以说是发展中国家非正式城市的活力表现。政府如何在出入动线、消防安全、污水分流、垃圾分类、引入可持续技术等方面提高要求，结合社区自治，自我管理，建构可持续绿色聚落是工作的重点。

湖里老工业区、海沧自贸区如何能振兴厦门都市经济？前者，如何在不受短期房地产利润的驱动下形成文创产业的孵化器作用，让文创产业的生产者受贿，得以在厦门市中心立足，避免高地租带来的排除效应，是任务的核心。这样才能避免全球城市，尤其是门户型的全球城市，经常带来的都市极化与社会隔离。

图2　厦门沙坡尾
（资料来源：夏铸九摄）

三、总结

总之，厦门都市转型的城市设计工作，期待不同的专业价值与专业角色。形式主义的明星建筑师不能胜任厦门都市转型的任务，因为他们偏好形式上的变化，在全球城市的天际线上追求都市奇观（urban spectacles），都市生活异化分离为庞大奇观堆积，符号生产奇观商品，符号幻影胜过物质现实，这是信息时代空间生产的宗教幻觉。

而城市设计是市民设计、公众设计、共同缔造、社区营造的过程，社区参与在规划、设计、经营管理的过程中，建立起市民的城市。其实，这也是文化技术装置；在这个过程中，市民认同了城市并产生归属感，设计过程产生了市民，市民平等地接受了市政府提供的公共服务，城市居民最终成为了城市市民。

市民的价值是都市空间使用价值的实现，城市是市民的家居，重视集体的记忆，对抗推土机式的拆除与破坏。因为重视地方联结以及城市的归属感与认同感，因此支持活化产业、地方产业之振兴。这种过程中的专业价值与专业者角色，是经得起质问的过程，市民参与是根本之道。

至于专业者们的角色，是在设计过程中协助界定问题，经由地方咨询，与市民一起共同寻找都市答案。专业者不是形式的给予者，不是都市奇观的创造者与都市象征意义的转播者，他们是都市价值共同缔造过程的催化剂，于是厦门特色的城市才能得以诞生。

6 Changing Chinese Cities —— Local Urbanism
改变中国城市 ——在地都市主义

Speaker ◇ Renee Y. Chow
演讲 ◇ Renee Y. Chow

Urban Regeneration · Beautiful Xiamen At the autumn summit meeting of the Architectural Programming Association (APA), Ms. Renee Y. Chow introduced the concept and significance of local urbanism, pointing out that in current urban design methods there is a very serious object-oriented urbanism. She proposed that urban designers must fully consider the relationship between the physical system and the ecosystem, architecture and the environment, architecture and people. She took the competition of Shanghai Zhujiajiao Village Revival as example to explain the methods and meaning of local urbanism.

城乡复兴 · 美丽厦门 建筑策划专委会（APA）秋季高峰论坛上，Renee Y. Chow女士从介绍在地都市主义的概念和意义入手，指出目前的城市设计方法中存在一种非常严重的以物体为导向的城市主义，提出城市设计师们必须充分考虑用地的物理系统与生态系统、建筑与环境、建筑与人之间的关系，并结合上海朱家角水乡复兴的设计竞赛项目，为大家详细讲解了在地都市主义的操作手法和内涵。

1. Local Urbanism
一、在地都市主义

The uniqueness of places is tied to their local ecologies. "Local ecology" refers to the systemic relations in the built environment surrounding us. The relationships here include systems that bind buildings to buildings, buildings to landscapes, and buildings to people.

地方的独特性和地方的生态是紧密地联结在一起的，"地方的生态"其实是指我们周围的物理环境之间系统性的关系以及地方场所性的独特条件，这里的系统性关系包括建筑和建筑、建筑和景观、建筑和人等之间的关系。

Today, rural and urban design has never been more important than in the past, at the same time there are more problems than in the past. The world is facing new and complex challenges — developments must be made more dense, more sustainable, more accommodating of choices, and more robust. Yet the methods architects employ in their design and the knowledge professors teach students is not advancing to meet these new demands.

今天的乡村和城市设计从来没有比过去更加的重要，但是也比过去有了更多的问题。世界正在面临更多新的和复杂的挑战，所以城市的发展必须有更高密度、更加的可持续性，并且能够容纳更多的能动性以及更健康的发展环境。但是在设计以及教学过程中，设计方法并没有发展得跟我们需要的一样快，也很难去描述是什么让一座城市变得更好。

The development of technology has provided more data about cities, but designers still have difficulty describing what makes good cities, places and neighborhoods. For example, planners know how many cars travel on every street, but they do not know how to make streets support the daily life of urban residents. Computation and big data have emerged as tools to model urban complexity, but these models are premised on a too simple, bifurcated view of cities — they only model inside or outside, built or unbuilt, private or public. The important relationships between these binary views are lost.

科学技术的发展为城市提供了更多的数据支撑，但设计师们却越来越缺少感觉，比如除了交通功能以外，设计师们不知道还能让街道怎么去更好地支撑城市居民的日常活动。计算机和大数据支撑下的模型可以更便捷地模拟城市的复杂性，但模型是基于一种对城市的二分化的认知，只有室内和室外、建筑与人、私密与公共之间的直观性的区分，不能模拟这些二分化对象之间的重要关联性。

All over the world, design professionals are still using tools based on a mid-twentieth century development model rooted in assumptions of 1) large capital investments whether corporate or government, 2) assumptions of limitless material resources, and 3) assumptions that technology will fix all our problems. This has led to building forms that are extreme objects. When every building is a unique object, scattered along streets next to other developments that only call attention to themselves, the legibility and identity of a city and its neighborhoods is destroyed. Uniqueness is transferred away from the local heritage of a city to a cacophony of competing objects. This then leads to all cities look similar, a global uniformity.

在世界范围内，设计师们还在使用一种从20世纪中叶发展起来的模型，这种模型先对地块进行由企业或者政府进行大规模投资的假设，这些模型假设城市拥有无限的资源，并且技术能够解决所有的问题，但是这种模型会让设计师走向一种非常严重的以物体为导向的城市主义。这让所有的城市看起来都一模一样，所以全球都是均匀的。

The future for urban and rural design is in designing the relations between the parts of a city in which each building, park, or street contributes to a city as an extended place. This requires looking carefully at each locale to discover the connections, continuities and linkages that make each place unique. This kind of design method is called local urbanism where the components of our cities are not self-referential or weird but connected to the culture and history of a people and a place.

将来的城市和乡村设计是要去理解这些关键性的独特的条件，这些条件可以让设计师们将城市作为一种扩大的区域来进行更好的设计，这要求设计师更加仔细地观察场所，并发现让这些场所具有独特、可辨别性特征的差异和联系因子。这种设计方法就叫做在地都市主义，这其中关系性的条件，它们是互相连接的。对于设计师及设计教育工作者来说，需要教育未来的设计师们，城市的这些部分不应该是封闭的，应该是与人的活动相连接的。

If designers are to sustain or even increase the livability of our cities, we need compelling alternatives that shift development and design away from using objects as depicted in the bifurcated figure-ground drawings that dominate our tool kit. If we are to make our cities sustainable — both in terms of resources and culture — we need tools and metrics that let us look at the potential of the scale of the neighborhood and district as well as at the building and the region.

如果设计师们想要保持并提高城市的宜居性，就需要一个令人信服的替代方案。过去的主要工具是一种二分式的图底关系的分析方法，但想要既在能源又在文化上让城市变得更加可持续发展，就需要用工具和度量的方式，需要激发另一种方式，让设计师们站在邻里和街区的尺度上去看待这些城市的可能性。

To illustrate, the left drawing below is an example of a bifurcated representation of urbanism. The right two drawings are examples of Professor Chow's method (Figure1).

图1左边是过去二分式分析方法的一个范例，右边是我们的这种方法的一种范例。

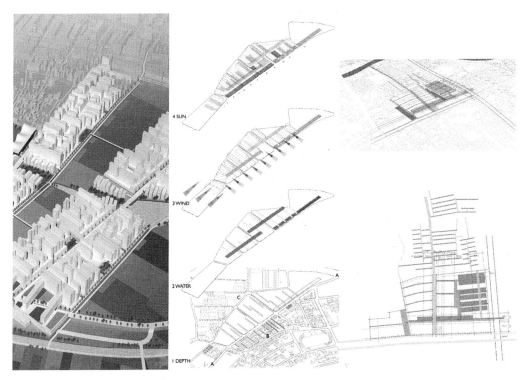

Figure1　Two Examples
图1　两个范例

2．Practice of Local Urbanism
二、在地都市主义的实践应用

Professor Chow used a design competition for the Zhujiajiao Village in Qingpu District of Shanghai as an example to show the systemic relationships of buildings, landscapes and cities can bind to form the experiences of cities. The goal of this competition was very similar to the theme of the conference. The work in this competition represents the awareness of designers of the natural evolution of the site, not just research on artificial habitats. The students of Professor Chow and members of her office completed this work.

Renee Y. Chow教授以上海市青浦区朱家角水乡的设计竞赛项目为例，来展示建筑、景观和城市之间的相互关系以及如何整合这些关系，并且形成对城市的体验。这个竞赛的目标跟会议的主题非常契合，参加这个竞赛的这些作品包含着设计师们对于场地自然演变过程进行研究的一种意识，而不只是纯粹人工的栖居地的研究。这项工作是由Renee Y. Chow教授的学生及其工作室的成员所共同完成的。

While the drawings shown in this article are the end products of the research, they are the result of an iterative process between observing to inform design and designing to form questions for more careful looking. This project illustrates a way to increase density that is locally based and a way to begin with passive environmental strategies before depending upon technology.

这个项目是一个迭代的过程，它包含前期项目考察、通过观察去启发设计思路，以及在设计中提出问题，然后回到场地更好地观察项目的整个过程。这个项目提供了一种方式，这种方式让设计师们在尊重场地特点的基础上去提升建设密度，并通过小尺度的资本投资整合，建立一种集体的认同性以及可辨识性；并提供了另外一种方式，让设计师们在依靠技术之前就采取一些被动式的环境策略。

The site is located in the lower region of the Yangtze River. Long ago, the delta was subject to floods and disasters. To make agricultural production effective here, a regional system of canals with levees and dikes was built to solve the drainage problem and provide irrigation. The land was divided into long, thin parcels that radiated perpendicularly outward from the edges of the canal from which a distinctive group of villages has grown. The student researchers completed very detailed site analysis and design explorations at the beginning of the project, exploring the public spaces as well as the collective and private areas. Although the students did not speak Chinese, they could still learn many things through observing how residents and tourists interacted with the place. The field work is shown in the illustration below.

场地所在的水乡位于长江三角洲下游区域，历史上常有洪涝灾害，为了更有效地进行农业生产，这个区域修建了一整套的运河系统，同时还有运河边的堤坝，所以这个项目其实是站在一个地区性尺度的系统去解决排水问题。场地从运河边开始向外垂直放射，进而被分割为非常狭长的细小地块，在这些地块中，诞生了很多的乡村和城镇。设计师们在设计之初进行了非常详细的场地调研和探索，探索了场地中的公共领域以及集体领域和私人领域，虽然设计师们语言不通，但只是通过观察居民和游客在同样一个地方如何互动就可以学到很多的东西。设计师们详细记录了当地居民和游客如何使用室内和室外空间，并非常翔实地记录了室内和室外空间的入口空间的使用情况。

The designers then mapped the interconnected ecology (Figure 2). The systems included the flow of canals (water), the party walls between the courtyards (structure dimension), public movement (public access), residential access which is tied to the courtyards (collective access/sunlight), and the landmark buildings in the traditional Chinese urban fabric (figures in the field) (Figure3).

设计师们接着就将这种相互连接的生态进行了制图（图2）。分别绘制了水体系统、道路系统、方向系统、公众可达性的系统以及日照系统分析图纸，以及中国传统城市空间

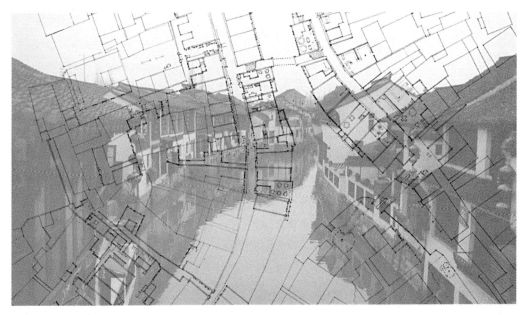

Figure2　Interconnected ecology map
图2　生态系统图

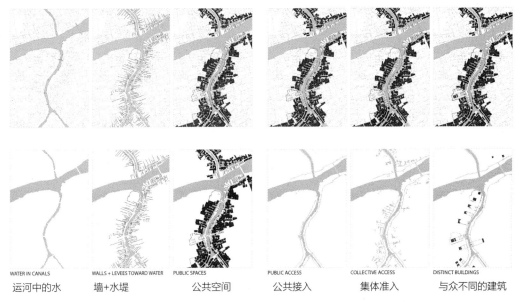

| WATER IN CANALS | WALLS + LEVEES TOWARD WATER | PUBLIC SPACES | PUBLIC ACCESS | COLLECTIVE ACCESS | DISTINCT BUILDINGS |
| 运河中的水 | 墙+水堤 | 公共空间 | 公共接入 | 集体准入 | 与众不同的建筑 |

Figure3　Ecosystem concretization
图3　生态系统具体化

中的节点建筑分布图（图3）。

　　From the traditional urban form, the designers then transformed the historic relations into new ones that hold contemporary living standards. These relations form a new kind of master plan and design control. The original water system structure is maintained to sustain the regional drainage and flood control. The party walls are spaced more widely than the traditional fabric for new lifestyles, but the directionality toward the canal and flow of stormwater is maintained. Public and residential accessibility are still parallel and perpendicular to the canal like the historic village. But, since the new fabric is denser and the buildings are taller, the organization of the fabric for sunlight was changed to meet the Chinese daylight standards. Last, not first, vehicular roads were laid out in ways that reinforced the historic character of region (Figure4).

设计师们从传统的城市肌理中获得灵感，将城市要素间的关系作为一种设计的参数和控制线来进行制图。在设计方案中，设计师保留了原有的水系结构来满足地区排水防洪的需求，然后通过结构性的、方向性的扩大来适应新的生活方式。可达性依然是和水体相关的，同时设计师对于日照采用了一种新的组织方式，一方面要让它符合中国建筑行业的标准规范，另一方面要让它更适合更高的建筑。此外，设计师设计了新的道路来增加基础设施的供应（图4）。

These relations were then applied to the competition site as systemic parameters to guide the design. These guidelines describe open, relational conditions as a three-dimensional mat as opposed to the figure-ground master plan that typically bifurcates and flattens urban design. These parameters serve to organize the work of numerous actors of the project: government, developers, designers, builders, residents.

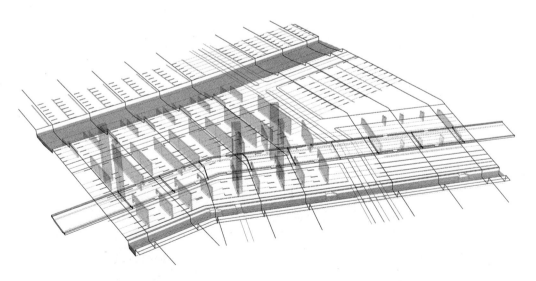

Figure4　The relationship between urban elements as design parameters and coutrol lines
图4　将城市要素间的关系作为设计参数和控制线

　　　　　　　　　　　二 全过程咨询中的策划

这些场地因子之间的关系被应用于这个竞赛的场地上，作为一种很系统性的参数导则来指导设计。相比总是把城市设计进行二分的设计方法，这种导则描述了一种更加开放、更加有关系性的场地条件，这些条件就像一个三维的电子地图一样覆盖在这块区域上。这些导则不会对空间形态进行具体的规定，而只是定了一些规则，让这个地方的建筑共同遵守。

What are the potentials of this relational, systemic design thinking? First, if we build more, we should expect to get more — greater variety in ways to gather, new scales of building that decrease resource consumption, more variation in kinds of spaces, more diversity of ways of living, more reciprocities between public and private realms. Second, the relational conditions of field urbanism support scalability. Systems operate efficiently at different environmental scales. We need to rethink how to build new and revitalize aging infrastructures at the regional, district and neighborhood scales, not just at the building scale — the favored scale of object oriented urbanism. Last, systems thinking supports agency. By differentiating timeframes within systems, we should expect to get greater capacity to accommodate inevitable change. Some components are built to last, others are intended to change with each day, season or occupant.

这种关系性的、系统性的设计思维的潜力是什么？首先，我们要建造更多的话，我们就需要得到更多，得到更多的聚集方式、得到更新尺度的建筑，这些建筑可以减少对能源的消耗，还需要更多样的空间和生活方式，以及更多的公共领域和私人领域之间的互惠，这种在地主义的关系性的条件支持可伸缩性，这个系统在不同的环境尺度下都能够非常有效地操作。而设计师们需要在区域、街区和邻里的尺度上重新去思考怎样建设一种新的或者修缮原有的基础设施。其次，这种系统性思维的支持，让设计有更多的能动性，通过在这个系统内设置不同的时间线，可以做到对不可避免的变化有更多的兼容性。其中一些部分我们建造出来就是要让它们长久存在。另一些则应该是能够根据每一天、每一个季节或者不同的使用者而变化的。最后通过强调场地的连续性能够增强城市的可识别性，并且提供一种更多样性的认同。

The future of urban renewal requires designers to look for local relations, ecologies, systems, connectivities, and continuities as well as develop the tools, strategies and metrics to design and evaluate complex interactions rather than simplify and bifurcate our cities. We need to make our cities more unique, not our buildings, taking advantage of a diversity of built heritages（Figure5）.

城市更新的未来需要设计师去寻找场地的独特性和场地因素之间的关系，以及生态系统和它们之间的连接性，并且设计师还需要发展出一些策略和度量方式去设计和评价复杂的城市部分之间的相互关系，而不仅仅是将它简化并且二分化这些城市和乡村的发展（图5）。

Figure5　Urban renewal
图5　城市更新

7　泰晤士河南岸的经验： 住在"城中厂"

——— 演讲◇李振宇

城乡复兴·美丽厦门　建筑策划专委会（APA）秋季高峰论坛上，李振宇教授从介绍IBA的背景及其基于"谨慎的更新"改造原则入手，以伦敦泰晤士河南岸工厂+仓库区的社区导向更新案例作为参考，讲述了团队在中心城区废弃工厂的社区化更新实践中，对功能与空间进行重构的实际操作手法，并总结了城中厂更新的六点原则。

一、IBA ——"谨慎的更新"原则

1980年代中后期于西柏林举办的IBA（国际建筑展览会）已经过去很多年了，但其对今天的城市设计和城市更新的原则发展而言是一个重要的节点，具有深远的影响力，包括北京宪章等重大事件都受到了IBA的影响。德国首都柏林作为一个世界建筑之窗，

历史上发生过三件大的建筑相关事件：①1926～1929年间，由瓦格纳、陶特、夏隆等人建设了一批新住宅，发展出了众多现代主义的新建筑形式；②1957年西柏林邀请来自13个国家的，包括柯布西耶、格罗皮乌斯、阿尔托等53位建筑大师做了45栋现代主义单体建筑的国际竞赛；③1984～1987年间，由克莱胡斯（Kleihues）主导的IBA，以"谨慎的更新"为原则，强调：①城市作为居住场所；②对推光式改造的谴责；③在后现代主义外表下的负责的态度。提出了城市更新的12条原则，并由此打造了哈克雪庭院、菩提树下大街、南弗里德里希城等一系列项目（图1）。

图1　1984～1987年的西柏林IBA

IBA的12条原则，对当代中国的城市更新具有重要的启发作用：

（1）主体性：城市更新必须与当地的居民和企业一起规划，并且他们应成为实施的主体。

（2）一致性：规划师与居民以及企业管理者应该共同确定城市更新的目标和采取的措施，携手完成技术和社会规划。

（3）地方特色：地区的特性应该保留，在周边城区中的信任和联系应该被重新唤起；对居住主体有威胁的危险应该迅速被排除。

（4）谨慎改变：平面和居住形式的谨慎的改变是可能的。

（5）渐进：建筑和住宅的更新应该一步一步实现，逐步补充完善。

（6）改善：建筑的状态可通过少量的拆除、街坊内部空间的确定、立面的重塑来改善。

（7）公益：公共设施如街道、广场、绿化等应根据需要来更新和补充。

（8）权利：对涉及的分配权和物权必须在社会规划中确定。

（9）公开：城市更新的决定必须公布，并尽可能地现场讨论，涉及者的代表权必须加强。

（10）经费：获得同意的更新方案需要明确的经济保障，经费必须尽快地拨给。

（11）多样：要发展多样化的实施者，委托修复任务和建筑措施必须分摊。

（12）法定：从1984年起，根据这个方案进行的城市更新必须被保证。

在"谨慎的更新"原则影响下，紧随其后的1989～1999年间鲁尔区IBA，以沿埃姆歇（Emscher）河的工业城镇复苏和环境修复为基础，打造蔓延数十公里的埃姆歇公园。更新通过社区协商，对土壤和水污染进行综合治理，将曾经的煤矿、钢厂改造成博物馆、游乐场、办公、商业和居住，从而带动了衰败的鲁尔区的整体复兴。

二、泰晤士河南岸更新的价值和方法

伦敦泰晤士河南岸是一片12hm²的码头工厂+仓储区，是道克兰整体再开发过程中，被改造成为中产阶级居住区的一个大型项目，这在中国是非常罕见的。国内常见的做法是把老住宅改造成非居住建筑，比如把乔家大院改造成博物馆等。而泰晤士河南岸厂房改造的方式非常清晰，从"规划-建筑-要素"三个层面入手，保留了既有空间的特点和骨架，如1799年的道路系统在更新中被完全延续下来，原有的建筑轮廓也基本保留，同时通过翻新和加建，把厂房既有的大体量缩减为一个更适合人居住的小体量（图2）。

1. 规划层面更新

规划层面的更新以满足社区功能需求为原则，兼顾历史文脉的延续。主要体现在四个方面：

（1）延续肌理。即保留并适当加密原有的道路网络，道路宽度多为13m左右，其中人行道宽约2m，车行道路宽约9m，道路两侧的建筑高度基本上为14~18m，传统街道空间尺度完整保留（图3）。

（2）开放厂区。将既有厂区内部道路改造为城市道路，同时减少使用围墙，增加了人进入内部公共空间的可能性，并沿泰晤士河打造纯步行街道，街道两侧以零售和餐饮为主。

图2　泰晤士河南岸

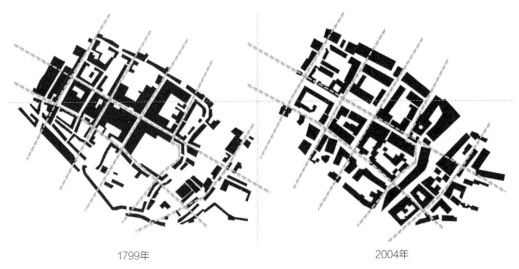

| 1799年 | 2004年 |

图3 泰晤士河南岸的城市肌理变化
（资料来源：李振宇教授工作室绘制）

（3）混合功能。更新后的街区以居住功能为主导，包括了商品住房和学生公寓，亦有少量建筑被改造为办公和博物馆。同时多数建筑首层被设定为咖啡店、餐厅、零售店等功能空间。

（4）分散配套。街区内分散布置公园、广场等公共空间，尺度较小但分布均匀。停车采用混合模式，新建筑均设置地下车库，同时在街区中心位置建停车楼一栋，地面则为单行道，道路一侧供临时车辆停用。

2. 建筑的保护更新

建筑层面的更新以"新如新，旧如旧"以及整体风貌的协调为原则，采用减法和加法一起做的手段，减法是把一些空间去掉，加法则是加上阳台、楼梯、窗户等。采用这种改造方式将新的和旧的建筑、厂房和居住建筑相互串联起来。在更新过程中遇到了一些技术和业态上的挑战，但最后都通过适当的手段予以克服（图4）。具体手段主要体现为六类：

图4 泰晤士河南岸的新建和改建

（1）改建。将历史建筑通过立面修缮、内部翻新和分隔的方式，直接改造成新功能空间。

（2）贴建。将历史建筑周边的小块空地植入新建筑，与历史建筑在空间和立面上保持一定的关联性。

（3）新建。在大块空地上新建住宅或安排其他功能，在高度、立面形式等方面和周边历史建筑保持关联又有所区别。

（4）插建。在历史建筑群之间狭小的空地上插入楼梯、电梯或小体量建筑，配合两侧既有建筑共同使用。

（5）组建。在布局较散的历史建筑群中，通过新建形成具有关联性的建筑群或街坊。

（6）搭建。于历史建筑顶部加建1~2层，或将历史建筑之间通过天桥连接，实现功能的进一步复合。

3. 要素的保护更新

在改造中对场所中的地标性构筑物进行了适应性保留，对建筑构件进行了维持和再现，保持了建筑立面的统一对话，并保护原有的景观场所，通过对关键要素的保护更新，再现了这一历史厂区的场所感和可识别性（图5）。具体针对四类要素：

（1）地标构筑物。保留既有烟囱、水塔和桥等地标构筑物并加以突出，作为区域工业历史环境的象征。

（2）建筑构件。窗户、阳台等新增构件强调工业风格，与整体风貌在色彩和材料质感上保持一致。

（3）建筑立面。新建筑的开窗方式、比例和节奏，以及层高和屋顶坡度等，均和历史建筑保持较为相似的关联性。

（4）景观。保留既有运河及木栈道、石板路、古树等景观元素，并统筹到整体景观设计中去。

图5　泰晤士河南岸的要素保留和再现

　　　　　　　　二　全过程咨询中的策划

三、我们的尝试

我们的团队在2015年做过一个研究，将上海200余处工业遗产进行功能梳理，其中绝大多数都被改造成创意产业园，只有几处改造成了住宅，而且改造为住宅的做法还不是合法的，处在灰色地带。所以问题是：中国那么多的工厂都改造成创意园区吗？中国所有的大城市和中小城市中，对于城中厂的改造只有两种方式，第一种是拆掉改造成高楼大厦，第二种就是改造成创意园区，就算把所有的设计师、咨询师都请进去，也会存在一定的问题。比如上海的1933，具备非常好的美学和历史价值，但它的发展也受到了一定的挑战。

受到泰晤士河南岸项目的启发，并结合上述问题研究的成果，我们的设计团队对嘉兴市一处30hm²的工业遗产集聚区进行改造，进行了一个小小的尝试，就是在工厂区改造中拆掉一部分建筑，新建一部分建筑，通过介入、融入和植入三种手段，对功能和空间进行重构（图6）。把新建的住宅和原有的厂区结合起来，并对以下四种内容进行保留：

（1）保留原有的道路结构和历史遗留下的集体记忆；

（2）保留有价值的厂房；

（3）保留有价值的大型设施，比如水池、水塔、烟囱等标志性构筑物；

（4）有价值的建筑形式和建筑构件。

在这个方案当中设计团队尝试将新的功能与老建筑结合。团队将原有建筑改造成嘉兴交响乐团的音乐厅，而这个音乐厅的建筑外观和内部空间是分开的。由于大型厂房的层高通常都较大，可以达到7～8m，因此也可以改造成为停车场、羽毛球馆、社区中心、幼儿园、学校等多种功能设施，在保留历史记忆的同时，为历史建筑注入新的功能，并最终形成具有系统性的混合型社区。

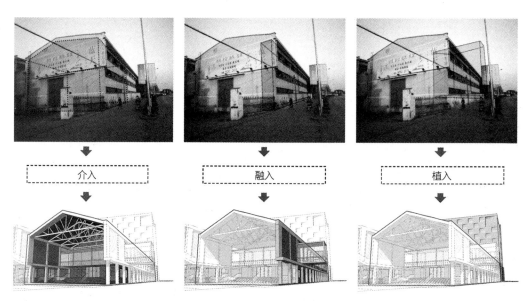

图6　尝试：新旧空间的介入、融入和植入
（资料来源：李振宇教授工作室绘制）

四、"城中厂"居住化更新的总结

因此，城市更新的目的除了要把经济活力和经济要素作为目标以外，还应该保留原有的城市记忆并注入新的活力。对于"城中厂"居住化更新的探索，总结下来具有如下六点要求：

（1）成片更新，具有复制可行性；

（2）本地安置，避免过度绅士化；

（3）融入城市，降低区位优先度；

（4）商住混合，激发街区生命力；

（5）多元居住，满足多样化需求；

（6）文脉延续，再现历史原真性。

参考文献：

[1] 李振宇. 城市·住宅·城市[M]. 南京：东南大学出版社，2004.

[2] Internationale Bauausstellung Berlin. Step by Step: Careful Urban Renewal in Kreuzberg, Berlin: Internationale Bauausstelung Berlin 1987[M]. Berlin: Bauausstellung Berlin, 1987.

[3] 史蒂文·蒂耶斯德尔等著. 城市历史街区的复兴[M]. 张玫英等译. 北京：中国建筑工业出版社，2006.

[4] Brian Edwards. London Docklands-Urban Design in an Age of Deregulation [M]. London: Butterworth Heinemann, 1992.

[5] 朱晓明. 当代英国建筑遗产保护[M]. 上海：同济大学出版社，2007.

8 城市针灸与古都更新

—— 演讲◇李忠

都市更新·智汇西安　6月2日，在建筑策划专委会（APA）2016年高峰论坛上，华高莱斯国际顾问有限公司董事总经理李忠先生作为APA的顾问委员受邀参会，并就《城市针灸与古都更新》课题进行了精彩汇报。李忠先生本次从城市针灸手法切入，对大都市的城市更新提出了独到见解。

新经济视点下，城市更新的新一轮"价值机遇"已经到来！

在严控大城市土地边界的视点下，城市更新的重要性已经凸显。城市更新最重要的价值在于，它是一个经济动力。到大城市买房是普遍规律，因为大城市的房子更保值，那为什么不让大城市的房子变成蓄水池呢？改造旧房子，以旧变新，提升评估值，让老百姓收益，这才是城市更新最最重要的动力所在。而在中国，置业偏好更是华夏民族几千年的文化习惯。所以，城市更新，从经济趋势说，是要兑现更多的物业价值，蓄积更多的财富。城市更新，是不动产保值的关键，是政府藏富于民的一种手法，也是当下城市发展的一个最大红包。

一、城市针灸——"大都市"古都更新的新模式

古都西安，不能大拆大建，但保护中也不可能用太过诗情画意的手法。奈良和京都的"唐风"都模仿自西安，但如今的西安不是京都，也不是奈良。奈良只是历史文化名城，真正的经济发展在大阪。而西安不仅是历史文化名城，它还承载着太多的功能——它是西部和西南的交通枢纽，是西部政治、经济中心，是我国非常重要的科技研发中心，还是我国西部大开发的桥头堡——它是一个国际化的大都市。而且，西安具有极高的世界知名度、极高的区域首位度，所以西安是一定会长大的。因此，作为大都市的西安，不适合走"小而美"的模式。

西安迫切需要做什么？第一，西安迫切需要快速发展提升竞争力，需要能快速更新的模式；第二，西安不可能是单一的旅游城市，不能用单一模式；第三，国际化大都市一定需要多元化的城市魅力。所以，西安需要中外汇聚、多元艺术的手法，彰显我们的国际化魅力，它的手法要满足三个原则：大面积的覆盖面，更快的带动力，以及更融合的方式。

"城市针灸"是西安城市更新更好的办法：西安不需要大拆大改，而是找准要穴以针疗疾；西安不会是京都，也不需要颠覆性的改变，西安有它自己的更新之路。

城市针灸是指一种催化式的小尺度介入的城市发展战略，做的是一个小手法，但带来的是一个大效果。你不用改造周围的东西，只要改造了磁极，就会带动周边的发展，我们抓住了磁极，就是都市针灸的涟漪效应，能最快速、最大化地实现古都更新效果。

二、城市针灸的三个特征

城市针灸有三个特征：全域战略布点，形象带动功能，艺术激发创新。比如巴塞罗那，一座与西安极其相似的城市：在保护古城风貌的同时，实现了城市经济的发展，被称为"地中海的曼哈顿"。并且，作为文化古城，它也面临过城市中心的失落（图1）。

图1　20世纪80年代的"城市针灸"拉开了巴塞罗那更新和重生的序幕
（资料来源：网络）

图2　巴塞罗那大地艺术景观"沉落的天空"
（资料来源：网络）

　　巴塞罗那的"城市针灸"总体可分为两大阶段：第一阶段是1980～1986年，主要是小尺度广场、街道和公园；第二阶段是1986～1999年，为略大尺度的海边、居民区和体育场。

　　20世纪80年代开始的"城市针灸"拉开了巴塞罗那更新和重生的序幕：抓住被忽略的城市公共空间，用"见缝插绿、见缝插花"的方式，完美扭转了城市最脏乱差的那一面，全域化地提升了城市品质。例如，"废弃的火车北站"被改造成市民公园，植入丰富的休闲娱乐设施，实现了城市空间的多功能转变，成为市民的休闲聚集步道……而且，巴塞罗那做的全是艺术公园，只要到了巴塞罗那，就会给你一张艺术地图，指引你去各种各样的休闲场所……

例如，巴塞罗那大地艺术景观"沉落的天空"（图2），增添了富有艺术气息的公共空间，提升了城市形象，同时成为受欢迎的休憩场所，提升了周边居民的生活质量。

作为国际大都市的西安，同样非常需要"城市针灸"。西安，大气有余，精致不足，很多公共空间有待开发。不过西安拥有多位国际上闻名的大师、艺术家，以及很多的民间艺术家，在城市空间改造上仍大有可为。越是屏幕时代，我们越需要高质量的城市空间，我们要借助城市针灸，聚焦微空间，实现大循环。

城市针灸，应该发力于西安古都的微空间。从西安古都的现状来看，内部还有很多可以利用和改造的空间，老的工业社区、古都内的各种街巷小弄、零碎散落的小空间、交通不便的边缘地带，这四大类可以说是古都更新的典型代表空间。

1. 工业老社区改造：家门口的活力公园

推荐案例：哥本哈根超级线性公园

超级线性（Superkilen）公园是一个穿越哥本哈根、最多种族和宗教混杂社区的线形城市空间，整个项目点、线、面相互穿插结合，利用社区闲置空间，分主题构建市民休闲公园，创造了一个丰富的立体化开放式城市公共空间（图3）。

图3 哥本哈根超级线性公园
（资料来源：网络）

2. 城市旧胡同改造：胡同里的微公园

推荐案例：美国格伦代尔国际象棋公园、北京杨梅竹斜街公园

国际象棋公园位于格伦代尔市（Glendale）布兰德大道中心街区的两个商店之间，经过设计团队的奇特构思，把这个曾经单调乏味的连接停车场、剧院及周围的过道转变成一个地标性的、以社区服务为导向的公共空间（图4）。

杨梅竹斜街微公园位于北京大栅栏片区的杨梅竹斜街，原本胡同里的临时停车空间被改造成为颇具人气的街巷公共空间。经过绿植装饰和休闲打造，成为胡同居民的活力休闲公园（图5）。

图4 美国格伦代尔国际象棋公园
（资料来源：网络）

图5 北京杨梅竹斜街公园
（资料来源：网络）

3. 零碎散落的小空间改造：街角口袋公园

推荐案例：美国佩雷公园、纽约绿亩公园、墨西哥街角公园、伦敦长椅公园

美国佩雷公园（Parlay Park）是世界上第一个口袋公园，占地390m^2，为喧哗的都市提供了一个安静的城市绿洲。园中谨慎地使用跌水、树阵广场空间、轻巧的园林小品和简单的空间组织（图6）。

4. 交通道边缘地带改造：交通道的边角广场

推荐案例：以色列巴特亚姆市The REAL Estate公园

以色列巴特亚姆市 The REAL Estate公园项目坐落在一个现代居住区街道的尽端，

这个尽端是一堵巨大的混凝土墙，以隔绝小区旁边穿越的高速公路的噪声。项目以"隔离墙"为载体，用一片柔软的透水墙界定出一个让人意想不到、并想停留下来的新空间！大整体外又有小格局，适用于个人、情侣还有群体，提供了各种活动的可能（图7）。

图6　美国佩雷公园
（资料来源：网络）

图7　以色列巴特亚姆市 The REAL Estate公园
（资料来源：网络）

城市针灸，不只是政府工程，还是开创政企共赢的市场自平衡新模式。

对于城市空间来说，有了人气就等于有了商气。通过人的聚集，率先带动起区域的人气，使得区域成为各种商家作为宣传、活动、零售的目标区域，进而为区域乃至城市注入活力，从而迈出环境建设市场化突破的第一步。一个小空间的成功是提升了区域魅力，但规模不经济；城市针灸的最大价值，在于一个空间网络的盘活，由此带来规模商业价值！我们要通过全域联动和统一运营，实现市场效益和社会效益的共赢！

地名的消除，往往也在消除一段文化。我们可以在城市更新中，除了复原实体空间，也复原地名所承载的空间形态。

9 都市更新·创新实践 —————— 演讲◇刘力

都市更新·智汇西安 建筑策划专委会（APA）夏季高峰论坛上，刘力先生通过对武汉中北路金融大道规划设计案例的剖析，为政府提供了片区开发的整体思路；为城市每块地提供了多层面、多行业的功能与开发定位，设定了更有统筹意义的、超越传统深度的规划设计条件；为同行提供了新的视角，除了老城、新区规划，还有非老非新的都市更新规划。

一、都市更新的现实窘境

都市更新现在是比较时髦的，但在实践过程中确实也面临一些具体的问题。很多地方城市政府没有太高的积极性，最主要的原因还是没钱。不可能所有城市的翻新都由政府掏钱做，现在很多地方财政是比较困难的。另外，按照既往的规划，城市中心的土地成本已经非常高了，原来设定的指标过低，所以土地拍卖、出让、招商都会困难。所剩的土地也是零散的，主要由开发商主导，实现不了城市中心的功能。针对这种情况有些城市走在前面，比如广州、深圳成立了城市更新局，具体执行，整合区域功能。学术圈也在探讨具体的实施路径。

二、研究建筑策划的使命

武汉中北路项目很具特殊性，对于这个项目第一政府比较有积极性，政府让卖地这个事就好办了；第二，项目在市中心有较高的开发价值；第三，容积率比较高，有开发空间；第四，具体执行人是武汉市地空中心，这是新成立的单位，跟规划院同级，其他城市没有这样的设置，这是这个项目集体的有利条件。做这个任务可以说是一个研究、建筑策划加规划的过程，具体任务是"研究区域土地适合不适合开发及开发的适合条件；研究里面的业态，分析消费与产业需求，提出新的业态建议；梳理公共空间，提出新的规划设计要求；研究现状3D数据，确立新建筑的边界"。

三、武汉中北路金融大道——城市设计及重点地块规划设计

项目特点非常突出，在武昌区核心地带，沙湖、东湖两湖相夹，串联徐东、楚河汉街、洪山广场三大商圈，中间是楚河汉街，万达在武汉做的项目（图1）。金融大道是武汉市两大金融产业集聚带之一，聚集金融机构110多家，金融业用地占比达到27%，且连接华中金融城与武汉火车站，是南北向最重要的商务主轴；沙湖湾是内环线内唯一的湖泊，具有长达8.5km的岸线，中北路紧邻沙湖东岸，有将近2.5km的岸线，占总沙湖岸线的30%，目前是沙湖仅有的未开发利用岸线。根据以往的规划，分不同年代做的，互相也是不连贯的，分了五个重要的城市节点。

以往的历次规划编制的通病：

编制时间久，时效性较弱：规划编制距今两年，滞后于城市建设日新月异的变化。

编制内容侧重点不同，实效性不强：规划编制内容侧重于建筑整治，城市设计导则范式研究，同时受当时条件下的现状约束较大。

编制方法不满足新形势下的实际建设诉求：新的历史时期，武昌战略发展以及中北路定位发生变化，招商引资门槛提升，金融腹地拓展需求强烈，开发单位建设愿望迫切等，需要以平衡多方利益为重点的价值观导向，对中北路进行一个更为长远的规划部署。

这个项目政府给的定位非常清晰，是华中金融中心的金融商务先导区、最能展现武昌乃至华中地区国际化水准的金融高地。并提出几个愿景：功能上是城市国际地位的象征；业态上满足繁荣互补的商务

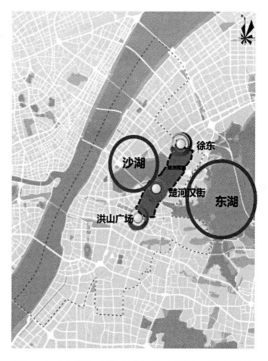

图1 武汉中北路金融大道的城市设计及重点地块规划设计

文化氛围；公共设施要打造生机勃勃的滨湖空间；形象多层次、活力新潮、城市展示面，自上而下与自下而上相结合，建设具有标志意义的城市景观，基础设施将一次性土地收益转变为土地价值的持续提升。

现在的规划现状有好的方面但也有问题存在，首先是大道已经形成了，经过几次建设格局已现端倪，包括滨湖公园都有重要的节点，可达性也大幅度提升，地铁及重大立体交通设施开通运行，道路交通拥堵明显改善。规划范围4.3km长，没有很大范围的可改造空间。下面的部分基本建设完了，可开发地块沿中北路分布，主要在楚河汉街以北区域，集中于岳家嘴、电车二公司、电视机厂和青鱼嘴等地块。约21个地块，总净用地面积约58.76hm^2，临湖可开发地块总面积约30.05hm^2，占总可开发地块面积的 50%。存在的问题是现状商务办公用地比例仅为12%，非金融业态混杂，金融商务业态不连续也不成片，缺乏清晰的结构体系和明确的形象定位。作为商务配套，设施非常低，大量的规划还是住宅居多，整体现状的建筑形态看起来明显比较过时。交通服务水平仍有不足，亟待全方位改善；现状地下空间，利用效率整体较低，不到总用地面积的25%，以私人地下停车为主，比例高达 67%，地下商业开发处于起步阶段。按理说地铁、物业、商业应该有很大的辐射力，但现在却没有充分的发展，包括建筑形象也需要提升（图2）。我们提出五大方面的策略，目的是形成国际水准、环境友好的高地。

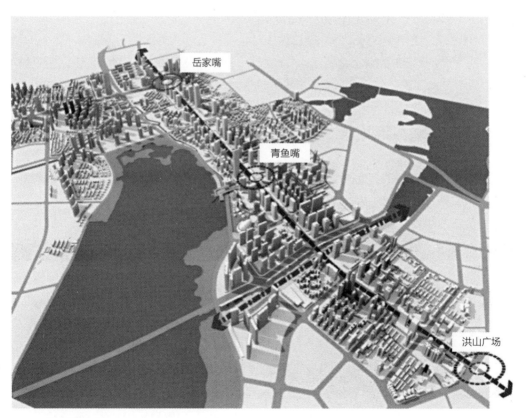

图2　调整后的用地形式

　　　　二　全过程咨询中的策划

第一，全方位城市功能体系，建立十字空间结构。把21块地全部串起来，一核两片多节点，一港双翼。提升了金融、办公的比例，图2所示是调整过的用地形式，作这样的调整需要大量的实调数据。

第二，做全景式的开放空间系统。比如说增加公共空间的可达性，设置了人行天桥，结合地铁站、城市广场。再就是增加公共空间的各种停车、绿化、餐饮。最终形成一轴三脉多节点，整个城市面向湖面的景观生活体系。

第三，全路网交通处置方案。打造低碳、高效、现代的综合交通系统。

第四，全互通地上地下空间利用。规划目标是功能复合、整体性开发的地下空间体系，行动策略主要有两点：第一是基于轨道站点的整体式开发，重点依托青鱼嘴与东亭地铁站，结合周边存量地开发，形成500m半径内的一体式开发，新增了12处地下私人停车场，9处地下公共停车场，新增2片集中开发的地下商业文化用地，含3处下沉广场。第二，基于地形高差的地域性开发，利用地形高差，创造灵动多变的开放空间，结合地铁商业打通滨水区与金融街的人行通廊。

第五，参数化城市风貌控制。第一，建筑分级次，退离湖面，形成空间的秩序感。必须在宏观控制阶段有详细的规则，规划建设才有依据。第二，作了精细化、生态化空间的引导，包括增加行道树数量。第三，重新设计了建筑限高，包括对建筑的立面作了一套建筑的考核。第四，以"地域标识性的天际线引导"为准则，规划新建塔楼33栋，高度合理分配，整体均质，也形成局部聚集（图3）。

下面重点介绍四个区域：第一个片区是青鱼嘴核心区，重新规定了业态，基本的功能。细化了不同业态的配比，制定了入住的要求，不同企业的标准。而且设定了每栋地标之间的关系，做了不同的方案，选择了最佳的视觉效果，不同角度看过去比较有讲究。交

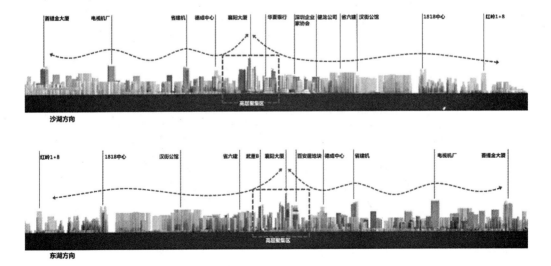

图3　参数化城市风貌控制

通方面减少对交通的干扰，所有的楼宇都在地铁站500m范围内。利用地铁立体的交通优化所有周边商圈人流之间的关系，所有建筑里的人流都能方便地到达地铁站。

第二个片区是沙湖湾左岸活力港，除了大的定位外，还有每一个主题的细化，功能的细化，形象上的建议，包括里面对时尚文化艺术的建议都作了具体的设计改造。沙湖湾左岸活力港定位于金融商务服务配套区，确定了这个项目的主题功能分区与详细业态，并沿湖控制建筑高度与通透率，保证城市通廊，最大化共享沙湖景观资源。建筑后退，沿湖为市民留出更多开放空间，商业底层架空，形成共享灰空间，二层平台将商业联系起来，同时也成为观赏湖景的最佳场所，三层的立体空间无缝衔接地铁商业，利用中北路与沙湖大道之间约9m的高差形成三层立体空间，将地铁人流直接引入商业地块。植入艺术文化功能，完善沙湖沿线文化游览系统。

第三个片区是岳家嘴中央门户区，定位于城市门户形象、创新的办公环境。设计地块的主要观景方向为徐东大道东侧，选取该视角确定主要塔楼建筑高度，完善岳家嘴门户天际线。创新办公环境，打造丰富共享交流空间（图4）。

第四个片区是东亭风尚休闲购物区，属于在大型地铁上盖商业项目，定位于生态艺术体验功能，项目整体配备了5A级办公楼、星级酒店、商业零售、餐饮、娱乐休闲、住宅、市政等综合功能。结合地铁打造无缝衔接的城市商业综合体，地铁站500m覆盖范围内有大量办公住宅，会带来大量通勤人流，结合地铁站开发商业、休闲、娱乐等多元复合功能，使项目不仅仅成为一个简单的服务型商业项目，更能成为一个具有吸引力的大型综合商业娱乐项目。利用下沉广场将人流直接引入商业项目，并打造生态公园式购物中心，提供舒适的购物环境（图5）。

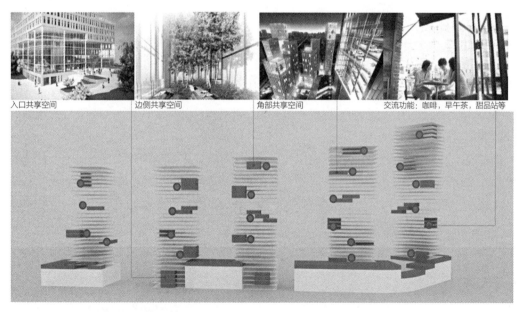

入口共享空间　　　　边侧共享空间　　　　角部共享空间　　　　交流功能：咖啡，早午茶，甜品站等

图4　岳家嘴中央门户区创新的办公环境

图5　东亭风尚休闲
购物区

　　这几个案例对我们有什么意义？第一，为当地政府提供了一个片区开发的整体思路。第二，也为每块地提供了多层面、多行业的功能与开发定位，设定了更有统筹意义的、超越传统深度的规划设计条件。第三，为同行提供了新的视角，除了老城规划、新区规划，还有非老非新的城市更新规划。

　　我们得出城市更新的三大结论：第一，城市规划的存量时代正式开启。第二，城市更新并非只有棕地利用和旧城保护。第三，城市设计和建筑策划的重点聚集地区公共属性的强制性。

　　盘整旧城：城市规划的存量时代正式开启，盘整旧城可开发用地势在必行，现在高价盘整土地集中在郊区，城区土地比较零散，需要进行这样的整合规划，也需要根据新的市场需求重新定位整合调整指标。

　　房地产开发：城市更新并非只有棕地利用和旧城保护，房地产开发仍是主流，其开发条件是要提升地区综合利用水平。不是说只让开发商盈利就行，还必须承担社会责任。棕地利用和旧城保护并非每个城市都有需求，因为需要产业、资金实力支持，不可能所有建设都要政府承担费用。房地产仍是资本最集中领域，且投资方向回归大城市与城市改造项目。非保护区谁来开发谁说了算，基本开发商说了算，更新规划就是将开发盈利与地区综合利用强制性结合。

　　公共属性的强制性：城市设计和策划的重点，聚焦于地区公共属性的强制性，以及私人开发地块对城市的贡献。第一，明确了公共系统相对连贯，交通绿地竖向地下穿行。第两个方面是做了城市空间3D设计，结合现状数据设定每一块地私人空间建设的边界。第三是重新定位各分散地块对城市功能的分担。

10 未来的传统——成都远洋太古里的都市与建筑设计

——演讲◇郝琳

城市复兴·美丽厦门 建筑策划专委会（APA）秋季峰会上，成都远洋太古里规划建筑负责人郝琳博士发表主题演讲《未来的传统——成都远洋太古里的都市与建筑设计》，他以这个实际项目为例，讲解了其规划建筑设计要点，阐释了这片城市中心区域如何演化为成都新的城市文化与商业核心，实现城中心的再生。

一、选址优异，独一无二

这个项目是在2008年年初开始进行设计的。那时，我们看到的现场，是荒寂了一阵的大慈寺片区（图1）。除了古寺香火，地段尚存着数座保留的院落和建筑，以及数条业已沿革数百年的历史街巷的名号与脉络。所以说，成都远洋太古里这个项目，既有很多的限制性条件，又有不少的想象空间和可能性。怎么样在数年较短的时间内，在面积7万多平方米的都市核心土地上，开展项目的规划设计呢？

作为一个在北京出生长大的建筑师，在这个项目之前，我并不了解成都。项目伊始，我们设计团队就不断地跑成都，穿梭在蓉城的大街小巷，感受这个城市丰富的历史文化和空间元素，探寻这个城市丰富而浓郁的生活色彩。

成都的时尚，不输给北京、上海，消费力也很强劲；自然人文环境，优美而独特，是个深具休闲感的地方（图2）。我想，设计的课题包括如何把在地的衣食住行的传统魅力和川西民居的建筑特色这类元素打散重构，成为城市设计中的成功要素。带着这些疑问，我们跟当地居民沟通、向专家学习、向政府取经、与业主讨论，逐步体会到很重要的一点，也是关乎这个项目成败的关键——好的城市之道，是把民众的日常生活、人文历史的雅致，以及像公园般开放空间的自然环境转变成街巷氛围，让人们在这样的街巷中行走，体会到人看人的乐趣，感受到文化历史记忆以及传统的存在，感受到公共空间里的舒适、安全、宜行的场所环境。这是让大家都可以参与进来的都市空间，租户商家也可以在这样的气氛下，得到灵感，受到激励，看到发展，从而积极地发挥自身的设计营商创意。这就是项目设计的哲学思想。

图1　成都远洋太古里项目原址

图2　成都的商业、休闲环境

二、项目要素

在这个项目里，政府、开发者、租客以及消费者，他们到底需要什么？从政府角度来说，大慈寺片区是成都的历史文化片区，各级政府与市民对这样的都市核心区的发展项目期待很高；从租客的角度来说，高质量的建造与管理确保了高品质的租客和较高的收益；再者就是消费者，高质量的建造与管理以及优越的环境保证了项目在区域中的优势；从长远的角度，高质量的投资建造与可持续发展策略确保了项目的长远价值。在这个项目中，我认为有如下几个角度是需要去考虑的（图3）：

（1）专业技能：作为设计师团队本身固有的专业技巧是其中的一环，但项目的成功却远非如此。

（2）在地因素：地处的文化、历史、生活方式、气候条件是永续发展不可忽略的因素，必须把这些条件与项目进行整合互动。

（3）政府政策：政府这些年的政策导向是非常积极的，比如说提出以人为本的社会发展，提出要保护文化，提倡可持续发展等。

（4）投资与商业模式：在这样的城市中心做如此大规模的项目，业主太古地产和远洋地产深具经验的设计管理、建造、运营、商业模式等经验和价值观，必须考量融入到规划设计中去。

从城市规划的角度来看，有两条线是不可以忽略的，一个是都市设计的综合发展动议，如何激励多样性的混合使用，激励面对变化而

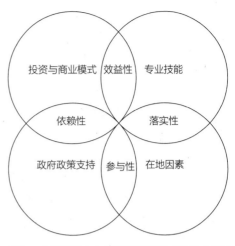

图3　成都远洋太古里项目需要考虑的几个角度

设计的机制，怎么赋予脉络、创造情境、重组价值、分享串联。另一个是都市设计的流程，设计师怎么样从感知文脉环境，到空间细化，再到项目落地。从设计师的角度，事关如何把众多看似没有关联的东西融合在一起，创造多元化发展的城市空间。简·雅各布斯（Jane Jacobs）在早年就提出了所谓小街廓、历史性建物、有变化的人行步道、多样性、混合使用、集中等都市策略，今天中国的城市如果产生了问题，那就是不够多样化、多元化，也不够珍视我们的文化资产（图4）。所谓资产，不光是文化历史的物质遗存，

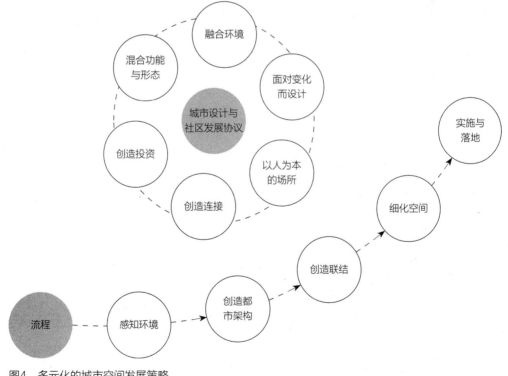

图4　多元化的城市空间发展策略

二　全过程咨询中的策划

而应是更为软性的文化资产，多少是一种隐性的传统，是一种人与人、人与环境之间的温度。

三、街区再生，核心价值

这是2008年项目最开始时构思过的一张形态草图，这样的开放街区和村落般的多组建筑群的城市设计基本结构，过程中没有太大的变化。大慈寺居中，在地块中规划数个广场，营造公共空间，这些基本的形态没有变。商业活动要求流线必须清晰明了。规划中，一条主要步行街穿越其中，形成一条清晰的商业动线。这张草图也说明了项目的基本构思，这是一个具有市中心风貌的区域，一个充满了更多室外露天公共空间的区域。它不是一个有盖子的，把所有东西都包含在里面的大尺度建筑，而是渗透性的开放街区，允许更多的人融入街区空间，给大家提供更好的平台，共同创意。这是开放性、公共性的空间共享和共创（图5）。

宜行城市、新旧融合，也是关键词。很多人说，假如其他的地块没有老房子，能不能学习成都远洋太古里的模式呢？这是颇有意义的讨论。我体会到，成都远洋太古里不仅仅是因为依托老房子和历史文化而成功，而是无论有或没有这样的因素，都应当思考如何因地制宜，演绎文化资产，创造更好的开放空间、公共空间，提高这些公共空间的品质，这才是最重要的（图6）。北京三里屯太古里没有老房子，但是它有自己周边的独特元素和区域特征。它的元素有如离使馆区比较近，离酒吧街比较近，因此这种时尚、动感、洋气的空间文化，发展成为了北京三里屯太古里的特色。

快慢呼应，是商业开发布局上的重要策略，是在深刻理解成都这座城市、大众消费逻辑以及当地生活习惯的基础上，加之对场所因素的研究，创出的快里慢里的概念，招商策

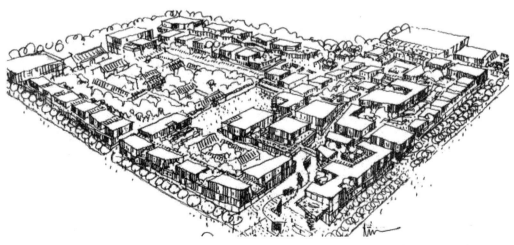

图5　项目初期构思过的一张形态草图

图6　规划设计的成都远洋太古里的老房子模型

略是跟整体规划的形态紧密相连的。文化传承也是形塑这片街区至关重要的因素，即传统与现代如何有机融合。第三层次的概念，也非常重要。什么是第三层次？作为设计师往往会忽略这一点，第一层次，我是指建筑的基本结构；第二层次，就是所谓的建筑围护。第一、第二层次是形成建筑的基本框架，但很多人把第三层次遗忘了。第三层次是建筑延展出的理想街区设计要素，比如雨遮、巷道上的街灯、座椅、树木、水池、艺术品、标识、外摆、快闪店、各类活动设施等，这是城市设计师应当充分重视的环节。

四、转变限制，合理布局

　　项目的若干限制之一，是历史的老街巷，每条历史遗存的街道都需要保留和退让。历史上，大慈寺庙前就是街市，现在从地名中也可以了解到，比如纱帽街、糠市街、油篓街等。新增加的图中黑色的街巷，实际上是为了符合现在商业运营的新需要，把两个街巷叠加在一起，就是新旧的结合之一。现存的几个保留院落，作为门户、地标、记忆，好比是达·芬奇密码，利用这些因素以启发和形成完整的意象（图7、图8）。

　　总体规划分成两个层次，一个是内圈，围绕着大慈寺。这个区定义为慢里，更多的是精致美食和创意文化生活品牌。较为外面一圈，为快里，符合成都人对时尚的需要。这样的商业概念，跟总体规划的形态层次是符合的。灯光设计也符合快里、慢里的气氛和节奏，慢里的灯光较暗较暖，快里的则较为亮丽（图9）。

图7　现存原有道路肌理　　　　　　　　　　　图8　规划道路肌理

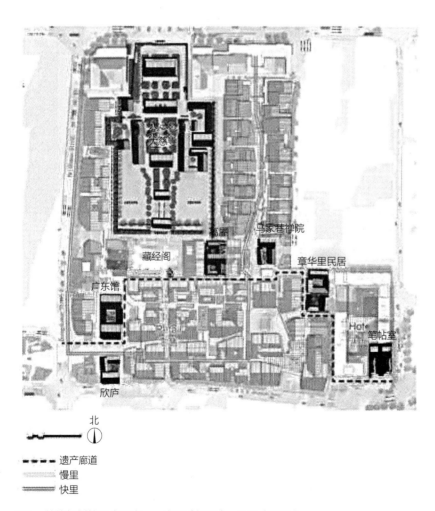

北

- - - 遗产廊道

慢里

快里

图9　总体规划的两个层次——内圈（慢里），外圈（快里）

五、新旧交融，开放都市

在成都远洋太古里的公共空间里，穿越新建筑的同时，总是会看到老房子。新加旧，传统加现代，就是这个项目非常重要的一个视觉体验特征（图10）。对于塑造公共空间，街道活跃的氛围、文化的提供，以及餐饮的比重，都是非常重要的因素。在市中心这样的核心区，要有大量的餐饮存在，这些餐饮无论是放在平台上还是广场边，总之都是街巷和公共空间的活跃因子。

新旧的融合，怎么样通过现代的手法，对传统的演绎、对历史的了解，把新的活力注入到社区当中，包括跟外面街道的接壤是顺畅的，熙熙攘攘的人很自然地进入到这个社区当中，经过店铺、经过水池、遇到地标老房子，就像中国卷轴画般，层层地展开街巷和故事，这是中国传统城市非常美妙的地方。在设计上我们也通过类型设计的方法，处理各区的街道尺度，达到空间的多样性。大慈寺也融入其中，并成为重要的地标。

在成都远洋太古里，我们可以看到新和旧的有机融合。新与旧，相融合，但彼此又有差异。现代的建筑语言，在跟旧有的传统对话。对话还包括不同的空间。离寺庙较远的外围街巷构成了快里，很具动感与时尚；临近大慈寺的区域是慢里，庙旁的红墙边，有很多的景观水体、树木和餐饮业态，大家在这样独特雅致的气氛中休闲用餐。是啊，对于这样快耍慢活的城市设计，照片是永远没办法代替现场真实的感受的，希望大家有机会去现场，特别是在华灯初上的时候，身临其境将会是很美妙的城市空间体验。庙前的水池，让

图10　新旧交融的公共空间的塑造

人感觉到宁静。但在东广场上，小朋友在那里戏水，喷泉伴随着音乐和色彩起舞，丰富而动感。宁静和热闹，两个广场遥相呼应，构成了丰富的身心体验。

成都远洋太古里邀请了不少国际和本土的艺术家，布置了很多的艺术品，每个艺术都有一段故事。比如大慈寺这个地方，以前的市场街区常有卖樱桃的，艺术家们就做了几个大樱桃雕塑。这些故事和艺术品编织在一起的时候，会让人觉得很有内涵，也是与历史文化的一种衔接（图11）。

成都远洋太古里的规划，采用了并不激进的方案，规划出大抵上类似传统市中心样式的随弯就弯的棋盘式开放街区和人行布局。城市结构，短窄密，符合人的尺度，令人熟悉，但又新鲜。空间与外围街区自然接壤渗透。项目在现实的场景里，融合生活方式、都市体验、历史资产、文化创意和场所营造，有着新与旧、文化历史脉络中的光影变化，也有着形形色色的人——年轻人、老人、儿童、恋人，怎么去享受这处"为你而创"的城市场所，也是非常重要的。城市，是人类文明进程中最伟大的实验，而作为设计师的我们，无非是让这样的探索，适得其所地发生在街巷之间，培育思考，找寻价值（图12）。

在过去，我们经历的是一个机器思维的时代，思维较为单一。设计往往是孤立的，包括很多的设计思维是技术、物理、竞争性导向的。这些年，我们看到不少设计创意、社会创新的好思维。未来世代的面向，究竟是什么？我想，当下和未来，是一个关于意义的时

图11 国内外艺术家规划设计的众多艺术品

图12　成都远洋太古里项目的开放街区和惬意的生活休闲场所

代，我们为何设计、为谁设计、如何再生？我们为意义而设计、为体验而设计、为美好生活而设计。我们倡导的是领导力、合作和促进，我们更强调文化的内涵、心理的因素，并且以国际的视点重新审视在地的文化精粹。这样最终才会营造出更符合大众需求的具有独特气氛、多层次情感体验和充满美好生活的都市场所。

成都远洋太古里项目将市中心的特征集中体现出来，为都市中心片区注入多样性、活力和凝聚力，达成新旧交叠的多用途城市街区，将社会力和经济力融于都市空间设计，并得以提升，从而创造出让大家特别是当地新世代引以为傲的千万人口的大都市中心。它不是为古人或是单纯的保护和怀旧而设计的，而是为当代的人、当代的生活和未来的传统而设计。这样的实践，我认为是迈出了当代全球都市思维在中国作业的重要一步。

11　城市更新——首都非核心功能疏解——基于动批项目的思考
——演讲◇崔曦

2017年中国新型城镇化高峰论坛暨"浙江大学中国新型城镇化研究院"成立仪式上，崔曦女士通过对北京动物园批发市场（简称动批）项目的调研、评估和市场情况的分析，并借鉴巴塞罗那的22@Barcelona城市更新项目的案例经验，得出大都市城市更新疏解不能一减了之，更重要的是如何培育新的增长极的结论，并就动批项目的发展方向作了展望。

一、命题

2014年2月，习近平总书记视察北京并发表讲话，对北京的核心功能作出明确的城市战略定位。北京作为首都，所承担的四大功能包括全国政治中心、全国文化中心、国际交往中心和科技创新中心；未来北京将逐渐疏解非首都功能，包括一批制造业、一批城区批发市场、一批教育功能、一批医疗卫生功能以及一批行政事业单位。

北京动物园服装批发市场（简称动批），位于北京核心地带，属于低端产业典型。相比北京市雅宝路、大红门、木樨园这三个有名的批发市场，动物园服装批发市场是人流量最大的服装批发市场，疏解这些"区域性批发市场"，是疏解非首都功能的重点任务之一。

作为北方地区最大的区域性服装批发市场，北京动物园服装批发市场被列为非首都功能疏解重点区域，其撤出北京也被赋予更高层次的意义，一旦改造成功，将成为非首都功能疏解的标杆案例。北京市西城区政府提出，在2017年年底彻底完成动批全部疏解腾退的工作。

此次规划研究的区域位于西二环和三里河路之间，北至动物园，南至阜外大街，占地约4.7km²，整个区域包括起步区和核心区。核心区位于西直门外南路（动物园路至三里河路）周边区域，区域占地约19hm²，总建筑面积约31.82万m²，现有楼宇主要包括：①四达大厦（金凯利德）；②东鼎大厦；③万容天地；④世纪天乐AB座；⑤天和白马；⑥众合；⑦矿冶研究院；⑧天和白马二期；⑨安达聚龙市场（地下）等；起步区由世纪天乐AB座和万容天地、四达大厦（金凯利德）、宝蓝金融创新中心等楼宇组成，占地6hm²，总建筑面积19.8万m²（图1）。

图1　研究区域及核心区位置

二、调研

北规院合作团队对核心区内的现状交通、建筑、人口分布等情况进行了详细的调研，调研内容主要包含以下部分：

（1）区域人口：常住人口/户籍人口、白天/夜间人口、常住人口年龄结构、常住人口受教育结构、租户；

（2）存量写字楼：位置、用地面积、建筑面积等；

（3）产业分布：产业类型分布、法人单位及从业人员情况、世界500强企业分布、财政收入情况、税收情况；

（4）公共资源：见表1。

动批周边公共资源　　　　　　　　表1

	大设施——档次	小设施——便利
文化设施	文化活动中心 图书馆/展览馆	书店
教育设施	大专院校	中学、小学、幼儿园
体育设施	体育场馆	健身场地
医疗卫生设施	医院	社区卫生服务中心/门诊
商业设施	大型餐馆，商场/市场	中小型餐馆，茶咖馆，小商店/便利店
娱乐设施	影剧院	—
绿地广场	城市公园	社区公园/广场

（5）交通：轨道站点分布、公交站点分布、公交枢纽及其周边路网、自行车交通环境、步行交通环境、道路网密度、停车场；

（6）市政设施：场站、管线；

（7）环境状况：水、气、声、渣。

三、评估

1. 核心区现状评估情况

建筑质量差：核心区内建筑风格多样，不相协调，大部分建筑建造年代较早，急需维护，同时改造和新建的建筑缺乏亮点，整体建筑质量有待提高。

使用效率低：核心区内的建筑设计年代较早，建筑布局和平面组织方式老旧，使用效率低，无法满足当代商业空间的功能要求。

配套不齐全：核心区交通线路条件和基础性服务设施不够完善，缺少统一的停车场地，信息、物流、金融和生活服务设施都较为缺乏。

产权不清：核心区内的建筑产权构成比较复杂，对项目的统一设计改造及后期的整体运营管理带来难度。

缺少现象级建筑：核心区内缺少吸引社会注意力和关注度的现象级明星建筑（图2）。

2. 从功能定位看，北展区域目前以城市配套功能及居住为主

西城区十三五规划中提出的10个重点产业功能区均分布在北展区域以外，北展区域目前主要功能为生产性服务业基地、展览中心、大专院校、交通枢纽以及公共服务和管理，兼有居住功能；从分街道就业密度上看，北展区域位于西城区第二，仅次于金融街街道，但以服装批发零售业为主。

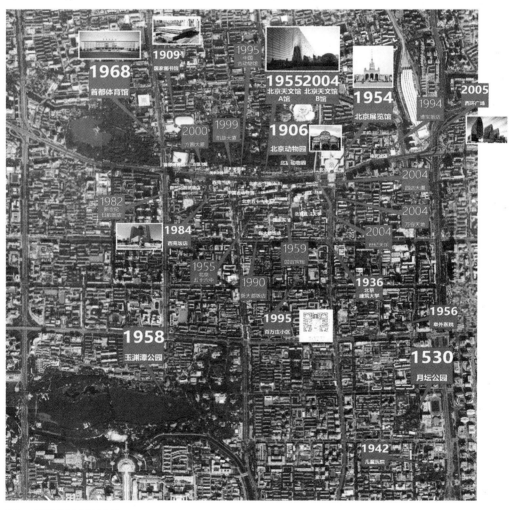

图2　动批周边重要建筑

3. 从国际交往中心功能发展看，北展区域相对滞后

西城区拥有世界500强企业总部20个，其中17个分布在三金海（三里河—金融街—中南海）地区，北展地区没有。

4. 从国际交往设施的角度看，北展地区及西城区严重紧缺

西城区五星级宾馆太少（4个），而且基本都集中在金融街（3个），相比东城（16个）悬殊太大。

5. 未来可能的发展方向？从服装批发市场到金融/文创/科技/公共服务（图3）？

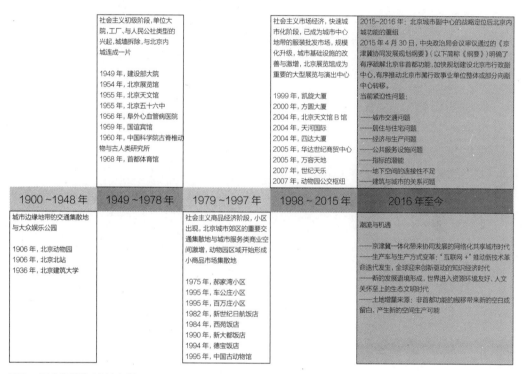

图3　历史回顾与当前审视

四、案例

目前，国际上存在三种城市更新的模式：模式1为推倒式战略，早期在西欧的慕尼黑、鹿特丹以及二战后美国应用较多，如曼哈顿；模式2为新城战略，二战后以英国为主的西欧国家在郊区化的背景下采用建新城模式；模式3为产业、文化、创意引导策略，兴起于20世纪70年代的美国，20世纪80年代西欧国家开始借鉴这种模式，20世纪90年代该模式逐渐推广，最终实现城市从单一形体目标向经济、社会、环境综合目标的改造更新。

以巴塞罗那22@（Barcelona）的城市更新项目为例。

1. 项目背景

22@Barcelona位于Poblenou区，22@的名字即源于Poblenou的分区代号22a，距离巴塞罗那市中心不足十分钟。这里原是巴塞罗那最大的工业区，百年来一直在加泰罗尼亚沿海地区经济活动中占据举足轻重的角色，被誉为巴塞罗那的曼彻斯特。随着主要产业纺织业外移，这个工业区渐渐失去活力，公司与资金逐步撤离，经济动力消失，都市活力骤减。

1992年奥运落幕的那一刻，巴塞罗那才刚从成功的光环中退出，便立刻面对了庞大的负债；在2009年全球陷入金融危机之际，巴塞罗那却早早偿付了所有负债，成为西班牙财政状况最佳的城市。这里的关键，不是与某国签订了贸易协定、发现了新油田、或者靠着大企业的进驻，而是启动了一项都市更新的决策——22@Barcelona。巴塞罗那并未出售土地换取资金，而是耗用十年时间，以它为起点带动城市产业转型。

2. 22@Barcelona城市更新项目的基本情况

用地规模：198.26hm^2，涵盖115个街区；

新增面积：400万m^2；

增加绿地面积：11.4万m^2；

增加基础设施面积：14.5万m^2；

基础设施投资：2亿欧元，带动54亿欧元的企业投资；

开发部门规模：50人左右；

开发时间：2002~2016年；

投入：公共部门共投入2亿欧元；

产值：每年70亿欧元；

产业规模：1500家公司，四成是新兴公司，创造了45000个就业岗位。

3. 目标与定位

园区定位：以扶持高科技、网络产业为主题。

发展目标：引入特定的产业，同时融入原有的街区肌理。紧密融合高科技企业，公司与住宅单元、生活空间、小型商业活动结合，创造出符合高科技人生活方式的城市空间（图4、图5）。

政府角色：前22@Barcelona执行长官、现任市政府经济发展局局长Miquel Pique说：作为一个规划者，要找到城市的竞争优势策略，必须重新发现一个城市吸引人才的资产是什么，并结合经济发展，这样才能吸引创意人才的进驻。政府角色体现在从发展愿景的提出、核心产业的精确定位、推动平台的建制到政策工具的应用等各个方面。

图4 巴塞罗那22@
Barcelona城市复兴
经济发展支撑

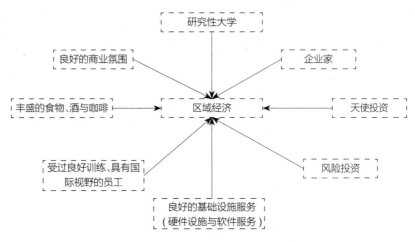

图5 巴塞罗那22@
Barcelona城市复兴
土地使用方案

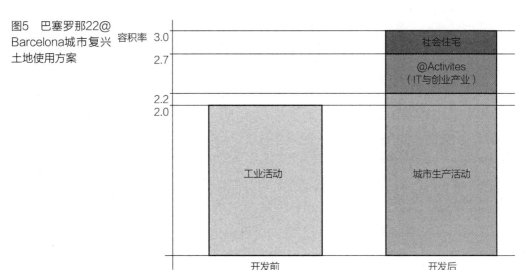

4. 城市更新策略

巴塞罗那城市建筑师制度:

巴塞罗那脱离工业城市的发展模式,在不同时期推出了不同的城市转型策略,都达成了预设的目标。这些目标的实现,城市建筑师的制度功不可没,城市建筑师的职责包括:

提出城市转型再生的模式,以及城市的发展策略;

提出策略性规划下的城市发展项目;

为都市发展项目的整合与管理建立一套具备参考性的标准。

巴塞罗那城市更新中的策略性规划:

1980~1990年的城市针灸法:城市针灸强调个案比整体规划重要,认为需要在城市中植入许多点状的公共空间,取代长时间、全面性的整体规划,以立即改善城市空间,获得更舒适的居住环境。在执行城市针灸法的十年时间里,共创造了四百多个小型开放空间,成功地在短期内提高了城市的空间品质。

1986～1992年的奥运园区及周边城市更新：成为1992年的奥运主办城市为巴塞罗那的城市改造带来了另一个新契机。这个城市改造策略，除了包含Montjuic山上的运动场外，还有奥运村及奥运港区规划。刻意将奥运村选在原本闲置的旧滨海工业港区，并配合拆除沿海铁路线、环状道路的地下化、整顿一系列滨海活动空间、服务设施与餐厅旅馆等，重新联结了城市与港区的关系。整个区域成功转型，成为国际级观光城市。

1992～2004年的艺术城市营销与跃升式发展策略：奥运会结束后，巴塞罗那市政府以文化及公共建设为核心，积极投入改善公共设施建设，加强公共艺术推广，作为城市营销的起点，并争取举办大型国际文化艺术活动的机会。利用国际行销活动带动地方建设发展和繁荣，以文化艺术建筑大城，再造巴塞罗那模式。其中包括1992～1999年间的巴塞罗那港区更新活化计划，以及2004年的世界文化论坛活动。

2001年至今的社会经济与空间整合性地区更新计划：将城市老旧地区发展结合产业转型的策略，试图从经济与社会面着力，对闲置的工业区进行整合性的空间活化与更新。主要计划就是22@Barcelona旧工业区再生计划。从2001年营运至今，已经创造了五万六千多个工作机会，成功转型为以知识经济为产业体系的欧洲城市。

22@Barcelona城市更新战略：

弹性的混合土地使用管制与容积率限制，保留既有街区纹理与部分旧工业地景，引入目标产业与开发公司，在旧城区中不作大规模拆迁，通过建筑更新与容积率奖励创造出新的建筑面积空间。

利用容积率奖励与其他产业辅导政策，吸引资讯、通信产业入驻，以资讯、通信产业带动产业升级与城市的转型（图6）。

结合产官学积极奖励创新，并将此园区作为创新的城市设计基础设施，以及各种原创产品的育成与试验场。成功的关键在于了解产业，并打造出贴近产业需求的聚落。从大学的引入开始，大型企业、政府与企业发展部门、培育中心到博物馆，只要是相关产业的上中下游，巴塞罗那市政府都主动邀请，成立单一窗口进行招商。2001～2011的十年间，22@Barcelona已经成功引入了7000家公司，雇佣90000名员工，成功带动城市产业转型。

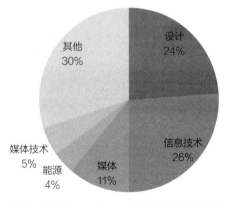

图6　22@Barcelona，已经成立或正在筹备的公司产业比例

5. 推动城市更新的具体规定

包括总开发建筑面积至少20%作为目标产业使用，10%的用地必须作为新形态住宅使用，10%的用地必须作为新公共空间使用，以及10%的用地必须转化为绿地。确保目标产业进驻，形成高科技、网络、资讯的群聚，也确保园区的住、商、产业活动得以混合，公共空间便利、多元。

此外，每笔开发30%的回馈让市政府有了筹码，为之后的更新提案提供了谈判空间。政府能在招商过程中挑选规划图，甚至与开发者讨论，从此掌握了更高的主导权。对于私有部门的吸引力，不只来自于租税的优惠，也包括土地取得的协助、友善产业环境的打造，都提高了业主进驻的意愿。

6. 其他

Media TIC——城市新技术：Media TIC由西班牙建筑师Enric Ruiz Geli设计，是区内的公共媒体中心，建筑面积14000m^2。建筑师创造了一个前卫、全新的建筑原型，融合各种可持续建筑的新技术与监控系统。建筑立面以薄膜、氮气及电子感应器调节遮阳，获得了2011年世界最佳建筑设计奖。为了将公共空间引入建筑，一层创造了一个无立柱的大空间。

Mercat dels Wncants——城市的多元：巴塞罗那二手跳蚤市场已有一百多年的历史。2013年迁建完成。跳蚤市场在巴塞罗那被看做是一种传统活动而不是一个城市问题，巴塞罗那并不以跳蚤市场的存在为耻，反而认为这是它们城市的骄傲，因此新的跳蚤市场依然选在了巴塞罗那的中心，对角线大街附近。

五、思考

大都市城市疏解，不能一减了之，更重要的是如何培育新的增长极。人群要换血、地方要发展、投资要回报，以优势产业替代原有产业，保障减量的顺利推进。

动批未来的发展方向有以下几种可能性：

（1）紧邻金融街，承接金融街外溢：日益渐长的高租金使得金融街内的金融机构负担逐步加重，后续外溢的趋势已成定局，金融街的中央金融决策资源、三里河的政务资源以及二环的交通核心资源却是金融机构难以舍弃的资源。北展区位置得天独厚，必然成为未来承接金融产业外溢的主要片区之一。

（2）文创、科创与公共服务中心：北展区更靠近都市核心区，离北京的心脏更近，具备发展文创、科创与公共服务的区位条件。

在与BIAD艺术中心和中央美术学院的共同工作中，也提出从空间策略上重塑建筑与城市的当代关系：

（1）回应人文历史与场景时代的到来：城市对景策略，在北京历史文化层积岩中的当代覆层与交互式场景对话；

（2）回应城市交通与功能升级：基础设施都市主义策略，智慧城市、将建筑与城市理解为智能主板与USB功能插件，网络式延展，关联式激发；

（3）回应气候、绿色与生态：内化的大都会生活、绿色出行、海绵城市与人工自然的地表；

（4）回应非物质生产方式的到来：后福特主义灵活空间与正式/非正式交织的工作场所；

（5）回应开放街区、社会空间与公共生活：重新协商公共领域，向城市开放的建筑与所有人"共用"的"地表"；

（6）回应业态的多样性与未来的不确定性：内部空间改造策略的多种可能性；

（7）回应可持续性发展：为未来预留战略性的空白，需要一种耐心的培育，而不是急速的打造。

动批项目的《整体区域现状调研报告》《核心区域疏解工作思路》《核心区未来产业研究报告》《核心区空间规划方案》《核心区升级改造具体实施路径》《核心区域运营管理方案》《核心区产业导入方案》等具体工作还有待展开，动批项目的研究和思考还将持续进行。

12 文化旅游经济发展对城乡建设的推动

—— 演讲◇汪震铭
王浩为

都市更新·智汇西安　建筑策划专委会（APA）夏季高峰论坛分论坛二"品质西安、文旅创新"上，清华大学建筑设计研究院文化旅游分院副院长汪震铭先生，以《文化旅游经济发展对城乡建设的推动》为演讲主题，从中国房地产发展背景、文化旅游经济的机遇以及文化旅游的经济建设发展模式三方面，分享了文化旅游对城乡建设的推动作用。

清华大学建筑设计研究院多年来一直从事文化旅游相关产业研究，并于2014年专门成立文化旅游分院，整合国际国内文化旅游领域的优质资源，专项从事文化、旅游、教育、娱乐、度假、商业、养老等相关建设项目的策划、规划、设计及研究工作。

随着国家文化旅游事业的大力发展\各地文化旅游建设需求的大量增加，由乡村旅游、城市旅游、工业遗址改造等不同形式组成的文旅产业，将成为社会经济转型的新型消费增长点，为城乡发展带来新的机遇。

一、中国房地产发展背景

2001～2015年间，中国房地产市场经历政府调控、世界重大事件发展影响，途经短暂的回落，整体保持了高速度的增长。以商业地产发展爆发式的增长为例，2002年北京申办奥运会成功后，商业营业用房投资完成额的增长率在2003年达到了近40%。2010年

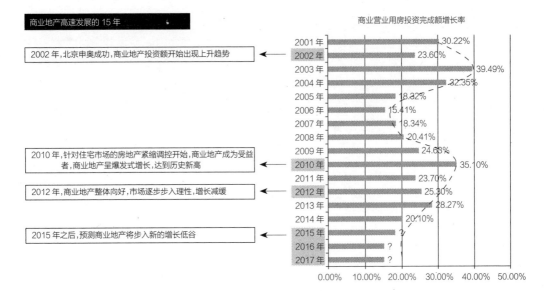

图1　商业地产高速发展的15年

政府层面针对住宅市场进行了限购和调控，使得商业地产成为一个受益者，商业地产呈现出第二轮爆发式增长。但从2012年起，市场理性回归，商业地产的开发增长趋缓，并且从2014年开始正式进入增长低谷，增速逐渐下降，因此商业地产已无法为当下经济带来新的增长点（图1）。

　　回顾中国房地产取得的成绩，从2001年到2012年，中国房地产开发企业主营业务收入持续增长，于2012年达到了5.1万亿元，增长速度迅猛。到了2014年，中国房地产投资占国内经济总值的比重约为6%。而纵观世界，房地产投资占GDP比例高于6%时的国家，房地产都出现了不同程度的泡沫破灭时期，例如1986～1991年日本房地产泡沫破灭时期，房地产投资占GDP比重是9%；1998年中国香港、东南亚国家地产泡沫时期，房地产投资占GDP比重高达20%以上。

　　总结历史经验，发现房地产经济破灭的特征大致有以下几个特征：房地产价格只涨不跌、房地产价格严重高于价值、房子的投资意义大于实用价值、大量资金进入房地产、整个社会的经济繁荣依赖房地产投资。因此，国家为了防止重蹈覆辙，出台房地产紧缩政策，包括一系列的限购、限贷、基准利率调整等具体措施，这就意味着房地产作为经济主要增长点的黄金时期即将成为历史，我国亟须新的经济形势引领中国经济的巨大转型。

二、新形势下文化旅游经济的新机遇

　　另一方面，随着中国经济高速的发展，人们对精神世界的追求不断增加，在旅游和体验式消费上的花费日益提高。随着体验经济的到来，旅游方式从传统景点的走马观花到体

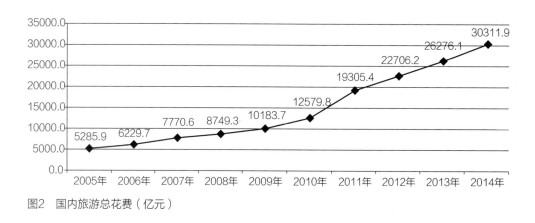

图2 国内旅游总花费（亿元）

验式、浸入式消费，人们的需求不断增加，方式不断创新，促进了体验式、度假式旅游的发展。据统计，从2010年开始，我国国内旅游总花费保持了每年15%～23%以上的增幅，到了2014年国内旅游总花费发展已达3.03万亿元，增长势头迅猛（图2）。

从政策上来讲，《国家"十二五"时期文化改革发展规划纲要》指出"要积极发展文化旅游，提升旅游的文化内涵，发挥旅游对文化消费的促进作用"；2015年党的十八大以来，习近平总书记就旅游业发展发表了一系列重要讲话，强调"旅游业是综合性产业，是拉动经济发展的重要动力"，更是将旅游业提升到经济发展的战略层面上来。

继农业经济、工业经济和服务经济之后，以"体验"为经济提供物的体验经济成为当下最热的新的经济增长动力，其中最重要的部分就包括文化旅游产业。文化旅游产业将帮助各地城乡挖掘地方文化、提高地区知名度、优化经济结构，从而拉动上下游产业链、增加就业岗位，最终吸引人流、物流的聚集，带来地区区域的发展，为中国经济和投资建设带来新机遇。

三、文化旅游经济的建设开发模式

目前，国内外发展比较成熟的文化旅游经济模式，大致分为以下四种。

第一种是体验式消费+城市综合体改造的模式

这种模式在西方国家已经发展多年，被游客和度假者极为推崇，将旅游度假、娱乐休闲、商业购物全部集结成为大型的城市综合体，在当今中国还处在尝试阶段。

例如位于美国明尼苏达州的"美国购物中心"，建筑面积达到46.7万 m^2，年客流量达到4250万人次，年收入达到16亿美元。它的主体内部分为两大部分，第一部分是传统商业：包括4间大型百货公司、520家商店、40家餐厅等；第二部分是最重要的特色娱乐、休闲设施，包括占地7万 m^2 的史努比游乐场、2万t的水族馆、镜子迷宫等，营销模式分为品牌展示、娱乐表演——包括土著的表演等，打造了无数吸引人的亮点元素。众多的商铺、缤纷的娱乐活动使游客在购物中心一次就会停留多日，实现吃、住、玩一体化。商城每年举办300多项促销活动，客流每年达到3500万～4250多万人次，在人口数量远低于中国的美国，数量是非常巨大的。并且，游客在商城里每消费1美元，就要相应地在商城之外为汽油、住宿、餐饮、娱乐等花费3～4美元，带动了整个综合体的消费量级（图3～图4）。

实际上，在中国国内诸如万达和万科，都在积极地尝试城市娱乐综合体的建设，对现有的商场进行升级改造，在新建的城市综合体中加入娱乐、休闲、度假等体验式经济，这一趋势将引领中国城市下一阶段的产业升级。

第二种是教育+文化旅游的模式

长白山国际旅游教育岛是由清华大学建筑设计研究院和教育部共同打造的集文化、旅游、教育、生态于一体的新型旅游教育模式。清华大学作为中国著名学府，每年大概有

图3　美国购物中心（一）

图4　美国购物中心（二）

　　　　　　　　　　　　　　二　全过程咨询中的策划

200万人到清华园参观旅游，它既是一个学校校园，也是一个旅游目的地，可以说是教育带动旅游发展的典型案例。因此在合作中，长白山国际旅游教育岛吸取清华大学"教育+旅游"的创新模式，由教育部建设的四个教育基地包括高尔夫教学、酒店教学、儿童夏令营，占地大概3000亩，基地两面环江、呈半岛状。酒店、高尔夫教学等教育项目本身就跟休闲旅游产业密切相关，人才培养直接可以输送到沿江岸打造的水、陆、空旅游板块中。项目成功地实现了文化、教育、旅游、地产相融合的新模式，打造了以实践为主的创新教育模式，使之成为旅游产业化的服务基地和文化教育交流的平台，并结合一流的教育资源和养生理念，实现了教育、旅游、养生的一站式服务（图5）。

图5　长白山国际旅游教育岛的新型旅游教育模式

第三种是乡村保护性改造+文化旅游开发模式

位于陕西省的"关中第一村"——袁家村，是乡村休闲旅游的杰出代表。整个袁家村占地33万m²，日营业额可以达到200多万元。20世纪70年代，袁家村原本是著名的贫困村，居住条件、经济条件、交通条件都非常差，10年连换了35任村干部，情况也未有好转。袁家村的崛起是自主开发和政策扶持共同配合的结果，实际上政策扶持力度相对较小，主要是安排部分专项资金和扶持补助，最重要的原因还是袁家村当地优秀的村民委员对村镇进行了正确的定位和针对性的规划策划。袁家村以大唐文化为主题，策划了一系列的民俗旅游项目，因地制宜地利用合理的空间，在2015年"十一"旅游黄金周第三天接待游客达到18万人次。通过电台、广播、报刊、网络进行有针对性的宣传，将自己的美食体验、风俗体验、农俗体验推广出去，扩大了农业旅游的影响力和知名度，最终成为乡村休闲旅游的佼佼者（图6～图8）。

图6　乡村休闲旅游的杰出代表，"关中第一村"　图7　袁家村的美食街
——袁家村

图8　袁家村的农俗
——驴拉磨

　　　　　　　　　　　二　全过程咨询中的策划

第四种是老旧文化街区+文化旅游开发模式

成都远洋太古里改造升级项目就是成功案例之一。项目位于四川成都，占地面积7.08万m²，比邻千年古刹大慈寺，融合纵横交织的古老里弄。通过保留古老街巷与历史建筑，再融入2~3层的独栋建筑，川西风格的青瓦坡屋顶与格栅配以大面积落地玻璃幕墙，既传统又现代，营造出一片开放、自由的城市空间。 成都远洋太古里汇聚了一系列国际一线奢侈品牌、潮流服饰品牌、米其林星级餐厅以及国内外知名食府，大都会的休闲品位、林立的精致餐厅、历史文化及商业购物相互交融。项目保留保护历史建筑街区作为项目文化亮点，融合现代生活购物模式，使旧街老巷回归主流生活圈，文化与商业完美结合打造出的高品质购物休闲地产令老旧街区焕发出了新活力（图9、图10）。

文化旅游是一个跨界的行业，很难用传统的房地产开发模式来定义和解读。开发商转型在升级文化旅游产品，投资人在打造文化旅游项目，农民、工人、城市居民也都在以不

图9　成都远洋太古里鸟瞰

图10　成都远洋太古里的高品质购物休闲地产

同方式参与进来，因此文化旅游产业是一个涉及上下游众多行业、集合众多领域人才的多功能复合产业，它的发展将带动相关各个领域的发展升级，是未来经济发展的崭新突破和重要方向。因此，清华大学建筑设计研究院、建筑策划专委会（APA）、SMART度假地产平台等多方联合发起成立了"文旅创新联盟"，汇集文化、艺术、度假、商业地产、金融资本、媒体等众多行业人才加入和加盟，进行资源的共享、学术的交流、项目的搭建，为文化旅游的发展保驾护航。

13　香港文化保育政策及元创　———— 演讲◇崔曦
　　方案例

都市更新·智汇西安　建筑策划专委会（APA）夏季高峰论坛分论坛二"品质西安、文旅创新"上，北京市建筑设计研究院设计总监、方寸营造建筑工作室总建筑师崔曦女士，以《香港文化保育政策及元创方案例》为演讲主题，介绍了香港这个多元化的大都市文化保育政策的发展历史及现状，以及香港"自下而上"的历史文物保护模式，分析了政府、社会机构、专业人士在此事业中的角色。并以香港元创方（PMQ，Police Married Quarters）活化项目为例，详细介绍了这个由警察宿舍改造而成的文化创意产业基地改造方式、现状的业态构成、政策对项目的支持等。

一、香港文化保育政策背景

本次大会聚焦到都市更新这个主题，而都市更新和文旅又是紧密相关的。我们北京市建筑设计研究院在都市更新和文旅方面都做了很多工作，今天我以自己调研的香港元创方活化项目为例，具体说明其活化古迹建筑的方式。

香港是一个非常多元的城市，此次调研，我们一行调研的足迹从中环、九龙向外延伸到了浅水湾、愉景湾、赤柱、石澳、南丫岛以及郊野公园和远足径，还去了香港大学建筑系、屏山邓氏宗族等相关方面进行访谈。香港文化保育政策经历了从原始文物古迹保护到活化政策执行的过程。香港保存了非常多的历史建筑，1976年，香港正式颁布了《古物及古迹条例》，香港文物保育也因此进入了法制时代。1970年代的时候，公众对于城市的关注焦点还集中于一些学校、医院等公共资源的建设，政府的工作也始终以新市政的建设为主要的关注点，对文物保护关注度不够。但自1990年代起，香港市民逐渐意识到维多利亚海港填海计划的负面效应，后来是天星码头和皇后码头拆除引起香港居民的强烈反对。当时香港特别行政区政府为了发展经济的需要，打算拆除天星码头和皇后码头这两座具有历史价值的码头。这个举动引起了香港民众的反对，有一部分香港市民为了保护这两个历史建筑，发起了以维持与保护本地历史文化传统和唤起香港人本土意识为目的的"文化保育运动"。而且运动的目的从单纯地要求保护文物、古迹，慢慢地指向城市规划和政府制定决策等制度性的问题。

香港政府在2007～2008年度的《施政报告》中正式推出了"活化历史建筑伙伴计划"。这是一种"自下而上"的模式，这种模式并非单纯依靠政府公共部门行为或者单纯交给商业市场运作，政府采取的是一种与非政府机构共同合作的方式进行运作，并且其中加大了公众参与的力度，政府、专业人士和社会机构组成了一种合作关系。在运作流程上，由政府推出拟活化建筑，社会机构选择活化对象提出申请，并且请专业人士对这个申请进行评议。这个申请通过之后，社会机构就可以把这个项目往下进行运作，项目在运作过程当中政府会提供一定的资金支持，而专业人士会对其提供咨询服务。租赁期满后，专门的咨询委员会将对租赁期内的活化效果进行使用后评估（POE），以决定后续的合作事宜。这个模式还是非常科学和完善的（图1）。

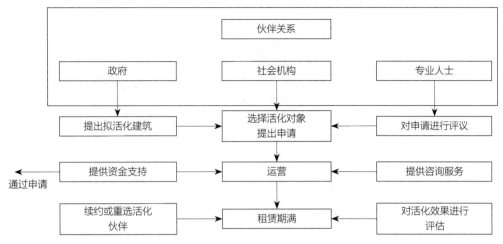

图1 香港"活化历史建筑伙伴计划"运作模式

二、香港元创方活化项目

香港元创方艺术中心，是由有60年历史的三级历史建筑——前荷李活道已婚警察宿舍改造而成的文化创意产业基地，是一个专门为艺术家提供工作室的地方。政策方面，香港政府对创意产业有着明确的支持态度。首先是在《施政报告》中提出了加快创意产业的发展，并专门成立了负责创意产业发展的办公室，还推出了3亿元的《创意智优计划》支持本港的创意产业。政府在2009~2010年度的《施政报告》中，将荷李活道已婚警察宿舍用地正式从勾地表中剔除，指定把这块用地活化，用于创意产业及有关教育用途。

元创方艺术中心项目占地6000m²，改造后建筑面积约1.8万m²，能容纳约130个创意工作室，还建了一个600m²的多用途会堂和一个1000m²的有盖活动空间。在租金方面，也是给予本地设计师和创意产业企业享受20%~50%的租金折扣优惠。

元创方的设计由香港发展局和商务及经济发展局联合发出邀请，最后被同心基金连同香港理工大学、香港设计中心和职业训练局下辖的香港知专设计学院获得。其间他们梳理整个项目发展的大事件，并且香港发展局在处理前荷李活道已婚警察宿舍活化项目上始终奉行以下原则：

（1）保存该址文物；

（2）彰显该址的文化和历史价值及该址原来的格调；

（3）赋予该址新生命，使之成为对本地居民及游客都具有特色和生机的地标；

（4）满足社区对更多地区休憩用地设施的期望等。

业态方面，一层的功能是创意工作室和商店，上面主楼是创意工作室和办公；主楼地下有艺术画廊和商店，中间庭院地下部分是多功能区和展示区；上部及顶楼还有

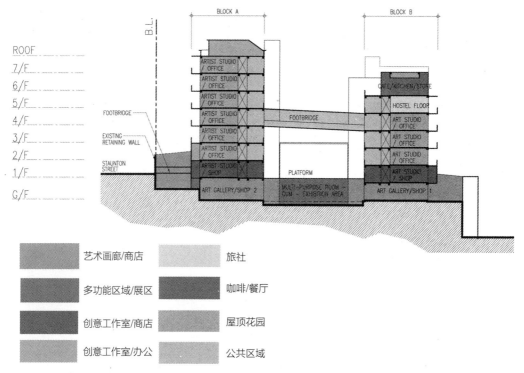

图2　元创方业态剖面图

一些旅社、厨房、餐饮、咖啡等轻餐饮和屋顶花园（图2）。创意工作室涉及服装、生活家居、创意礼品、设计服务等很多方面。这些创意单位不仅有办公的功能，也卖他们的产品和商品，有很多的游人参观创意产业，也在那儿淘东西和休息（图3、图4）。这里还有一些展售一体的期间限定店，只在特定时间或某一段时间经营，时间一到就撤走，这也会吸引非常多的人前来。元创方还有一个资源中心，为设计师和创作企业家设有弹性工作间，也邀请世界各地的著名设计大师来元创方短住，与各位设计师及公众交流。

　　建筑方面，由于荷李活道周边街道的坡度非常陡，建筑也分为两个台（图5、图6）。为了表达对基地环境和历史建筑、构筑物的尊重，在保育元素里面也有一些非常重要的元素得以留存，比如前荷李活道已婚警察宿舍正门，昔日是居民的主要出入口，见证了警员家庭、邻里，以及社区多年来的发展，因此被保留了下来（图7）；地下展示廊主要是由中央书院发掘出的两段最长的花岗石地基遗迹所组成，公众可以透过展示廊欣赏遗迹背后的文化与历史价值，因此地下展廊作为重要的文物保育元素也被保留了下来。

　　宣传营销方面，元创方有25%的空间是以市价出租的，20%的空间为公共活动和展览空间，另外剩下55%的空间以比市场价格更便宜的租金租给创意设计师，以支持他们的创作，扶持香港创意产业。

　　元创方还有非常丰富的活动、节日、市场，还有与旅游相关的资讯、宣传等（表1）。

图3 不仅办公，也卖产品

图4 参观创意产业顺便淘东西

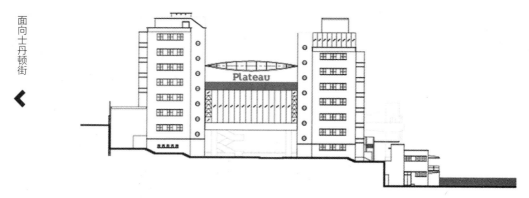

图5　建筑结合地形的分台处理——侧立面图

图6　建筑结合地形的分台处理
——模型

图7　得以保留的前荷李活道已婚警察宿舍正门

元创方近期部分活动一览表　　　　　　　　　　　　　　　　表1

类别	内容
展览	Our Hong Kong，Our Talents 同心同乐 – "Play Me, I'm Yours" 中国当代艺术展览 九层塔艺术展览会 《h-y-p-h-e-n》#02 展览等
节日/活动	复活节推介：PMQ×MOViE MOViE：春日电影放映会 圣诞节推介：你的幸运正在Staunton 3楼等着你 情人节推介：Vasco – 巴斯克情人节盛宴 新春推介：瑞兽呈祥等
市场	Dine & Design @ PMQ Eat.Shop.Play Sassy × Dine & Design Marketplace AWA Charity Bazaar 2015等
旅游资讯	元创方礼遇计划 Hong Kong on Steps

类别	内容
宣传	住好啲（广东方言）最新时装系列 Mother's Day Special–early bird discount Clearance Sale by 513 Paint Shop Harrison Wong – 2016 春夏新系列等

由于采取的是"自下而上"的保育政策，将政府、非政府组织机构、私人企业以及民众四个方面联合起来，共同参与到香港文物保育的活动当中来，所以，几方力量互相扶持，使得文物建筑的保育工作可以渗透到整个社会。

香港在2009年的时候就已经完成了对1444幢历史文化建筑的评估或使用后评估（POE），完成或正进行18个活化项目。除了元创方艺术中心，还有1993年古物古迹办事处在屏山邓族的大力支持下，设立的屏山文物径，把区域内部的历史建筑联系起来，以供游人参观。1999年屏山文物径向外推出后，有非常多的人到这个地方参观。2007年古物古迹办事处与屏山邓族再次合作，筹办屏山邓族文物馆暨文物访客中心，介绍屏山邓族的历史文化和屏山文物径的历史建筑。我们这次香港调研也有幸得以参观走访。

14 城市漫步 —— 演讲◇周彤

"浙江大学中国新型城镇化研究院"成立仪式暨2017年中国新型城镇化高峰论坛议程分论坛二"新型城镇化与城微度假论坛"上，穷游网联合创始人周彤先生，以《城市漫步》为主题作了演讲。

City Walk的路线

什么是City Walk（城市漫步）？跟随生活在当地多年的领队，走街串巷深入城市的隐秘角落，倾听那些攻略上找不到的故事，像当地人一样去旅行。City Walk，是认识一座城市的最好方式。City Walk在全球已经覆盖了17个城市，共35条路线，累计参加人数超过18000人。

City Walk分为国内路线和国外路线。北京City Walk路线包括从大栅栏到杨梅竹斜街——老北京的城南旧事，这里有北京最活跃的、最有生活气息的地界，有北京最窄和最具设计感的胡同；四合院里看北京——史家胡同半日行，四合院门看乾坤，感王侯将相堂前燕，叹典雅京韵五百年；帝都的国中国——东交民巷半日游，帝都仅存的20世纪西洋建筑群，被称为"最有历史泪点"的胡同。上海City Walk路线包括Anne Walk武康路——老上海风情的缩影，逛租界，涨历史知识；看洋房，数风流人物；喝咖啡，品海派生活；申 Walk苏州河，上海的母亲河，这里是海派文化诞生的缩影，有装满故事的旧仓库，还有讲不完的"远东第一"。广州City Walk路线包括Tang Walk大屋寻幽半日行，长街大屋存古韵；巨贾鸿儒竞风流，不辞长作西关人；广州传统美食半日行，逛西关，吃美食，涨历史知识，探索老广州的四大美食发明。并且根据客户需求的细分，推出了亲子版线路，英文线路，以及机构定制线路多条。

日本京都Ni Walk探秘祇园东山半日游，了解京都建城的秘密，窥探艺伎们迷人又神秘的人生。逛吃逛吃锦市场，走进"京都人的厨房"，既懂欣赏怀石料理，又能品味市井小菜。竹林和温泉的纯净空气之旅，体验岚山犹如世外仙境的私家山庄，亲手制作香包送给重要的人，再泡上一汤惬意的天然温泉。京都绝景之旅，听惊心动魄的日本战国故事，品米其林餐厅会席料理，从东山最佳角度俯瞰京都。

东京City Walk路线包括Anne Walk 日本桥之旅，从东京建起的初始点开始了解这座城市，听一听她的诞生、毁灭以及重生；Veronica Walk半日行，感悟花街里的风雅历史，明治遗风下的生活定格，你便知道，庶民的东京说的都是情；漫步江户东京建筑园半日行，享受小金井的悠闲本地时光，你和千与千寻，都曾经到过这里。

目前City Walk的合伙人路线，已遍布全球四大洲的18个国家（图1）。

City Walk积极地吸引优秀的人才成为团队的领队，领队不仅仅是一份糊口的工作，他们更是在分享这份热爱的方式。让更多中国行者拥有美好的旅行体验，并在旅行中有精神价值上的收获，这就是全世界City Walk成员为之奋斗的事业。

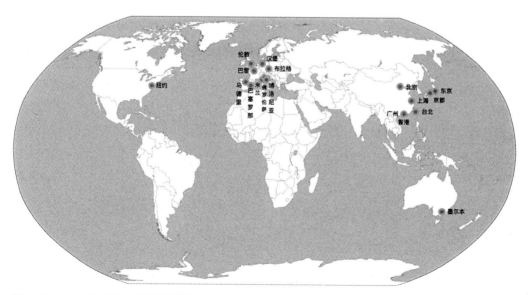

图1 City Walk的合伙人路线遍布国家

15 筑人为"乐"，见微知"筑"——
——我说"城市微度假"

2017年中国新型城镇化高峰论坛之新型城镇化与城市微度假分论坛上邹广天老师通过精彩的案例分析，讲述了"什么是微度假?"并阐述了城市微度假与度假设施、精神生活、生活质量、生活方式、幸福指数、环境行为心理等的关系，城市微度假的出现"呼唤都市更新，新的城乡规划与设计，新的建筑策划与设计，新的环境策划与设计"。

一、城市微度假的概念与类型

看到"城市微度假"这一"APA委员说"的命题，我当时真是有些发晕。什么是"微度假"? 我不知道，甚至连听都没听说过。"假"肯定是度过的，可"微度假"我度过吗? 一时还真是云里雾里，深深地有一种落后于时代的感觉。

赶紧上网"百度一下"补补课吧。发现关于"微度假"还真是众说纷纭，莫衷一是。概念足够新，炒作足够热，疑问足够多，发展空间足够大。

关于带"微"的词，我们常说的也就是与大小程度有关的"微小""微乎其微"; 与心理和关怀有关的"微笑""无微不至"; 与摄影有关的"微距摄影"; 与生活有关的"微波炉"; 与城市规划和建筑设计有关的"微波""微波站""微波通道"。

曾几何时，"微"字得宠——"微博""微信""微云""微小说""微电影""微电子""微电机""微纳米"。真是有"微"即火，带"微"即贵。

曾几何时，由"度"做媒，"微"与"假"联姻，"微度假"诞生了，"微度假"走来了!

微度假是一个比较新的提法，但我们每个人在自己的生活中一定都有过微度假的经历。记得小的时候，在阳光明媚的周末或节日，曾经跟着父母去哈尔滨太阳岛春游、野餐。那时的太阳岛，几乎看不到人工环境的痕迹: "婷婷白桦，悠悠碧空"。浩浩江水，微微春风。现在想一想，那不就是那个时代的微度假吗?

记得前几年，在秋高气爽的节日里，曾经带着老人和女儿去哈尔滨市香坊公园看菊花展。菊花盛开，婀娜多姿，色彩斑斓，笑脸迎人。现在想一想，那不也是一种微度假吗?

"碎片化"是当今时代的关键词之一。导致事物化整为零，化巨为微。学习碎片化，阅读碎片化，交流碎片化，休闲碎片化，时间碎片化，旅游碎片化，度假碎片化。碎片化、微化——是当今时代的特征，是当今生活方式的特征。

我们进入了碎片化时代、进入了微化时代。我们开始了碎片化生活方式、开始了微化生活方式。"微度假"的出现理所当然。那么，对应城市微度假，城市应该如何更新？建筑师应当怎样做？

二、都市更新与城市微度假

"微度假"：是一种既老又新的旅游概念；是一种既老又新的生活观念；是一种新的商业营销模式；是一种新的地产开发热点；是一种"说走就走"的休闲体验。

"度假"，要点是有"假"要"度"。"假"，有长有短；"度"，可奢可简。"微度假"，要点在度假，更在于其"微"。

"微度假"意在时间不太长。时间可长可短：或半天，或一日，或两日，或三天。

"微度假"意在距离不太远。去处可近可远：市内市外，出省出境。三天可回，去哪儿都行。

"微度假"意在花销不太贵。投入可大可小：少则几百，多则几千；量入为出，适度为宜。

"微度假"意在同伴不太多。人数有多有少：独自、情侣、家人；同事、朋友、同学。

"微度假"，出行方式各有不同：或步行，或自驾，或打的，或公交，或高铁，或飞机。

"微度假"，有哪些类型？其类型多样，可各取所需。可以分为会友、小资、文化、宗教、风光、农业等。

会友微度假——约三五亲朋好友，相聚一堂；把酒畅饮，谈古论今；"酒喝干，再斟满，今夜不醉不还"。

小资微度假——置身于酒吧、茶吧、咖啡吧，痴迷于书吧、陶吧、音乐吧。过一把小资瘾，相谈甚欢，心满意足。

文化微度假——进美术馆、博物馆，驻足细品；到书店、图书馆小坐，随便翻翻。看《大宅门》，欣赏话剧表演；观《舞姬》，赞叹芭蕾技艺。汲取养料，陶冶情操，怡悦身心，收获满满。

宗教微度假——游览佛寺、道观、教堂、清真寺，感受宗教氛围。

跨境微度假——去境外名胜，体会异国风情（图1、图2），品尝他乡美味。

风光微度假——看哈尔滨中央大街、道外老宅，感受保护建筑的环境氛围。观湿地江鸥飞舞、芦苇飘扬，体验生态之美。游览各地美景，欣赏奇花异草，体会生活乐趣（图3、图4）。

农业微度假——古人有诗云："种豆南山下，草盛豆苗稀；晨兴理荒秽，带月荷锄归。""采菊东篱下，悠然见南山。"我们可以体验果园、花房、稻田、菜地的农业风情（图5）。播希望之种子，收幸福之果实。

图1　美国得克萨斯州的国家公园

图2　荷兰鹿特丹的缤纷菜市场

　　　　　　　　　　　　二　全过程咨询中的策划

图3 云南弥勒万花筒

图4 赏花观盘

图5　贵州西江千户苗寨的农田

　　生态微度假——可以游览湿地，看鸟翔鱼跃，观水丰草盛，体验生态之美。

　　公益微度假——找一处养老院、老年日间照料中心，寻一处孤儿院、儿童福利院、救助站，做义工，贡献微薄之力量，体现社会宏大的责任、道义、信念、良知、同情心。

　　体育微度假——挥拍上阵，带球出场。一身汗水，满心欢喜。

　　购物微度假——或独自一人，或约上朋友，游精品屋，逛特色店。淘喜欢之货，乐巧遇之情。

　　在宅微度假——干脆宅在家里，哪儿也不去！读一份报纸，看一本好书，写一页随笔。喝一杯小酒，听一首小曲。放松疲惫的身躯，感受假日的慵懒。

　　城市"微度假"，微或不微，纯属相对而言。因人而异，难求一致意见。

　　旅有所去、游有所乐为宜。度有所为、假有所得为好。

　　城市"微度假"与什么相关？城市微度假与度假设施有关，与精神生活有关，与生活质量有关，与生活方式有关，与幸福指数有关，与环境行为心理有关。现代人的生活被有的学者总结为"四上"：即"路上、班上、床上、网上"。"路上、班上、床上"三项是在实体空间中展开各种行为，只有"网上"一项比较特殊，人在实体空间中展开行为，信息在虚拟空间中奔跑。而当代人无论是在"路上"、在"班上"，还是在"床上"，都可以同时还是在"网上"。实体空间和虚拟空间是互补的，相互交融。城市微度假，除了不在"班上"以外，与其他"三上"都有着密切的关系。可以说，交通设施环境、住宿设施环境、网络信息环境，无一不与城市微度假相联系，无一不与建筑师、规划师的设计相联系。

城市微度假，呼唤相应的环境，呼唤相应的场所，呼唤相应的设施，呼唤相应的管理，呼唤相应的服务。

城市微度假，呼唤都市更新，呼唤新的商业模式，呼唤新的生活方式。

城市微度假，呼唤新的城乡规划与设计，呼唤新的建筑策划与设计，呼唤新的环境策划与设计！

作为建筑师，要以人为本，通过设计提高人们生活及度假的幸福感。过去，我们常说"助人为乐""见微知著"。今天，借助其谐音，我要说的就是今天演讲的主题：筑人为"乐"，见微知"筑"。换句话说就是：建筑师的工作是为了大众的欢乐和幸福，我们应当围绕微度假这样一个当今时代的大课题，去努力弄清楚怎样设计其设施和环境。都市更新下的城市微度假，呼唤新的商业模式，新的生活方式。呼唤相应的环境、场所、设施，管理和服务。呼唤都市更新，新的城乡规划与设计，新的建筑策划与设计，新的环境策划与设计！城市微度假的过程乐在其中，创造城市微度假的过程也乐在其中。面对城市微度假，作为不搞旅游也不搞地产的我们这些建筑师，应该以策划和设计的城市微度假设施及环境来实现都市更新，满足人们多元的、立体的、多层次的微度假行为心理需求。

谢谢大家！

16 东部滨海——深圳城市景观与文化的重要构成 ——————演讲◇王鲁民

都市更新·人文深圳 建筑策划专委会（APA）夏季高峰论坛上，王鲁民老师（图1）分享了从文化角度切入，来看深圳的城市景观与文化的重要构成。通过具体案例分析了深圳东部滨海文化的积累和村落的保存。

在学术研究和日常语言中，"文化"这个字眼的意思是大有不同的。在学术研究中，文化的核心内容是人类或人和外部世界之间互动的规则和相关的技术。从学术层面上看，我们讨论一个地方是否有文

图1 王鲁民老师

化，或者一个族群是否有文化是不合适的，因为任何族群都有和外部世界打交道的规则的相关技术。在日常用语中，人们确实可以根据人所处的文化层级来确认这个人是否有文化以及他文化水平的高低。而文化水平的高低其实是指这群人有没有对他们所享有的文化价值进行发掘和进行为大众认可的定义能力，有没有对他享用的规则进行超越式的阐释能力。

从这个角度看，北京可以算是中国最有文化的城市，因为我们国家能对我们持有的文化进行价值定义的人大多数在北京。在这个层面，文化不仅是学术问题，更是权利的问题。当然，这种权利可以通过各种渠道获得，例如通过认真学习、财富积累等方式获得解释的权利，但这属于一个很复杂的过程，此处暂不讨论。深圳是一个有历史、有大量移民聚集的地方。对于中国这样一个主要制度发源于黄河流域的国家，位于一个和海洋有关的远离传统文化中心的地方，深圳不仅有文化，并且还有区别于其他地区的相当特殊的文化。

深圳的文化不仅受中原地区的影响，而且在近现代和西方文化的碰撞过程中，深圳较少约束、乐于接受外来的东西，这些因素都在某种程度上形成了这个地区的文化特点。

深圳在人居建设的文化成果上的最突出特征，也许集中在当代城市的发展上，但也有很特殊的地方，例如东部华侨城所在区域，因为地形、交通、原住民等条件，近年来并未像罗湖、南山那样获得高强度的开发，很多传统遗产仍在这个地区保持着，留存下一些很可能就成为塑造深圳多层次文化呈现的条件。

深圳的有关部门，早就注意到了这一点，做了许多关于遗产利用和保护的工作。但如何用好，如何规划？仍是一个问题，我认为，未来要特别注意的是从另一个层面来理解文化，要强化对现有文化资源的研究、意义的挖掘，争取我们对资源的价值定义权。

对现有文化资源的高水平研究和阐释也是做好保护乃至利用工作的基础。

获得自身文化定义权，就需要通过系统、长期的研究来形成在城市建设资源利用上的独到的成果。

在这方面，也许有个村子的研究可以抛砖引玉。在深圳东部滨海有一个鹅公村，村子很小，只有20多户，因为在生态线以内，所以十年以前村子就基本清空了，还剩下几十栋房子。但这是一个有故事的村子。

第一，就是要讲村落的坐落方式，通俗讲就是这个村子怎么摆放，它和山、海、田地怎么结合？中国人喜欢所谓的太师椅地形关系，背靠着一个小山包，两侧都有大山延伸出来的坡地，村子的建筑朝向大海，这种形态在东部滨海地区十分常见。可重要的是不止如此，人们为了合理的生活环境的建构，还要考虑这个村子的洗涤、养殖和交通的需求，细致地揭示这个村子是怎么坐落的，是讲建筑学、城市规划故事的一个方面（图2）。

第二，要了解村落内部空间权利的构成。最早入住的人家，房子正背着山。第二家人来时，太师椅正中的位置没有了，于是选择了靠近当时的大路，并且临近第一家房子的位置安排自己的住房。第三家则选择更靠近水源的地方来作他的住宅基地。这种选址就是一种资源的分配。在此后的空间营造过程中，他们的博弈关系是很明确的，为了占据聚落的

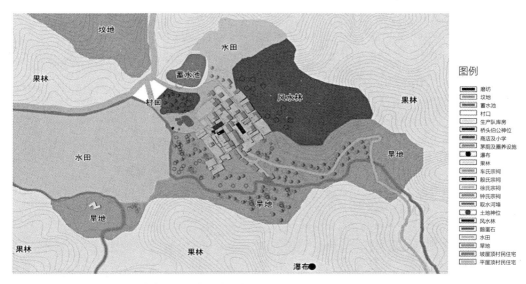

图2 村落的坐落方式与日常生活框架建构的研究

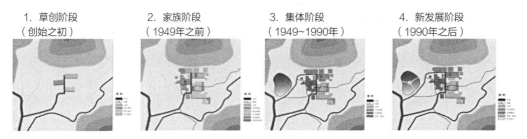

图3 村落的发展时序与空间权利构成的研究

主导位置，这三家都作出了自己的努力。当时家族活动的中心是祠堂，第一家把他的祠堂正对着山，后面两家靠近村的主路布置祠堂，使这个村的真正公共空间是这个村的主路。

到1949年之后，以祠堂作为自己家族定位的需求没有了，博弈的重点转向了公共设施的控制。第一家权利最大，村里的小糖厂放在他们的祠堂前，每年年底的财务结算都在这个空间里面进行；那两家一个小卖部放在其地盘上，一个小学校放在其地盘上。这种关系进一步强化了原来的空间模式。不同的时期、不同的社会条件，形成了不同的建设积累，揭示这种积累是揭示聚落文化内涵的关键（图3）。

第三，建筑层面的文化积累也是聚落文化内涵把握的重点。这个小村虽然很小，但它也经历了百年的时间洗礼，不同时期的建筑都因为材料结构处理、地基大小的变化而有了不同的处理。最早是一明两暗式。后来房基变小，出现了新的一门两窗式。再小，就演变成了楼，二楼的窗子和一楼的窗子相照，但这样的立面是很松散的，为了使整个房子立面更加稳，作了把两个窗户向中间靠的处理。后来又增加了阳台的做法……这些建筑的演变实际上就展示了整个村落在时间上的变迁（图4）。

1. 空间构成与更新方式

鹅公村建筑更新的特点：①逐间更新；②原地更新；③连续更新。

2. 立面构图的变迁

最早一批：一明两暗式、一门两窗式；1949~1970年间；一门四窗式1型、一门四窗式2型，一门三窗式；1980年代：两门三窗式。

3. 尺度变迁

鹅公村建筑平面尺度整体上呈现逐渐变大的态势；在住宅建筑体量增大、层数增多的同时，祠堂建筑尺寸和体量却未有改易，在村落建筑中略显卑小；早期建筑层高较矮，底层仅2m，近乎等于门洞高，后期在建筑整体增高的同时，底层达2.8m左右，二层尤其高敞，局部设夹层，放置粮食、杂物。

留出条石、墙基、以待续建

1. 一明两暗式　　2. 一门两窗式　　3. 一门四窗式1型

4. 一门四窗式2型　　5. 一门三窗式　　6. 两门三窗式

正立面构图类型

图4　建筑营造与转型的模式研究

除以上三点外，还需要探讨人群和建筑的互动关系，在各种节庆时令，人们怎样利用这些建筑等问题。若能将以上几方面问题挖掘清楚，也许就能对村子的文化、价值、社会意义等问题有一个大致的了解。

我想，对于历史聚落的保护，要尽量把其原始层级、空间博弈的关系和聚落坐落的基本格局保存下来。这种保护是需要有针对性研究的，每一个合理的保护都不是简单地按比例还原，因为这样并不能恢复其原有价值。一个好的保护是把故事讲好的保护。

讲好故事本身就蕴涵着对文化价值的发掘和定义，这样才能使我们的生活更有文化。

17　大深圳
——演讲◇王富海

都市更新·人文深圳　建筑策划专委会（APA）夏季高峰论坛上，王富海老师以《大深圳》为题，通过丰富的数据对比和案例分析，生动讲述了在粤港澳大湾区上升为国家战略的背景下，深圳和以其为核心的C5经济圈发展的特征、问题和趋势，指出深圳亟须在区域发展战略上作出重大抉择，以"大深圳"的概念引领未来的区域发展合作。

一、研究"大深圳都市区"的必要性

1. 问题的提出

深圳崛起的因素很多，土地面积少而高密度发展是其中之一。城市高密度导致社会高速度融汇、信息高频度交流、经济高强度孵化、创新高浓度碰撞，集聚效应远远超过土地资源丰沛而松散建设的城市。但随着城市竞争从投资环境（招商引资）向生活环境（招智引才）转化，深圳的密度优势正在转化为劣势。有两个重要现象需要引起重点关注：

——深圳已经是全球千万人以上超大城市中密度最高的城市！

——深圳的房价已经超出90%以上市民的承受能力（图1）！

深圳的这两个现象，与香港高度相似。香港在全球500万～1000万人的特大城市中密度最高，由于硬性的行政与制度边界，密度不能疏解，社会流动性小，已经形成发展的僵局。深圳如果不尽早谋求城市边界的开放扩张，前景堪忧。

2. 尴尬的现状

深圳作为新兴城市，在中国改革开放的杠杆城市香港和传统的华南中心城市广州的共同支持下快速成长，如今已有超越香港、广州之势，从乖巧聪明的小兄弟成长为强力竞争者。但是，香港事关"一国两制"，受到中央政府给力关照，中央一提深圳必将政策中心放在"深港合作"上而忽略深圳的真实需求；广州是省会，得到省政府和全省支持，资源富集而在高位上不急不缓发展，多年来与深圳此消彼长。这两个在政治上和行政上力压深圳的"巨邻"必会对深圳的发展进行防范，这一点从港珠澳大桥甩开深圳和深中通道受广州阻挠可见一斑，接下来，"大深圳"的提法也必会受到两邻掣肘。但深圳必须从区域关系的左顾右盼中走出来，充分认识到自身优势和在国家发展中的重要地位，针对自身发展

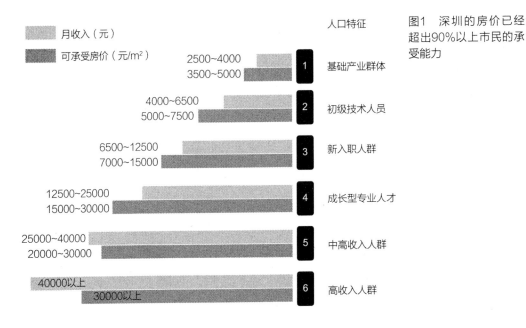

图1 深圳的房价已经超出90%以上市民的承受能力

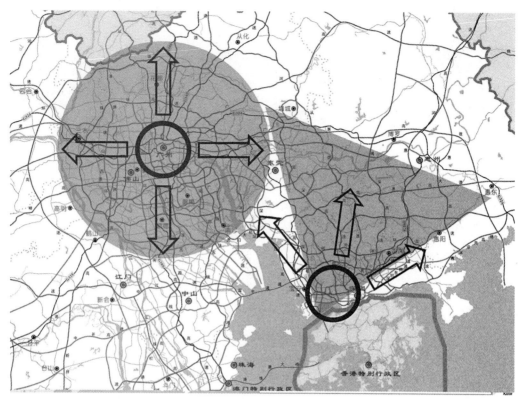

图2　地理条件和行政因素"压缩"了深圳的区域影响力空间

的主要劣势，向中央和省委提出请求（图2）。

3. 发展的"近视"

作为国家战略"粤港澳大湾区发展"的重要组成部分，深圳在科技创新、先进制造和金融服务等产业方面的优势非常明显，在空间上积极融入环湾发展带，继续强化珠江东岸"脊梁"优化提升是必然选择。但是，"大湾区"的价值不只在于经济，更在于良好的生态、优美的景观和浪漫的生活带给人的活力和创造力。深圳原特区内及西部滨海的密度已经超高，目前又有了雄心勃勃的加高加密计划，城市重心偏南而西移的"马太效应"持续加剧。这种两极分化本已造成城市运行的空间结构性问题应该予以逐步调整，若以"湾区"的名义任性地继续扩大差异，将加剧深圳空间平台超负荷的"远忧"（这个"远"也许很近）。

因此，深圳必须尽早将空间扩张问题提上日程，不能拘泥于现行不分主次、浅尝辄止的"深莞惠"合作，而是强化已经提出的"3+2城市群"（深莞惠+汕尾、河源）合作机制，明确确立深圳的主导地位，鲜明地打出"大深圳都市区"旗帜，改革区域政策供给，分工协作、互利互惠，促进深圳作为重要的"国家中心城市"的可持续发展，为香港繁荣稳定，为"粤港澳大湾区"建设，为国家的社会经济健康发展发挥更大的作用（图3）。

　　　　　　　　　　　　　　二　全过程咨询中的策划

	深圳市	东莞市	惠州市	河源市	汕尾市
GDP（亿元）	175 03	62 75	31 40	8 10	7 54
人均GDP	157985	76023	66231	26356	24970
一产占比	—	0.3%	4.8%	11.6%	15.7%
二产占比	37.1%	46.3%	55%	45.7%	46.1%
三产占比	62.9%	53.4%	40.2%	42.7%	38.2%
人口（万人）	1137.87	834.31	475.55	307.35	359.09
人口密度（人/km²）	5697	3392	419	245	618
房价	33406	16000	约11500	约5300	约6400

图3　珠江东岸"3+2"城市群行政区划范围及主要城市数据对比

二、研究"大深圳都市区"的紧迫性

1. 深圳的区域势能被房价引爆

过去，深圳发展的标志一直在"深圳速度"上，近40年高速发展后，积累了巨大的经济和社会体量，"深圳规模"逐步凸显，相对于区域乃至于全国形成了较大的势能差。另一方面，既有规模和发展潜力已经超出深圳的地域空间承载能力，终于在2015年，空间因素和其他因素共同作用引发了房价暴涨。两年来深圳房价持续走高，与周边城市之间的梯度势能差更加显著，市场对此迅速作出了反应，在深圳市外形成了三个较为明显的圈层（图4）：

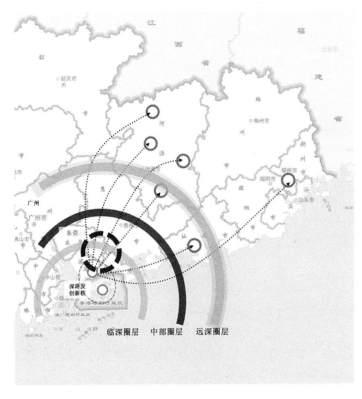

图4　两年来深圳房价持续走高，与周边城市之间的梯度势能差更加显著，市场对此迅速作出了反应，在深圳市外形成了三个较为明显的圈层

——在边界地带形成了以居住为主的第一圈层。如东莞临深的凤岗、塘厦、长安等地，房价已高于东莞中心城区，惠阳区与深圳的通勤交通更加活跃。

——东莞、惠州的中部地区是第二圈层，通勤居住已不方便，但对深圳企业具有强烈的吸引力。松山湖、仲恺高新区已然成形，碧桂园集团迅速着手在这个地带建设10个"科技小镇"，吸引深圳人居住+创业。

——深圳与汕尾政府间安排了"深汕合作区"，与河源正在筹划"深河合作区"（江东新城），在远深地带形成了以产业转移为主的第三圈层。

市场的上述选择符合大都市区发展的规律，但如果各城市政府尤其深圳市政府不尽快推动相应的协调机制安排，则会影响区域合力。

2. 深圳的产业空间政策急需检讨

深圳因国际加工贸易而兴，因高新科技产业而盛，工业用地占城市用地比例虽然从早期的接近40%下降到30%，但30%依然属于"工业城市"。香港因"去工业化"而在国际金融危机中遭受重创的事实，深圳一直引以为戒，坚持工业立市，在城市更新初期及时刹车"工改居"，之后又对"工改工"作出功能限制，最近又划定"工业用地保护线"，未雨绸缪，颇具眼光。

但这副眼光却只局限在深圳范围之内，以至于做出的产业空间政策需要进行审视。

深圳再发展的空间来自于城市更新，但目前将住房建设的来源锁定在成本极高的城中村改造上，尽管城中村推倒重建有可以解决违法建设、产权明晰、改善环境、增加容量等诸多好处，但铲除深圳大量就业人群赖以生存的空间将严重影响劳动力补给，高成本的旧改导致未来住房没有降价空间，伤害的是深圳的竞争力。在绝大多数人买不起、住不起房的情况下，深圳的工业竞争力何在？工业保护线的积极效应又有多大？

因此，必须把眼光放到"大深圳"来考虑产业空间政策问题，妥善处理大区域内的产业转型和转移问题，适度释放一部分"工改居"空间，在相当长时间内更多地保留城中村以对冲房价暴涨对城市包容力的损害，同时通过"工改工"提高工业用地的使用效益。

3. 深圳参与"大湾区"建设急需明确自身策略

深圳是大湾区能级最高、地位最显、责任最重的城市，这是国家给深圳的又一个重任，深圳必须有所作为，不能简单化处理。一方面要勇于接下重担，挑战自我，倒逼更大发展；另一方面要借机向中央和省委直陈深圳自身的困境，申明以深圳为龙头的深莞惠一体化以及汕尾、河源的加入，形成"大深圳"格局，对深圳来讲是解决发展空间不足的良策，对于大湾区建设来讲是向纵深发展。尽管深圳不能在直辖市方面做文章，但可以在更紧密、更有实效的区域合作架构上寻求突破，甚至可以作为国家行政区划在促进大都市区发展方面的改革探索。作为国家战略的大湾区建设是深圳挣脱两大巨邻束缚的良机，应当充分利用好。

三、研究"大深圳都市区"的目标指向

1. 以大都市区概念确立深圳空间扩展的行政安排

当前，珠三角通用的概念是城市群，"C5"即深莞惠+河源、汕尾，是珠三角城市群下的东部次群落，目前的政策安排和政府的合作行为都是按照这种次群落描述的。其特点是各自独立、平等协商、没有法定义务，因而结构松散、措施不力，甚至深汕、深河的合作乃是以对口扶持名义，在市场已经开始大范围配置要素的情况下，政府无法作出相应的行政安排。

而"大都市区"的概念，即一个大的人口核心以及与这个核心具有高度的社会经济一体化倾向的城市组合。在大都市区内的各城市，应当主次有别、资源共享、投入分担、收益分享，形成分工合作、相互依存、相互需要的态势，特别在共同愿景、统筹规划、合力推进方面需要更有效的制度安排。

深圳以及"C5"具备了大都市区的条件，而且我认为"大深圳"是中国第一个真正意义上的大都市区。

2. 在大深圳范围上配置要素以保证深圳持续发展

大深圳应该是深圳的战略选择，政府要改变原来自成一体、拆低建高、破坏生态的建设模式，积极开展区域发展整体策划，梳理区域资源，在大区域作出要素的整体空间安排，并据此检视深圳现有的定位、功能、容量、结构、城市建设标准、产业空间政策、区域基础设施等问题。

同时，积极向省委省政府提出建议，进一步强化深圳在大湾区建设上的发动机作用，进一步提高大深圳都市区的区域基础设施规划建设标准，建立以深圳为龙头的珠江东岸新的区域合作模式，支持大深圳都市区建立新的政策体系。

3. 探索建立有利于市场配置区域资源的政策架构

良好的市场环境孕育了深圳以企业为发展主体的核心竞争力，而深圳企业的超强竞争力甚至把深圳的势能带到了全国。同样作为"国家中心城市"，深圳与广州这类区域中心城市不同，深圳的发展模式是对国际和国内的外向型经济与各种要素在城市中的高效组织，在企业创新创业驱动下形成了超强的发展动力（"双外向经济"+"城市运营"+"双创驱动"），突出体现在产业和产业运行机制上具有全国性的高势能。现在深圳的空间资源已经绝对短缺，到了将企业扩张发展能力相对集中于周边区域，促进深圳更大发展的时候了。

因此，深圳要将市场组织经验推广到大深圳地区，实现政策的相对一体化，有利于企业在区域内更加从容地选择经营链条的安排，有利于更多企业的衍生和成长。同时，还要创新大深圳都市区内各城市利益及义务的政策体系，实现各城市的更大增量，同时降低边际成本，促进区域内企业和居民的流动、重组，焕发更大的整体价值。

18 产业生态——城市更新的 内在动力

演讲◇马洪波

都市更新·人文深圳　建筑策划专委会（APA）夏季高峰论坛上，马洪波老师代表中城新产业分享了自己对城市更新的内在动力——产业生态的思考和建议，并通过案例分享了中城新产业的服务内容。

　　放眼全球，科技创新、产业升级已经成为大国战略。美国在2012年2月制定先进制造业国家战略；欧盟科研框架计划——欧盟地平线2020则在2014年1月正式启动；而我们的强国战略——第一个十年的行动纲领：中国制造2025也在2015年5月正式启动（图1）。在全球化与反全球化的较量中，对外有一带一路政策输出过剩产能，倒逼国内制造业升级；对内有科技创新推动产业转型升级，以北上深三大核心城市推动本土产业腾笼换鸟，转型升级，从产业大国向产业强国转变。以中国为主导的新一轮产业革命正在发生。

图1　世界诸国的国家战略

一、为什么是深圳？

　　以北京为主导的京津冀经济圈，从产业角度看模式类似于香港，是央企为首的国企及

　　　　　　　　　　二　全过程咨询中的策划

其机构集中地区，是典型的首都型经济，马太效应严重，对于周边产业是集聚效应而非扩散效应。且京津冀内部缺乏分工与协调机制，向外转移十分困难。北京现在正在做去产业化产业布局，北京市内也不再欢迎产业。

以上海为主导的长三角经济圈，产业发展良好，央企、国企、外企约占70%，但在外资与国有资本把持下，整体创新与市场环境缺乏活力，外溢能力不足。

以深圳为主导的珠三角经济圈，90%为民营企业，形成了以民营企业为代表的产业链，市场活力充足。深圳腾笼换鸟，转型升级，溢出效应强。所以，对比三大城市群，以深圳为首的珠三角产业活力最强（图2）。

以产业立市，使深圳成为珠三角乃至中国的产业发动机。近三年来，深圳在一线城市的GDP增长率中排名第一。对比北上广深四个一线城市，深圳的产业结构居于首位，科技创新力居于第二位；深圳凭借在产业结构和科技创新方面的巨大优势，成为珠三角经济圈名副其实的发动机。

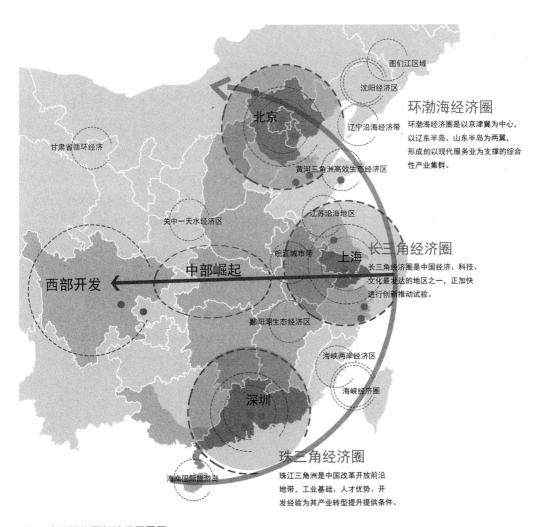

图2　中国的主要经济发展圈层

深圳已经逐渐形成和构成一个世界级的竞争能力状态，大家知道深圳的制造业其实是偏向于智能制造，智能制造与我们息息相关。以民营为主，把国外的技术引进国内消化，形成自己的产业产能。所以，大家过去几年说深圳的房价涨得快，其实深圳的产业发展比房地产的发展还要快。以产业立市，创新为本，龙头引领，使深圳成为世界级的制造业基地。

二、什么是深圳城市更新的驱动？

1985～1990年是深圳的起步阶段，以轻工业和传统加工业为主导的深圳以"三来一补"为主要方式，承接香港以及国际电子、服装、纺织、皮革等产业，形成了劳动密集型工业结构；蓄势阶段的1990～1995年，深圳转为电子产业与资本密集型产业，以三资企业为主体，初步形成了"产业以电子为主，资金以外资为主，产品以外销为主"的外向型格局；到1996～2005年的深化阶段，实现了从来料加工到自主生产的转变，从小型、分散生产经营到规模化、集约化生产经营的转变，从传统产业为主导到高新技术产业为主导的转变，从而初步建立了区域经济特色鲜明的现代化工业体系；自2005年出台《关于广东省山区及东西翼与珠三角联手推进产业转移的意见（试行）》政策以来，深圳产业转移加剧。跨国公司纷纷在此设立研发中心、采购中心与地区总部，"三来一补"为主的劳动密集型企业、重污染工业和港、澳、台"三资企业"纷纷迁出。至此深圳已经进入"腾笼换鸟"的产业双转移阶段。

深圳的城市更新，许多开发商认为应重新释放深圳的城中村，但政府的角度则完全不同，所以到底什么是深圳的驱动？深圳对产业、高端的人才方面的吸引，包括对独特市场的吸引，都是使深圳形成产业链的驱动。它面向的是国内的市场，也是国外的先进技术进入中国的第一站。中国可以跟硅谷进行对比的城市中，深圳首屈一指。硅谷的研发今天出来，明天深圳就有相同的信息，这是深圳的状态，是与世界同步的。而且中国具有了美国甚至不具备的市场规模和潜力，深圳利用国内的市场、国外的技术、深圳的产业链形成自己独特的产业生态群。

深圳市城市更新"十三五"规划，要求完成各类更新用地规模30km^2，城市更新固定资产投资总额3500亿元。完成100个旧工业区复合式更新和旧工业区综合整治项目，带动产业机构调整升级。根据第一太平戴维斯的统计，未来五年，深圳"工改工"类城市更新项目供应建筑面积571万m^2（含配套），总货值约1700亿元。年均供应115万m^2，年货值340亿元。深圳的城市更新的重要方式不是住宅，不是推动商业的改造，而是推动工改工（工改工：旧工业区拆除重建升级改造为新型产业园），主要释放出来的土地也是从这个角度，我们选择城市中心，我们重点关注的是工改工，深圳产业的落地是中城新地产做产业地产公司的思考。

作为中城，公司的成立时间比较短，两三年前，深圳城市中心的方向或者主流方向都是关注住宅和商业。中城从开始就从产业切入。两三年后大家都开始盯上物业的资源，我们关注的重点还是工业的内容，做新的产业载体是中城重要的方向。

企业的痛点和需求是我们所需要思考的。制造业转型有五大痛点：①缺乏核心技术和创新，产品附加值低；②管理手段粗放、管理过程复杂、经营模式传统；③互联网和国际化冲击、产能过剩；④利息过重、现金流少、重投入资产；⑤劳动力成本高、人均效率低下、组织结构庞大。

第一，围绕客户思维方式。中城新产业认为转型升级的需要，是无论政府、行业以及企业客户最大的痛点和需求。产业园区需要的不仅是重资产的物理载体，更是运营、服务和产业转型升级的生态圈构建，通过价值创造驱动实现企业发展。中国企业的状态在过去几年是不好的，受到互联网的冲击，融资比较困难，存在技术更新比较缓慢等诸多问题。我们其实在围绕他们的痛点建立自己B端的产业痛点逻辑体系（图3）。

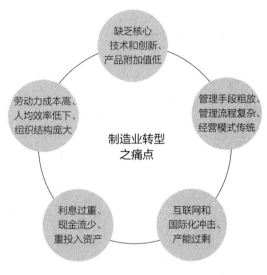

图3　制造业转型之痛点

第二，围绕客户的痛点，在资金方面、技术方面、需要的资源方面进行整合。中城希望利用我们的平台影响力能够把技术在全国范围内对接起来，甚至在国际国内打通我们的方向，这是我们的战略重点。

三、什么是理想的产业规划落地尝试？

另外，中城新产业在落地方面有几个方向的尝试。

1. 机器人和智能制造产业

在空间规划上，不仅是做了简单的物理空间规划，而且引入了产业规划。众所周知，深圳现在的魅力在南山，早期有福田、罗湖。罗湖是贸易驱动，福田是金融驱动，南山是科技驱动。华为虽然在松山湖建立自己的生产基地，但其依然在南山有产业研发团队；坂田有创新的平台，制造搬到松山湖，其实使深圳的产业通道顺畅起来，逐渐具备了自己的产业脉络。我们捕捉到深圳的三个脉络并在作布局。比如说我们跟碧桂园合作，通过龙岗到潼湖，在宝安有空间落地，这些是我们的基础。垂直整合产业链，平台化集聚资源，解决企业关键环节的问题（图4）。

我们用轻资产方式构建产业孵化器，因为在深圳，城市更新的时间比较长，我们用创

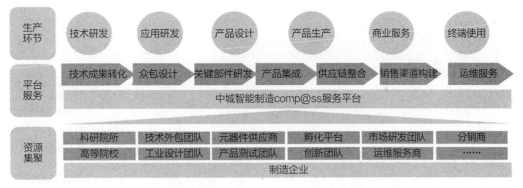

图4　捕捉到的深圳的三个脉络及所作布局

新的方法，以轻资产发起。我们有一个产业有不到两千家的企业在园区里面，通过接触交流，为他们提供新的产业空间，包括改造传统的空间内容，实现跟企业的近距离接触。通过三步走原理：首先对接资源，然后打造圈层，最终服务于企业，寻找痛点。

首先，跟日本的村田事务所在美国的AUTM合作，我们把它引进到中国来，为客户提供技术支持。中城在国内也跟中科院、跟其他大学进行战略合作，我们希望产学研一体化的实施，这也是我们的对接资源。

其次，我们跟院校、资本、产业链、机器人形成一个自我循环的环节，我们希望在线上线下形成支持和体系，构成自有圈层。

再次，服务企业、寻找痛点，我们在生产环节、服务环节、资源聚焦等环节，搭建线上平台，使我们的企业能快速进行信息交换、资源整合。中城跟物联网上市公司合作，希望能够把这种更有效率、更便宜、更便捷的方式带给企业。

在重资产方面，中城是用产业生态圈的方式跟碧桂园合作。

2. 碧桂园潼湖创新小镇产业生态圈的空间落位

潼湖创新小镇有2km²，碧桂园打造物理空间的能力很不错，前两季度营业额超预期很多，在造城方面是能力很强的。但是以往的碧桂园是以住宅为主，没有产业链条。实际上，这里面最重要的是回答特色小镇里的特色产业究竟做什么。潼湖距离深圳较近，故主题选择跟科技相关，即便如此，碧桂园仍没有把握操作。中城在深圳有一些产业已经孵化出来了产业园，希望可以通过布局的方式帮助碧桂园产生链条合成（图5）。在重资产落地城市方面，潼湖创新小镇的空间项目图表示：80%的区域可以使用，其中40%的建筑面积都是产业用地，30%是商业，只有20%是住宅，我们把产业空间落地，这里的图像都是立体工厂和厂房的概念，并不是住宅（图6）。所以，我们用一个产业链的方式在最开始做这个空间规划，包括总部、产业，里面可以做轻资产。企业的需求是园中园，不需要独立的建筑，现在来看，70%以上的建筑面积得以落位，大部分用于出租，且这种方式得到客户的认可。比如说我们能够按照他的需求，关注他配套资源，除了我们的产城融合，除

　　　　二　全过程咨询中的策划

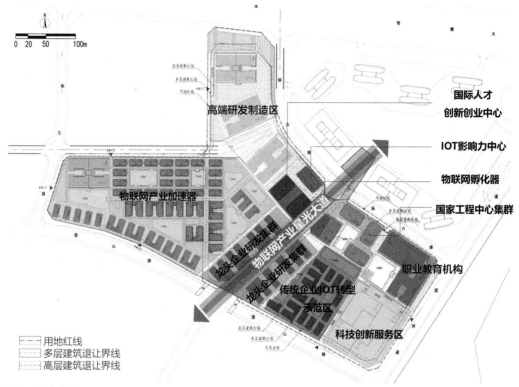

图5 产业布局

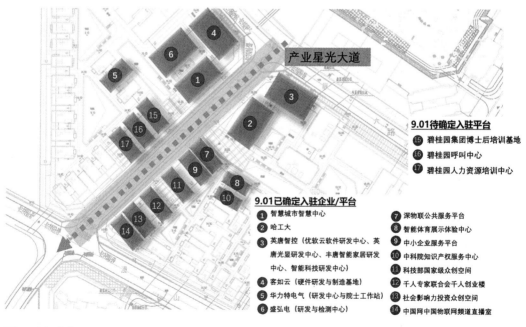

图6 空间落位

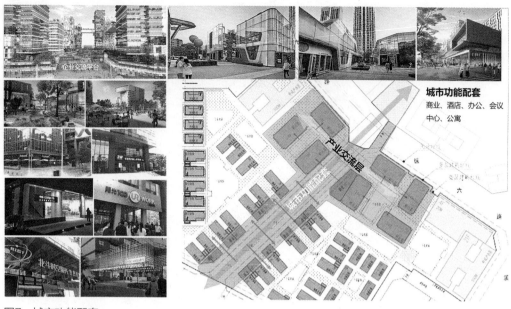

图7　城市功能配套

了物理方面的构建能力，只要是产业服务资源落地，就会形成落地资源的支持（图7）。

中城本着满足客户需求进行产业资源构建，就需要的产品模式和形态去尝试、去摸索。中城希望在建造过程中跟企业进行一些交流，物理空间的交流，以及线上线下的信息交换。

19　洞见·未来人居 ————————————— 演讲◇孔鹏

都市更新·人文深圳　建筑策划专委会（APA）夏季高峰论坛上，孔鹏先生提出在北京高房价以及人居环境日益恶化的情况下，作为开发商，利用好大数据和互联网以及一些先进的方法论，通过搭建创新研究平台，未来可打造出健康和效能兼备的人居环境。

一、社会现实矛盾与问题

| 北京 | 房子 | 年轻人 | 希望 |

通过这几个关键词，我们可以看出北京目前所面临的问题。

首先老旧小区破旧化严重，环境日益恶化，亟待维修更新，政府投巨资，财政负担重。且无法持续，物业价值被低估/高估（学区房），土地价值无法正常体现，居住人口、功能和所在区位不匹配。

老年人在老旧小区中生活不便，养老、适老设施缺乏却留恋社区已形成的社会关系，不愿搬离，守着高估值的房产，无力负担养老费用。青少年们被迫接受高价学区房带来的教育不公平，他们渴望户外，渴望自然，渴望身心全面的成长。中、青年人们住在城市外围，职住分离，通勤成本高，支付能力强，渴望租到工作地附近高品质的公寓等。最为突出的其实就是我们现在看到的房价非常高，居住环境日趋恶劣，老百姓的支付能力得不到提升，开发商还想着牟利。而且，这个现状还会越发显著，为什么？深圳还有城中村，能让这些底薪的人有栖身之所，现在北京把所有地下室都拆空了，要把好多人都疏解出去，在这样的环境下我们面临的压力更大（图1）。

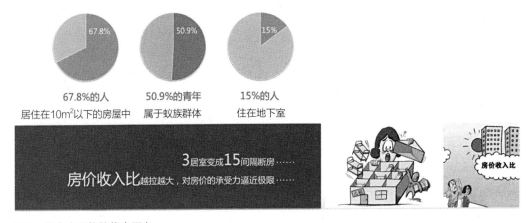

图1　北京人面临的住房压力

现在面临的是一个社会矛盾，我们有很多具体的需求，大家想在北京居住，想在北京生活，想在北京有尊严地从事自己的行业，有一个相对舒适自己负担得起的场所。在这种情况下，老百姓的收入又跟不上，对于企业来讲，我们有没有机会面向未来去做一些可持续的事情呢？而不是像今天一样完成一个地下室就貌似把房价降下来了，我们是否可以在满足企业正常发展、让企业有正常利润的情况下同时去解决有尊严的居住这个问题。

二、作为开发企业我们能做什么？

所以说在这个时代，我们会看到我们的手段有很多的更新，用大数据的方法做很多的研究，其实在互联网大数据的时代我们有机会比他们了解自己，这个恰恰是我们作为开发商的长处，是因为在整个建筑链条里面，我们是站得离客户最近的，如果我们有情怀，去思考，我相信能带来很多的改变。

在这里面我们提出了现在的一些方法论，最核心讲首先我们希望先构建新的理念和哲学，或者叫设计的根本，就这个根本是什么？我们做开发的根本是什么？我们现在最重要的是IQ，老百姓的共识是非常罕见的，我们在人居环境建筑这个领域有没有共识，因为现在这个领域非常模糊，原来我们居住空间归居住，办公空间归办公；而现在全部都模糊掉了。在这种情况下有没有一些工具贯穿于始终的大IP。我们找到两点：

第一，健康，不论在任何空间环境下，现在人们最关心的还是健康。

第二，效能，其实效能背后的关键词是价格，是质量，就是你有没有在相对比较低的价格上提供更高质量的空间场景，这个就是效果，如果这个效果很大，其实就是我们想得到的东西。所以，我们最终认为无论我们开发什么产品，在这两个方向我们如果做好，基本上就是离客户更近，我们关注到客户所关注，想到客户所想。

三、产品实践

首先提出问题，假设我们要找方法和路径，最后希望解决问题。思考方法是完全一样的，在这里面旭辉集团跟清华大学成立了一个CSC的可持续住区研究中心，希望通过我们的一些研究和策划，最终落实到我们的产品和项目上，实现对于现有边界和矛盾的思考再造。

下面给大家具体说一下我们的产品实践。对于室内空间，大家都在谈健康，很多健康的内容，包括现在的绿建，并没有一个标准，我们试图在一个空间建立对人的健康标准，无论你用什么方式构建空间，我们的空气环境、水环境对我们的健康造成什么影响，这个影响达成什么标准。同时，我们希望把人的行为和空间的关系作一些还原，这个看上去比较熟悉，举个例子，那一年世界杯我们看到梅西的痛苦，不是满场都一样，包括前两天的法网，基于大数据研究出很多东西，通过大的数据研究，这些都是人在空间行为轨迹上带来的数据和时间的叠合。通过叠合，我们可以反问一个房子为什么贮藏间卖5万元/m^2，卧室也要卖5万元/m^2，现在的书房用多少次？为什么也要卖那么贵？如果根据使用频率来说，我们有没有对它进行承诺，这里面我们会看到最重要的就是我前面说的，我们会看到使用的高频和低频，我们会把空间分为高频空间和低频空间，会把空间分为私密空间和开放空间，我们要保留的就是高频私密空间，就像我们的洗手间。现在为什么很多公共的宿舍里面也很舒适，因为它把高频的私密问题解决掉了，所以在这个情况下我们有机会把低频的可开发性的空间，重新打造成新的空间模式（图2~图4）。

很多人都在共享当中，一个房间15m^2，租5000~6000元，在周边可以租到大概50m^2的艺术厅，并且这个房子还租得很好，因为这个房子保持了高频的私密空间，就是很舒适的卧室空间和很舒适的卫生间，出去可以找到更好的交往空间等，年轻人会发现他租的不只是15m^2，这样反而会变得更便宜。

在这样的情况下我们构建了新的建筑模式，我们不敢谈容积率，我们只有在容积率一

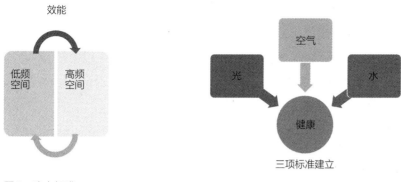

图2 建立标准

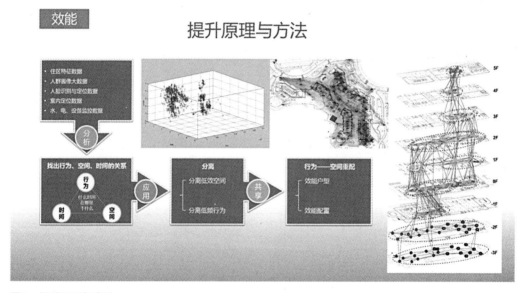

图3 提升原理与方法

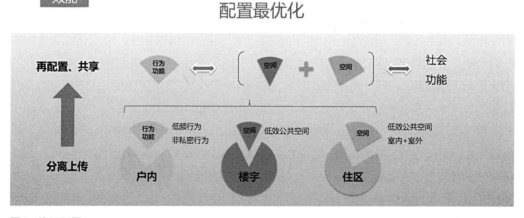

图4 资源配置

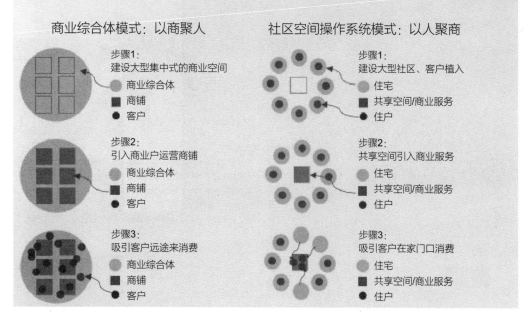

依托社区，以人聚商，极致的懒人经济，商业地产的升级版

商业综合体模式：以商聚人

步骤1：
建设大型集中式的商业空间
- 🔵 商业综合体
- ⬛ 商铺
- ⚫ 客户

步骤2：
引入商业户运营商铺
- 🔵 商业综合体
- ⬛ 商铺
- ⚫ 客户

步骤3：
吸引客户远途来消费
- 🔵 商业综合体
- ⬛ 商铺
- ⚫ 客户

社区空间操作系统模式：以人聚商

步骤1：
建设大型社区、客户植入
- 🔵 住宅
- ⬛ 共享空间/商业服务
- ⚫ 住户

步骤2：
共享空间引入商业服务
- 🔵 住宅
- ⬛ 共享空间/商业服务
- ⚫ 住户

步骤3：
吸引客户在家门口消费
- 🔵 住宅
- ⬛ 共享空间/商业服务
- ⚫ 住户

图5　社区空间操作系统

定的情况下去考虑怎么提升效率，就是把非私密的低频空间一层一层往下提，从户外提到楼宇，从楼宇提到社区，重新构成居住空间。

所以，这就是刚刚讲到的"分离上传"，维持使用的便捷或者叫尊严的前提下，尽量缩小面积，通过缩小面积降低门槛，实现中低收入人群的理想（图5）。

另外一个模式就是我们在思考"我们怎么能够实现提高区域的效率？"原来传统的模式就是以商聚人，就是各商场，大家周末全去。再发展到现在的以人聚商，假设我们在片区有一个操作系统，把自己的需求和消费展示出来，而且能够聚集起来，聚集到商户去现场的服务，这样就可以把很多基础性的高频消费全部在社区解决掉，只有追求性的消费需要到这样的商场里去，这可能是未来发展的趋势（图6）。

所以，我们希望通过健康配置，做健康的标准，通过健康的标准实现室内的健康标准，包括我们做使用后评估，我们建一家智能传感器的公司，我们现在在打造一个系统——健康系统，其实叫智慧学习的健康系统，它的应用场景就是你只要输入你的年龄、性别，它就会给你预设第一次它的数据，包括我们的智能门窗、供热系统全部联动，在后台它会以最节能的方式给你设置工作环境，比如说外面空气很好，我选择开窗，如果外面的环境不好，就关闭窗户，温度不高启用空调。都是自动型的算法，来给你提供好的空气环境和温室环境，在这种环境下它会节能地解决问题，如果你觉得还是冷或者热，可以稍微转一下它，它会智慧学习，越用越聪明，越用会越符合你的状况。这样的系统比我们现有的不联动系统（还要自己去选开关）是有很大提升的，而且最后的能耗和标准也有比较大的降低，这也是我们现在要做的系统（图6、图7）。

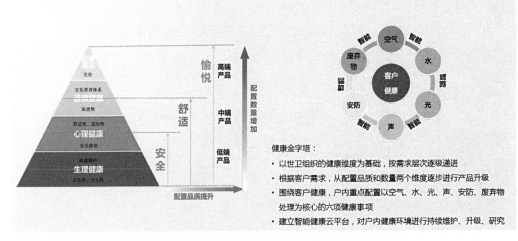

图6　健康产品框架

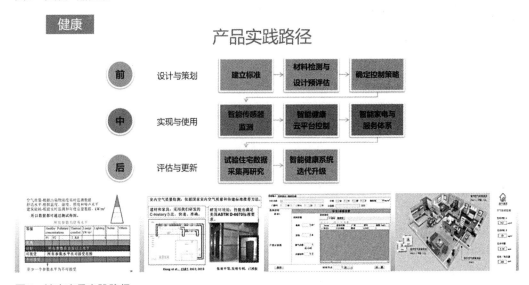

图7　健康产品实践路径

图8右边叫社区操作系统，我们希望把一个社区都在一个操作系统里面完成，是关联它和空间的关系以及它的需求和空间的关系。这样就实现了以人聚商，可以把你的需求和想法说出来，以便我们后续再开发这两个系统时参考完善。预计今年9月份会开一个发布会，会在北京举行。

所以，面向未来，我们作为开发商，一个有建筑学背景的开发商负责人，我们也是在不断地思考，不断地探索，不断地创新。我们的建筑策划延展到片区或者社区的策划，延展到企业发展和未来方向的策划，这个很

效能、健康配置实践——空间操作系统

图8　效能、健康配置实践——空间操作系统

复杂，其实说起来也是树立目标，我们的目标就是希望做一个可持续的商业模式，建设老百姓买得起的房子，同时发现趋势，我们的趋势是健康就是效率，最终付诸行动。我们要真正地、脚踏实地地去做这些，最后还是要坚持努力一把，没准就成功了。

20 新田园城市·生态美学·岭南文化——大湾区战略下的新型城镇化之路

—— 演讲◇陈可石

都市更新·人文深圳　建筑策划专委会（APA）夏季高峰论坛上，北京大学教授、北京大学城市设计研究中心主任陈可石先生作为本次大会分论坛"都市更新与人文复兴"板块的特邀嘉宾，在现场以《新田园城市·生态美学·岭南文化——大湾区战略下的新型城镇化之路》为题进行了精彩演讲。在演讲中陈教授首先肯定了"我们在做设计的时候，越来越多地需要进行前期的思考和策划"，并从"新田园城市·生态美学·岭南文化"三方面的思考进行了分享。

一、新田园城市

　　粤港澳大湾区为目前广东省新型城镇化带来了一个非常大的契机，也为我们这些规划设计的从业者或者实践者带来了一个历史性的机会。所以，在我们目前进行的很多城市设计的方案当中，我们又重新来思考100年前英国的霍华德提出的田园城市的理论。为什么要重新思考呢？因为当我们反思目前中国城镇化道路的时候，我觉得实际上我们目前应该更多地吸取英国田园城市的智慧，反思过去这100年，特别是二战以后世界各国新型城镇化发展的历程主要有三个流派：

　　第一，以英国霍华德田园城市为理论基础的叫做田园城市的流派。在亚洲主要反映在日本和新加坡这两个国家（图1）。

　　第二，以苏俄斯大林为代表的巴洛克主义代表着君主集权，最经典的案例就是莫斯科规划，包括我们的北京、西安的规划，这样的规划带来的结果大家其实已经看到了。

　　第三，以美国为代表的车轮上的城市。总结这三种不同的流派，我越来越清楚地知道我们应该走英国城镇化的道路，就是田园城市的道路。所以，这是我在最近十年一直研究的，关于田园城市的理论。

图1　新加坡金沙娱乐城

二、生态美学

在新型城镇化的过程当中，我们要以什么样一种美学观来对待未来的设计？我提出了一个生态美学的概念，图2是我们完成的深圳湾超级总部的方案，这个方案的出现就是从生态美学的角度来探索一种新的美学观，就不同于我们之前摸索的古典主义，而是从中国的山水画，从中国人的美学观的角度来探索的。所以，这就产生一种新的形式，新的美学观念，在新的美学观念下有很多新型的空间和新型材料应用及新型技术随之而来。大家可以看到，实际上，在改变前面对建筑的看法和对建筑的技术看法，以及对建筑空间的看法基础上，就有机会创造出和现在看到的这种创作的空间不一样的建筑，所以大家如果想象这是一个在400m高空的花园的话，就会想象目前要改变的是对建筑的看法和观念。

三、岭南文化

"地域文化也是一个探索的重点"，从对传统的岭南文化的探索中将岭南文化分为以下几个阶段进行分析：

第一，开府之前的岭南文化，就是客家的围屋（图3）或者传统的大宅。

第二，早期广东开府以后西洋建筑学对广东建筑学的影响。

"现在我们所思考的是岭南建筑学的第三个阶段，在传统的第一阶段和第二阶段的基础上，我们怎么能够探索新的岭南建筑？"在探索岭南建筑的过程当中，我们其实也有机

图2 深圳湾超级总部方案

图3 客家的围屋

二 全过程咨询中的策划

会研究岭南建筑它的建筑学发展的整个过程，其中有一点是很重要的，就是我们现在的自然规律，我们身处南方，很多建筑体现南方建筑学的特点，这就是大家之前看到的我们在建筑设计上面为什么提倡开敞的空间，一种灰色空间，提倡自然通风，景观方面提倡亚热带的特征的景观和园林设计。这些方面的把握是现在我们正在研究的，怎么能够从第二阶段，我们说的广东岭南建筑开府的第二阶段的成果迈向今天我们第三阶段的成果，这就是我们目前正在研究的很重要的方面，在这个实践当中，我们也作了一些探索（图4）。

甘坑客家小镇是我们在深圳做的第一个项目。这个项目位于龙岗区，设计伊始只是一个旧工业区改造项目，然而通过反复推敲探索，最终形成了深圳龙岗标志性的旅游目的地。甘坑小镇的设计是一个很缓慢地凝聚很多想法的过程。根据以往的经验，一个旅游片区要形成吸引力，一定要有一条特色商业街，因此设计团队首先从构建一条主街开始进行延展。然后，又因为当地有火车经过，引入了电影火车站的概念，规划设计了甘坑火车站。之后，由于小镇缺乏标识性，设计团队进一步策划了城门楼，形成了甘坑小镇的门户区。有这个界面以后，小镇可以很好地向外界展现特色的文化氛围，营造一种进入岭南文化城区的观感（图5）。通过这个实际案例，总结来说就是："设计是一个再创造的过程，也是一个建筑策划的过程"。

我们最近也在做两个特色小镇的项目，一个是河源龙川县佗城古邑，它代表岭南开阜最早期的历史，距今已有近两千年，是中华文明进入岭南的第一站（图6）。在这个项目中，我们作了很多对于岭南建筑学的思考。提出的最重要的一个观点就是要在充分尊重历史文化的基础上恢复古城墙，形成分隔古今城区的完整界面。城内，结合现存的历史建筑

图4　岭南建筑群

图5　甘坑客家小镇门户区

图6　河源龙川县

　　　　　　　　　　二　全过程咨询中的策划

图7 河源古竹镇

对现状风貌较差的棚户区进行整体改造提升，重塑古城的传统风貌；城外，根据当地发展需求规划产业发展、旅游配套服务等片区，形成佗城新城。在城市设计过程中我也提出了"要尊重传统岭南建筑学，在此基础上进行现代化诠释，形成特色的城市风貌"。这个项目为今后的古镇复兴积累了宝贵的经验，很难得这个小镇保留了宋朝的城墙遗址、明朝的城墙遗址，也保留了很多相当珍贵的历史古迹。

另外一个特色小镇是河源的古竹镇古埠，这个小镇的设计体现了我们对岭南建筑学的一个再认识、再理解的过程，目前这个项目还没有完成。我们通过对当地自然、人文资源的梳理，设计团队确定了古竹镇的三大特色元素：一山（越王山），一江（东江），一镇（古竹老埠）。以此为基础，城市空间、建筑和景观的设计无不结合了传统岭南风格与当地自然、人文特点。

实际上，说到对于传统和今天的结合，就要说我们在过去五年内完成的西藏鲁朗国际旅游小镇，这个项目我们探索比较深入，这个小镇通过五年的设计以及在施工期间所进行的深入学习与探索实现了传统西藏建筑学的现代诠释（图8）。两个核心理念一直贯穿鲁朗小镇设计的始终：形态完整与景观优先。以此为基础，设计团队在尊重鲁朗自然地理与传统文化的基础上创作出了充满地域性、原创性与艺术性的作品。鲁朗小镇共有250多个单体建筑，每个建筑单体形态和彩画都不尽相同，设计团队付出了非常大的努力去营造传统藏人的物质与精神空间。在中央区，有一个五星级酒店和美术馆（图9），它是在西藏的传统建筑基础上进行的现代化设计。我们在设计建筑形态的同时也要考虑到当地居民的

图8 西藏鲁朗国际旅游小镇

图9 西藏鲁朗国际旅游小镇上

二 全过程咨询中的策划

具体需求，因此我们在设计安置房的时候提出了一个特别的理念，就是一定要创造营商环境，务求在帮助当地居民安置房子的同时让他们有收入来源，让他们活得更好，实现可持续发展。现在看来是比较成功的，因为现在这些安置房都转租出去了，而且转租的效果也很不错。

四、地域性认识

珠海歌剧院在前期建筑策划的时候，是先找到了珠海当地产的一种贝叫日月贝，现在这个建筑也还是叫日月贝，日月贝和建筑就是从地域性文化认识上理解的，成为一个建筑，是一个创作的过程，但是确实是从建筑策划的指导思想上去理解的，我们把地域性作为很重要的特征来认识。

总结前面的内容，我认为广东省的城镇化发展应借鉴田园城市的理论与实践经验，提倡生态美学，在保留传统岭南文化的同时不断地进步，全面提升人居环境，营造属于岭南人自己的城市空间。并且希望同行们能够尊重传统文化，在设计作品中展现对传统文化的热爱，为创造伟大的作品而努力。

21 城市的更新与共生 ——————— 演讲◇刘晓都

都市更新·人文深圳　建筑策划专委会（APA）夏季高峰论坛上，刘晓都先生从介绍深圳的城市发展引入演讲主题，通过介绍旧厂房的艺术改造以及城中村更新的具体案例，探讨了城市更新与共生的话题。

一、背景概述

中国的城市和经济发展是极其不平衡的，从谷歌的夜景地图上可以看到，根据夜晚亮灯情况，在中国大陆中部形成了一条非常清晰的红线，80%的城市和人口都集中在红线东侧，而西北大部分地区不适合人类居住；其中，京津唐、长三角和珠三角区域，是中国经济发展最集中的区域。

20世纪80年代初期，邓小平提出了改革开放的基本国策，指定了24个沿海城市作为对外开放的窗口，并指定了包括深圳在内的四个经济特区。从1979年到2014年这35年的时间内，大量的外来移民使得深圳的城市人口规模爆发了500倍的增长，深圳从一个20世纪80年代的小镇景象变成了现在的国际大都市，并形成了现在的城市格局。同时，人口的大量集聚带来了从城市到建筑、到城市生活的变化，形成了一些独具深圳特色的城市景象，比如华强北聚集的非常有活力的小型的创新企业。

从1994年的深圳城市卫星图上，可以看到深圳大部分的城市开发区域基本集中在罗湖区，其他未开发的区域都是山区和绿地。但从2015年的卫星图上可以看出，城市用地的迅速扩张占据了大量的山区和绿地，而且深圳市城市总体规划为深圳未来的城市发展划定了非常严格的生态保护绿线，城市用地扩张受到了严格的控制。所以，经过30多年的发展，随着城市基础设施的不断老旧以及人口的持续增长对于城市建设用地的需求的加大，深圳变成了一个需要大量城市更新的城市（图1）。

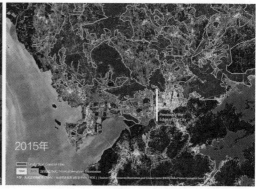

图1　1994年与2015年的深圳城市卫星图

二、城市更新实践案例分享

第一个案例是深圳华侨城创意文化园，这个项目从2003年开始共持续了十几年的时间，目前已经形成了一个非常有活力的园区，也是深圳的一个文化地标。园区的面积并不是很大，在设计改造的初期根据人流和人的活动，以及未来希望吸引什么样的人前来工作和消费的定位，作了一个复合的研究和规划，包括采用一些景观手法来美化环境，利用二层连廊串联整个区域内的建筑，把原本平淡的厂房改造成舒适宜人的休闲环境和办公场所；此外，在改造初期就设想了可以引入一些公共机构以及商业餐饮的做法。

创意园区的改造，实际上需要根据不同的特色和介入机构的特质，以及园区本身的未来规划，来合理进行园区的功能布局，这些都需要非常细致的前期研究。创意园区的工作场所、艺术空间，以及餐饮所占的比例等，每一个创意园区都是不同的。像华侨城创意文化园这样以设计和艺术主题为主的园区，在设计中增加了很多的画廊，并把大部分办公空间给了做设计的小型机构，并引进了一些比较有趣、有特色的餐饮，包括一些酒吧、咖啡

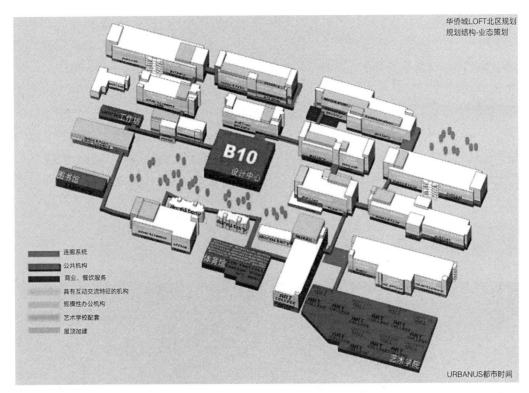

图2 深圳华侨城创意文化园的改造方案

店等，形成了一个业态丰富、充满活力的文化园区（图2）。

第二个案例是都市实践为华侨城做的一个美术馆的改造项目。建筑原址是深圳湾大酒店的洗衣楼，就是一个很平淡的厂房，而且厂房结构也不是特别好；在作改造的过程中，设计一个玻璃幕墙将原有的建筑包裹起来，利用重复组合的六角形母体形成玻璃幕墙，最后形成了很好的艺术效果；而且玻璃幕墙与原来的建筑是完全脱离的，只是利用装置拉在一起。这样的建筑造型也吻合建筑改造初期的"时尚·设计·艺术"的整体定位（图3）。

第三个案例为HUI·HOTEL的改造设计项目。项目位于深圳市华强北，原址是一个方盒子形式的厂房，甲方希望改造成一个非常有艺术气质的酒店。最终利用不同大小和朝向的凸窗的组合，形成非常完整和丰富的建筑立面，变成了非常活跃和有艺术气质的酒店；在整体比较单调的区域环境中，非常显眼（图4）。

三、研究引领设计

都市实践团队开拓出了一个研究引领设计的路子，大量研究课题都集中在城中村。

图3　华侨城某美术馆的改造

图4　HUI·HOTEL的改造设计项目

　　　　　　　　　二　全过程咨询中的策划

1. 城中村

深圳的城中村，跟其他城市的城中村或者其他发展国家的贫民窟存在很大的不同，生活的场景、活跃度、质量问题都不一样。一开始都市实践团队就在思考"设计师们可以从城中村中学习到什么？城中村的聚集方式是否可以灵活应用到未来的住宅建筑设计之中？"而且他们意识到，现在需要一种更具有选择性的解决办法去满足不同经济和社会条件的人群的多种多样的复杂需求。

2005年都市实践团队选择了四个城中村作研究，其中一个就是岗厦村。当时的想法就是想看看这样的房子能不能用一种建筑模式来解决阳光、安全、通风等所有问题，同时还能增加一部分使用面积。而这些只是一个设想，并没有实际操作，也没有涉及太多的产权问题，而且这些问题并不是通过设计来解决的，提案只是想寻找一个方向，看有没有机会和可能性达到与城市融合的状态。从岗厦村的更新再造的研究开始都市实践就在做与城中村改造相关的研究工作。做工作的过程之中，黄颜色的两个楼就是他们的研究区域，城市就在这样地不断更新，而且速度非常快（图5）。

刘晓都先生介绍了城中村改造的一种设想。首先选择几个建筑质量最差、面积较小且位于区域中心的建筑并拆除它们，然后在原来的位置上建造新的建筑，并利用连廊将塔楼建筑彼此连接起来；接着在建筑之间的空地和建筑屋顶上修建公共空间、停车场等，最后通过局部加高楼层的方式让所有的建筑达到统一的高度，并在顶楼创造一个集中性的社区空间。这样整个社区就被联系成为一个整体性较强的建筑组合。

但是后来，岗厦村还是被整体拆掉了，原来很多人居住的很活跃的社区被开发成商品住房，变成了另外一幅景象；而且随着经济的发展，城市中的商品房的价格已经超出了普通居民的购买承受能力。

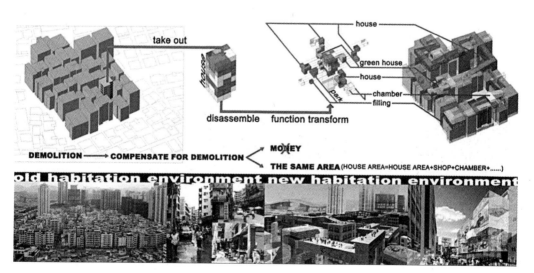

图5 岗厦村的更新再造

2. 土楼

对岗厦村的研究过程让团队产生了一种忧虑，大家看得见的、习以为常的但很封闭的住宅小区，到底能不能解决中国人的居住问题，因为在他们看来住宅问题还是很难解决的。他们所想的是，如何在深圳高密度聚集的城市里，能够给低收入人群提供一个能够落脚的居所？

当时王石先生去土楼参观的时候，发现这个土楼的形态很像宿舍，于是开始思考能不能以此为蓝本做成宿舍一样集体感很强的社会住宅，都市实践的提案把城中村和土楼结合在一起，慢慢走到了最后的模型，也就是最终实施的方案。

建筑整体呈正圆形，他们研究了最小居住模式，就是一个房子最少有两对夫妻居住的共享空间，最后决定了最小居住单元差不多是32m²。图6、图7展示的是一个中庭空间，图6所示是刚建好时的状态，图7所示是用了七八年后的状态，其实这是非常好的做法，这里有社区感、安全感，还是能达到很高的标准。

3. 城市高密度研究

都市实践还做了大量的城市高密度研究工作，研究都集中在城中村改造区域。在研究的过程中，都市实践团队不断地思考：有多少城中村可以保留下来？有多少可以重建？有没有机会让旧的建筑、矮的建筑以及新的和高的建筑在一个区域里面和谐共生？

图6　中庭空间刚建好时的状态

图7　中庭空间用了七八年后的状态

二　全过程咨询中的策划

22　2016年沙龙对话——
"都市更新·智汇西安"

主持人 | 房　亮　APA核心委员、北京元石信和投资管理有限公司副总经理

嘉宾 | 张　桦　华东建筑集团股份有限公司总裁
丁　圆　中央美术学院教授、建筑学院景观学系主任/艺术介入联合发起人
刘顺滨　深圳前海嘉睿扬投资董事总经理
孔　鹏　旭辉集团副总裁、北京区域总经理

都市更新·智汇西安　随着中国经济的全面转型，城市发展已进入存量盘活的时代，在此背景下，旧城及棚户区改造、产业汰换的建筑遗迹再利用、大型公共文化建筑的功能更新、城市公共服务配套跟进等城市发展的问题接踵而至。如何提高城镇用地的利用效率、优化城镇功能布局与形态需要各机构、各行业广泛参与。建筑策划专委会（APA）夏季高峰论坛的主题沙龙上，从资本、开发、建设到运营，各领域内的专家与大家共同分享了都市更新的实操心得。

张　桦　我出身是建筑师，后来改行做管理做了20多年。关于建筑策划主题，我觉得那么多年过来还是有体会的，我想跟大家分享一些我个人经历的案例。

　　第一个案例，在深圳比较好的二级保护的某一个中央级别的地方要盖一个培训中心，业主提出找5、6家设计单位作一个方案竞赛，然后在其中选择一个满意的方案。我建议业主，先作一个前期的研究，明确具体的需求之后再做具体的方案。我们花费了6个月的时间，确定了用地的可能性，后期建筑师提出的建议与方案得到了领导、当地规划部门以及业主的认可，避免了很多重复的工作，项目从设计到施工建设进展顺利，整个项目达到了事半功倍的效果。

　　第二个案例，关于日本参观调研的问题。

　　在日本，城市建设开发过程中前期研究一般要5年，5年后才开始实施。他们要做很完整的使用后评估（POE），通过建筑来平衡各方主体的利益诉求。在日本，建筑师一般站在城市发展的角度来考虑整个问题，通过项目负责制，把握项目进度控制、成本控制、质量控制。建筑师有这种公信力，不仅可以平衡利益主体，能达成双方统一的解决方案，还能将个人的声誉跟这个项目结合起来，最后做出非常高水准的项目。

　　在过去的七八年之间，日本的建筑技术和发展能力大大提高。比如，在东京繁华热闹地区的一个高层，上面放了美术馆，在12楼，放了一座剧院。因为中心区域的商业主要服务对象都是年轻人，而现在日本城市老龄化，且日本老年人有钱，要有服务老年人的商业设施。老年人不会很时髦，但对艺术文化修养比较有需求，通过剧院可以吸引老年人。

丁　圆　我们现在处于增长规划到存量规划转变的时代，当年我去日本留学的时候，日本也处于这样的时间节点。

　　在日本核心区域的开发过程中，我们也参与了部分，很了解全过程。在这个过程里面，花了很长时间作前期研究，目的是解决核心内容的问题。什么样的规模、什么样的内容最符合项目要求，同时又提升地区的质量。

　　其次，艺术如何结合使用的实际空间，归根到底是社会的发展带来的结果。艺术家的创作，某种意义上是艺术家将本人对事物的认知，用自己的方法表现出来，有人欣赏可以收藏，没人收藏可以自娱自乐。目前，大众对艺术的理解发生了变化，当代艺术向现实性发展，这也是当代艺术发展客观性的规律。

对艺术家来说，不再是简单的形象创作，而是更侧重于内容的创作。城市的问题，生活面临的各方面问题，能激发艺术家巨大的创作欲望，为艺术家提供更多创作内容。

比如说商场，传统的商场是买卖关系，满足生活必要的需求，现在的商场是时间消费的概念，是社交概念，商场已经由单一功能、大规模化、多内容变成社交的场所，艺术在这个空间当中发挥着它独有的张力和感染力，以及参与性。我们在利用艺术的公共性、可参与教育性、独特的视角特征，介入到城市物质空间中。艺术不是一种摆设，一种展示，而是艺术家在创作过程中思想观念的体现，是一种原创性的做法，在艺术介入建筑项目的过程中要把握以下两点：

第一是对艺术作品及艺术家的有效引导；

第二是通过前期研究，在对环境认知、了解艺术创造的原理以及跟空间整合的基础上做出一个完整的、明确的策划方案。

由大数据的后期分析可以看到，艺术介入建筑项目空间中，艺术的设计感将会促进整个空间品质的提升，为项目带来更多价值，主要有以下四点：

第一，为整个项目带来了人流量；第二，艺术品所处场所进入的人流量提高两成；第三，增加了稳定的对社交感兴趣的新人群；第四，对于未来店铺的业态规划设计以及环境改造都有借鉴意义。

刘顺滨 厦门一个区政府投资的综合体，占地6万多平方米，总建筑面积约30万m^2，政府通过公开的招标投标程序，把20年的经营权签约给一家公司，但没有运营。我们把整个项目当做一个载体，变成一个平台，链接更多跨界资源，产生更多价值，从而将整个项目盘活。主要的措施有以下几点：

第一，分三次把运营公司收购，掌握项目的主动权。

第二，引入一家上市公司，解决资金的问题。

第三，引入北京王府井集团作专业运营。

第四，政府主导改造项目主体，适合现代商业使用，同时委托我们作综合经营。

第五，争取国家政策支持。本项目是一个很典型的新城镇化的项目，土地是农民集体用地，政府负责资金的投入。现在新型城镇化和"一带一路"除了政府支持以外，也得到了国家开发银行的支持。

孔 鹏 分享两点，第一是对都市更新的思考和理解，第二讲对建筑策划和使用后评估（POE）的探讨。

为什么这个时间点来谈都市更新？其实都市更新是有前提的，广义的都市更新是城市规划的过程，我们谈的是在已建成区作重复建设的狭义的都市更新。

价格是具备做都市更新的主要前提。一是价格是新房和二手房的价格，二手房价格是新房价格的七成，这个城市有可能做都市更新。二是土地价格和二手房价格。当土地价格与二手房价格持平甚至超过的时候，就是都市更新大规模发展有意义的时候。而北京这样的城市都市更新就很有意义。

我分享一下像旭辉中国这样的主流开发企业的探讨。

第一，在土地获取和投资层面，我们通过"一二手并举"的方式实现。主要表现在除了在一手市场拿政府的地以外，还在二手市场拿存量地。

第二，是原址原建，加入经营管理，放大项目的价值。

第三，在趋势上，像老龄化的趋势，做原存量；像工业用地，像农村集体产业用地，尝试更新原有的土地性质。

另一方面，我们跟清华大学合作成立一个研究中心，主要解决两方面的问题。第一方面基于大数据作客户住区选择的研究，第二方面基于大数据作客户进入空间之后的行为轨迹研究。

最后一点，我想谈一下我对建筑策划和使用后评估（POE）的看法，我想从题引入，在北京任何一个项目都要30亿元、50亿元，这几年涨了无数倍，而设计费没有涨。为什么从0变成1的时代会形成如此大的差异？第一，我们在为业主做设计，而不是在为终端用户做设计。没有考虑终端用户，没有考虑建筑空间的消费者。第二，品牌。我举一个简单的例子，耐克做的是服装设计，其没有工厂，但却是品牌设计主导者。设计师有自己的品牌，有终端消费者的认可，设计费自然就会有所提高。

庄惟敏院长最初要加入建筑策划体系，就是要让设计师了解建筑社会、建筑市场、建筑科学，最终通过使用后评估（POE）回馈，不断地经过PDCA的循环，建立设计师、设计院的公众品牌，改变设计行业。

（三）乡村复兴

1 乡创聚落
——一种自下而上的生长模式

——演讲◇王旭

通过串联各位专家在乡村文旅、度假不同领域的心得，SMART把自己的角色定义为是对于乡村文旅度假产业生态的研究，生态是我们特别希望强调的一个词，所以乡创聚落包含了乡村，包含了创新和创客，并且它是以一个聚落生态的形式被组合在一起，它是一种自下而上的生长模式。我们的生长模式，是传统的地产开发、文旅开发，以大型的开发商为主的景区开发等，是传统模式，是先有一个整体的思路，有了每一步操盘的措施，延展到每一个细节铺设开去。当我们来到共享经济的时代，当我们来到乡村的时代，来到众筹的时代，来到度假的时代，从共享、从众筹，从生长的角度来讲自下而上将是一种新的选择，而且也是顺应产业发展的模式。

SMART比较关注的三个关键词，一个是公益，提到公益我们在厦门的乡村创客大会上提出一个说法，公益将成为未来文旅开发的常态。在这个里面我们所接触的大量的公益组织做了很多承上启下开拓性的工作，在乡村的工作场景和环境里面公益成为一个重要的构成部分，甚至成为一个先行的构成部分，毋庸置疑，创客，无论是乡村创客，还是科技创客，他们都起到了很大的作用，通过乡村创客平台的搭建为我们乡村文旅提供内容，并且他们具有创新的思维模式，而且具有全身心的投入，这个和我们在自上而下的模式里面，去雇佣一个员工，会请谁来做有本质的区别，他们有他们自身的情怀和商业的价值在里面驱动，能够给大家展示的是一个乡村文旅的常态，他们之间是如何相互发展和影响的。

简单地讲一下SMART这五个字母的构成，战略与规划、项目管理与市场营销、艺术设计、产品研究和标准制定、培训和教育。它是我们基于度假的重要元素，而这实际上是我们为传统自上而下的模式所作的总结，当我们研究自上而下的模式时发现其很多环节同样重要，我们平时比较关注的硬件建设，如何盖房子没有提，因为是软件和内容主打的平台。

刚才谈到产业生态，其实SMART经历了多年的发展历程，在2013年我们对度假地产的产业链进行了梳理，我们提出了软件和硬件结合的模式，你手里的智能手机——苹果手机拆成硬件只有1000块钱，而真正有价值的是软件和内容部分。第三点是像生态一样去延展，发现他们生态成为一个非常有意思和延伸的课题，这也是我们为什么每年把产业链上的专家聚集在一起探讨这个问题的原因，乡村文旅主要是产业链生态的问题，不是仅仅靠乡村建设，去做老的民居的改造就可以发展这个产业。在这里面实际上会看到它会有我们的公益的构成部分，甚至公益的构成部分的工作比我们对度假地产的研究还要先行。乡创这块，实际上很多的首做的内容是回归内心真正的需求，可以装到乡村旅游里面去，现在有很多人在做。如何能够通过一个聚落让大家可以互相取长补短，并且集成在一个合理的生态土壤？最后，乡创联盟试图把所有的乡村文旅的内容和资源方聚合在一起，形成一个强大的产业链和非常丰富、具有活力的生态（图1）。

这个是AIM做了世纪竞赛的征集活动，这是在雅安雪山村做了震后重建的案例。其实它把雅安这边一个很偏僻的村落面向国际的年轻设计师发布了一个公益性的竞赛，收到了来自全球的上千的报名团队包括几百份的作品，我们从中筛选了36个入围的团队，他们都有非常优秀的作品，作为志愿者来到雅安的雪山村，在整个流程里面有政府的支持，有福利基金会牵头做公益的工作，通过公益的方式去启动一个乡村获得了更多的内容，不仅

图1　生于斯·长于斯·归于斯——新陈代谢

仅只是投资和建设而已，而是通过竞赛号召全球的设计师来考虑乡村，这些农民有了新的房子以后，他们需要什么样的产业，是民宿住宿业，还是有机农业，还是说旅游体验行业，农场等。去为乡村注入新的活力，而不是说只是建了房，村民还是同样处于一个贫穷的状态。另外一点，这些志愿者和村民的互动当中产生了非常多的故事，外面的信息带进来，村里的信息带出去，实际上最好的传播是大家自发地认为这个是有价值的内容，每个人都希望传播让自己更有价值的内容。更多的是年轻的志愿者他们收获了他们第一次参与建房，第一次跟农民深入地接触。当他们在十年后成为这个社会的中坚力量时，他们会更有力量和意识做乡创的内容。乡建、乡创，包括乡村文旅，是一个更长期的产业链搭建和生态复合的事情，而不是说一年两年可以一蹴而就，房子一两年可以建起来，但是一个生态需要很长时间的发展。

所以讲到核心竞争力。我们在讲体验设计时，以前可能对硬件的造型是什么风格非常关注，但是看不见的东西，无论对设计师来讲还是任何一个操盘者来讲看不见的决定了看得见的价值，你的苹果背后的价值决定了这款手机要卖给你6000块钱，都是以体验为导向，相信其他的老师也会在他们的领域把这样的体验落实到他们的硬件设计当中去的。所以用户需要有到场的理由，现在购物可以在互联网上完成，但是度假不可能看到别人的照片我说我度过假了，所以他有到场的理由，同时我们会给他提供更多的理由，你是否要来这边住、体验、参与、手做，带礼物回去。你的小孩是不是来到乡村来参加他们夏令营的活动，是不是要参加乡村的亲子见学，是不是要有教育体验的过程。

所以我们在谈到乡创聚落的时候梳理出几个步骤，包括品牌定位，包括综合体产品的策划，包括众筹这块，众筹也是大家非常接受的民意，众筹不仅仅需要筹钱，其实它还是一个非常好的媒体推介项目，可以通过这样的媒介聚集很多的合伙人，从一个人变成很多人。包括新媒体传播，包括社群的营造，包括外部资源的导入和测算，这是具体的流程。

我们的民宿集群计划，既为乡村服务，同时也为我们一定的地产去服务，因为毕竟我们自身的团队具有地产基因，只不过我们更关注地产创新的内容。在这边其实它可以使我们的一些文旅商业地产达到预售区划作用，为后期民宿运营筹备多元化的内容，包括定位我们的社群。实际上，当你在启动一个乡村项目的时候，以AIM为例，它以竞赛的方式启动的时候，其实它已经为你的乡村文旅积累了第一波客群，这第一波客群是你的原始客群，可以进一步地为你的产品做好传播，以及给我们产品很好的反馈意见参与到社会里面去。用户参与的设计是我们在设计学里经常谈的论调，但多少人在实操的时候用到这个方法呢？希望在未来乡村文旅当中可以用到，包括在对新媒体的传播中得到运用。

最终当大家把所有的产业和内容在一个池子里看的时候，对它的消费链条有更清晰的认识，为什么过去很多的乡村文旅度假产品大家不是那么满意，就是缺少好产品。我开车三个小时到一个村里，告诉大家只能住，花钱少，但是我同样不开心。我花了三个小时开车过来只能在这儿住，但是如果我花三个小时去了之后能吃、住、玩，还能个人做，可以做纪念品，导致我的消费增加了，但是我很开心了，我开三小时车过去，为的就是体验和消费度假，在这个产业链上还是有很多事情可以做的。

社群营造，我们是以活动为起点。针对很多的传统地产开发来讲的话，开盘的时候先投几千万元，或要投几亿元先把一期做起来，在乡村文旅包括度假里面很多事情它是不需要实体建筑的，我们有很好的场景和环境，大家就可以玩得很开心了，通过这些我们已经可以获取第一批的客群，我们希望在自下而上的生长方式中真正对内容和体验进行关注，而不是一味地建房子做开发。

同时上文提到新媒体，在我们这个组织里面把新媒体提高到一个非常前置的高度，它不仅是产品方式也是生产方式，新媒体会提前介入，对乡村文化、历史文脉故事进行研究，进行传播，实际上在乡村文旅开始启动之前，它已经有它非常稳定的社群，有非常到位的新媒体的传播，同时它已经在做为我们制造客流和导流的工作。我们经常会在一个项目初期策划的时候进入到新媒体团队，从新媒体着手搭建这样的思路和团队，我们经常会讲所有我们做的一切都是为了传播。大家来到你的场地，来到你的项目，他是不断拍照发朋友圈还是看看就走了，如果看到很多项目，自己搭建一些小的装置，一些小的造型，很多人狂发朋友圈，他们觉得很有趣，让别人觉得很酷的内容。

我们在度假领域总结了三个关键词：文化、娱乐、传播。刚才讲到一切都是为了传播，大家回去以后可以评判一下、自己琢磨一下，在座的各位有多少人是从事乡村文旅工作的。设计、操盘、运营，还是有一定量的，不知道其他各位是做哪个领域的，希望这些内容可以帮到你，其实任何超越住宅地产的方式，养老地产、商业地产、度假地产都是以地产为承载的模式。一切以传播为目的，还有一切都是娱乐，就是我们去一个地方往往是因为这个地方好玩，我们本来打算当天返回，就是因为好玩才多待几天，娱乐成为非常重要的内核。最后我们说的一句是，在所有产品当中，文化卖得是最贵的，所有的地产、钢筋、混凝土都是有价值的，但是文化是无法定价的，文化价值做出来有非常大的议价空间。

我们确定了几个目标，包括品牌传播，包括我们如何去引流，这些很多都发生在建实体的硬件之前。包括我们刚才讲的预招商，很多新媒体传播和众筹达成的都是预招商的项目。除了刚才讲的，自上而下还需要很多多样性的延展，包括产品的研发等，纪念品的研发等。刚开始讲到从我们卖物理空间，到卖文化的转变。下一页团队的构成我们把新媒体和操盘团队放在前面，随后就是招商。

文中谈到很多的手做，包括纸、古法的红糖等。当他们与设计和产业生态结合的时候，都成为一些特别好的延展，所有这些东西都是具有传播性的，因为当我从这个乡村带了一个东西回去送给朋友的时候，成为一个长久的记忆，他会因此来到我们这个地方。还有亲子见学，田妈妈，在全国各地布局发展，他们做了很多的课程和研发。让家长和老人一起能够体验田间的乐趣。以刚才的麦秆搭建的迷宫为例，这个是不需要钱的，这个会给我们很多启示，到底是什么样能够抓住客人的心理，可以反复地来。田妈妈积累了5 000个付费的用户成为他们的会员，包括后面讲的很多内容，在乡村文旅和度假文旅产业我们会做成两块，一块是乡村复兴的部分，一块是盈利类产品，所有都是不占有可建设用地，而是移动的内容。像户外的内容。这个是户外的亲子乐园，包括森林探险公园，最近在杭州的莫干山是美国的探索频道，户外探险落地。这类项目初期的造价非常低，而且占用的是林地、空地这样的资源，但是它对乡村文旅是特别好的补充，因为在未来更多年轻人是向往户外体验，是更健康的方式，这样一系列的产业链包括实地的林间课程，包括真人秀的直播，包括可穿戴设备软硬件，这是特别值得关注的，如果只是农场的话吸引力也没有那么强，但实际上有很多的内容，包括亲自体验、包括田间学校、森林幼儿园等，都是可以和这个产业结合，去共享的内容。

包括我们的露营地，从对我们传统村落文化的挖掘，对民宿和创客聚落的营造，到周边的农业用地、营业用地，用了非常低的成本，但是要有非常好的操盘团队才可以做得很有吸引力，并且长期滚动、不断生长的度假地产生态。它和常态动则几十亿元的度假开发有本质的区别，传统的开发商在这儿更像是一个操盘手，在这里面我们把它形容为一个蜂巢，蜜蜂可能生长得很好，有的生长得不好，还有一些自生自灭，但是作为蜂巢可以不断自己蓬勃发展，不断发展自己的游戏规则。

2 论厦门城市复兴：以"美丽资源"创造"智慧财富"——论"新地理逻辑"导向下的厦门城乡复兴

———演讲◇李忠

城市复兴·美丽厦门 建筑策划专委会（APA）秋季高峰论坛上，李忠先生通过准确、翔实的数据调研，借鉴海量世界范围内具体城市的成功案例，为厦门六大片区解题操刀，引进全新城市思路，激活全厦门城市活力。他以英国铁桥峡为例提出全域"见学"小镇；提出留住鹭岛海洋记忆的历史与文化灵魂内核的沙坡尾；提出海沧以打造国内外双向农产品贸易大港为出发点，实现两岸经济合作自贸区的突破。

一、厦门——阳光海岸上的幸福城市

厦门是中国人口净流入前10名的城市，是中国最具幸福感的城市之一，我们提倡美丽厦门，是非常有基础的。

什么样的城市能成为美丽城市？辛弃疾有一首词叫"我见青山多妩媚，料青山见我应

如是"，这就是城市要有着看与被看的关系，城市要美丽首先要有极好的空间结构。鹭岛和鼓浪屿的关系很像维多利亚海湾和九龙之间的关系，而筼筜湖又类似于西湖，厦门美丽如香港，但城市结构又很像杭州，这是一个非常美丽的城市，而我们要把厦门美丽财富的经济价值兑现出来。

什么叫经济价值？国家号召做创新经济，而创新经济中最重要的就是知识经济。今天，除了北上广深四个城市在发力之外，还有四个城市的经济增长在明显提速，分别是杭州、南京、武汉、西安，这四个城市的共同特点是高校很多、人才基础很好。在知识经济时期有这样一个规律：①哪里更宜居，知识分子就会去哪里居住；②知识分子在哪里居住，人类的智慧就在哪里汇集；③人类的智慧在哪里汇集，财富最终就会在哪里汇聚。三段话的结论是哪个地方宜居，哪个地方就会更有钱。今天重要的资产已经不再是自然资源，而是获取高技能劳动力，尤其是科学家、工程师和其他主导新经济专业人士的能力。以前各个地区为了争取公司在本地落户，都相继提出了低工资和税收让度，但现在已经越来越不灵了。

过去招商的逻辑叫"产-人-城"，先招一个大企业过来带动就业，最典型的就是北京的亦庄，这种逻辑下的城市现在往往都不那么宜居。现在的逻辑是"城-人-产"，去建立一个非常适合知识分子居住的城市，然后吸引更多的知识分子进来，再由他们去做高科技的产业（图1）。创新经济即知

图1　现在的招商逻辑——"城-人-产"

识分子经济，"宜居"是吸引他们"乐业"的关键。在新经济的时代背景下，人才逐渐成了产业、城市聚集和发展的核心。科特金特别写到，"无论在小城镇还是在大城市，人类的智慧在哪里集中，财富就在哪里聚集，这种趋势日益增强。"

知识分子最喜欢的城市是什么样的？其实就是四句诗："苔痕上阶绿，草色入帘青，谈笑有鸿儒，往来无白丁。"这指的就是人文环境，也恰恰是厦门的优势所在，良好的生态环境决定了"苔痕上阶绿，草色入帘青"，但更重要的是这里有厦大，有着"谈笑有鸿儒，往来无白丁"的优秀的人文环境。所以，我们现在要做的就是如何兑现厦门的资源，让它更加吸引高质量的知识分子，不仅吸引人还要吸引人才。

美国经济增长量最大、速度最快的地方，一个是加州，有首歌叫做《加州的冬天没有雨》，就是因为加州这个地方跟厦门一样阳光灿烂；另一个是佛罗里达，也是美国经济增长带。现在美国的知识分子到好玩的地方去、到有趣的地方去、到有阳光的地方去，而且一定是到都市环境中去。

旧金山有一个非常明显的趋势，很多原本在硅谷郊区办公的人，现在重新回到市区。

在这个逻辑之下看来，厦门正是这样一个阳光地带，厦门已经是可以把美丽资源兑现成新经济的地方。现在厦门有14 650家互联网企业，其中有5 317家诞生于2014年，5 558家诞生于2015年，截至2015年8月3日，厦门互联网企业的注销数只有78家，也就是说它的存活率、成功率很高。厦门是旅游带动宜居、宜居带动好玩、好玩成就了很多知识分子在这里聚集。美丽厦门的战略，其实就是应当以宜居生活吸引精英人才，提升厦门的创新经济。

二、历史文化街区复兴

1. 鼓浪屿：世界级人文资源的再提升

鼓浪屿有很多著名的历史建筑，方寸之间浓缩了百余年的时光，是中国也是世界的珍贵遗产。它在本土文化积淀期有闽南传统式的建筑，在国外文化的传播时期又有很多外来植入的建筑，在多元化的交融期有各种建筑的汇集，它是中国的时间胶囊、是世界的文化遗产。在这个逻辑之下又融合了万国风情的建筑博物馆，有很多都是中西合璧的，在这个伟大的舞台上，它有一大批伟大的演员，而且都是重量级演员。中国第一架钢琴诞生在鼓浪屿，鲁迅也曾在厦门大学教过书，弘一法师的闭关修行也是在此。鼓浪屿有文化，而且还有一批目前还活着的文化。

遗憾的是，鼓浪屿独一无二的历史价值和文化价值并未被充分挖掘，低端的旅游景点式开发模式仍在继续，已经给鼓浪屿的持续发展造成了巨大压力（图2）。要实现"美丽厦门"的目标，必须解决这一问题，让鼓浪屿变得更美。鼓浪屿如果继续走每次来1000人，每人花10块钱的路径一定活不下去，但是也不可能指望鼓浪屿变成来10个人每人花1000块钱。我认为要做有深度、有文化的旅游，来100个人每人贡献100块钱的路径是可

图2　当前低端的旅游开发已经使鼓浪屿不堪重负

行的。所以，应充分挖掘鼓浪屿的历史景点，特别要面向有孩子的家庭客群。

首先，知识分子对孩子的教育都更为看中，如果我带着孩子来鼓浪屿玩三天玩疯了，我不见得高兴，如果你告诉我他可以学到东西我就会很高兴。其次，现在每个家庭为了孩子，旅游也是最愿意花钱的，这被称之为儿童主导家庭。我们的旅游可以向小精英们展开，做一个全息美誉的岛。如果孩子们来了就可以解决旅游淡旺季和时间不均衡的问题，如果把它变成孩子的美学课，周一、周五也可以有一个不在学校的美学课堂。

我分享一个英国教育小镇的案例，这里面有一个特别重要的词，叫做见学，是根据所见的事物进行学习和观察。这个英国的铁桥峡小镇，保留的全是维多利亚工业文明初创时的逻辑，做的是户外博物馆的模式，把所有的古建筑都作了保留（图3）。很多建筑你留住了它的外壳也留不住它的内涵，我在国外看了这么多地方得出了一个结论，当内涵可以卖钱的时候，这个内涵一定是可以留住的。这里是一个让孩子们可以触摸的地方，他们可以在这里一边学一边玩。这个逻辑很重要，就是孩童的学习一定要把握一件事，就是乐学，在学中能乐、乐中能学。

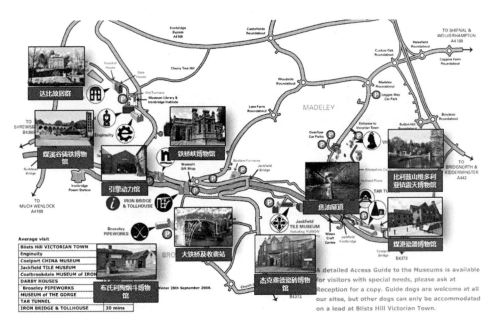

图3　铁桥峡是一个生活着的全域见学小镇（资料来源：网络）

结合这个事情我们应当采取两个手法。一是打造融入全城的建筑博物馆群。利用鼓浪屿上现存的各处遗迹遗址，打造融入全程的建筑博物馆群，以建筑背后丰富的故事支撑鼓浪屿的美育框架。

英国的利物浦曾经很兴盛，当其衰落以后，它的博物馆不得不出售很多藏品，后来他们穷则思变，用博物馆群实践了"文化复兴"。1995年，利物浦城市委员会成立，逐步开启了利物浦的"文化复兴"之路。一个重大举措就是将博物馆收归国有，打造国立博物馆群（National Museums Liverpool），将不同性质的博物馆整合到同一架构下进行群聚管

这些博物馆并非完全按照地缘关系划分，主要集中在两大区域，码头滨水区、威廉姆布朗街区，还有一些在其他区域，但绝大部分都在市中心步行可达的范围内。

国际奴隶博物馆　列芙女士美术馆　梅西塞德海事博物馆

利物浦博物馆　艺术收藏保存中心　苏德雷之屋

英国国立关防博物馆　沃克美术馆　利物浦国际博物馆

图4　利物浦以博物馆实践"文化复兴"

理——设立总馆长与管理中心，所有馆舍的教育、典藏、营销、公关策略都由专人负责。他们提出这样一句推广口号：如果你热爱文化，你一定会爱上利物浦（图4）。

我们可以说，如果你热爱文化，你就会爱上鼓浪屿，你就会爱上厦门，这才是我们的文化复兴之路。每三个到英国的观光客中，就有一个人是冲着博物馆来的。随着中国人均收入超过7000美金以后，我们也会有越来越多的人开始追求这件事。那么就带来了一个问题，如果把鼓浪屿做成博物馆群落，谁来讲解？

第二个方法就是打造官方认证的维基数码城市。以鼓浪屿目前的数字化为基础，寻求与维基的官方合作，打造官方认可的维基数码城市，以先进手段提升鼓浪屿美育的互动性与参与度。

英国小镇蒙茅斯就是一个维基数码小镇，蒙茅斯现存历史建筑的历史价值和知名度有限，自身吸引力不强，没有特别明显的景点。他们由市政府出面组织了一个班子去写过去的历史，并且建立了一套积分制度，并给予积分高的人勋章。很多人都愿意戴这个章，有如下几个好处：

（1）不论你买什么、排什么队，所有人都把你让到最前面去，因为你为这个地方作了很突出的贡献；

（2）如果你身上戴了这个章，所有去旅游的人有问题会先问你，老年人特别愿意做这个事，第一他闲着也是闲着，第二老年人的知识结构是现在的事全忘了，但是过去的事全记得。老人也是一种人力，所以他们把这些人和讲述组织起来做成各种二维码，放在每个景点旁，这样你拿智能手机走遍整个蒙茅斯就能下载非常专业的讲解，甚至是中英文对照的，现在已经有超过1000块了，连卖特产也能这么做（图5）。

鼓浪屿也可以结合这个手法，做成一个维基百科城镇，这是一种智慧旅游的方法。我们做这个还有一个优势就是我们不缺文化，厦大就靠得很近，哪怕向厦大的教授们征集，都可以把这个东西征集出来。通过小精英，小手拉大手，留住知识分子。

"养蜂为发展"国际慈善组织旨在通过帮助贫苦和偏远的地区养蜂来摆脱贫困。这同时是一个生态项目。该项目目前在乌干达、埃塞俄比亚、桑给巴尔和吉尔吉斯斯坦运行。其办事处在蒙茅斯镇。

小镇的商家也将自己的基本信息和产品信息或者小镇的百科介绍放在维基百科上,并在显著位置提供百科二维码实现链接,既传播了小镇的特色,又传播了维基百科,所以维基和政府两方面也都相当支持。

图5 维基百科城镇建设,也得到了小镇民间国际机构和商家的支持
(资料来源:网络)

2. 中山路中华片区:老街区的新出路

在电商的冲击之下,传统商业只有先变成好玩的地方,才能让别人来玩的同时顺便买一些东西回家。所以,中山路首先要做的就是好玩,用文艺活动提升街区熙攘度,做到"有戏有人气";其次则是发展夜色经济,打造魅力生活,要做到"越夜越美丽"。

中山路最大的特点是骑楼,骑楼的最大特点是,如果在街内表演,街外的部分可以作为看台使用。观者退到骑楼后面,人在前面表演,到处都是秀场。这个方法其实适合于中山路,甚至我们可以与海峡对面的台湾进行合作,他们有很多这样的演出剧团,可以输出到我们这里,用演出带动人气。

中山路晚上更有魅力,我推荐一个词叫夜色经济,夜色经济非常重要的代表是台湾高雄。高雄原本是一个没什么魅力的工业城市,后来有一个著名的市长说,高雄是一个港都,我们就以水和光的特色来建设高雄,这是一个很重要的思想,在这个逻辑之下他们打造了爱河和爱河之心,把所有的桥都变成了光标,更重要的是我认为下面这个做法特别适合厦门,他做了一个城市光廊,到晚上很热闹,吸引并聚集了越来越多有牌照的街头艺人。

三、城中渔村更新升级

厦门是能留住我们的海洋记忆的地方。没有渔就没有厦门,中国的渔民主要集中在山东的胶东半岛、福建、浙江温州和广东的潮汕地区,这四个地方的人由于打渔导致了四种性格，做事认真、相信机遇、胆子极大、相信感觉，共同崇拜妈祖。

只有讲清楚了渔，才可以讲清楚台湾海峡两岸的关系，现在台湾本省人其实都是早期福建渔民，最早去的是泉州、漳州人。

1. 沙坡尾：厦门的根

现在的沙坡尾是唯一一个可以看到船和海的地方，它是厦门港历史的记忆，应该在沙坡尾标一个符号，就是此去台湾多少海里。这里还有一个厦门渔业的文化现场，是过去一个真正的渔人码头，我们应该在这种情况之下如何保住这一点记忆，这对鹭岛是非常重要的。下面我介绍四种手法：

（1）吃在水上——渔人码头。我们可以学习台湾四大景观中排名第一的淡水码头，利用"渔业"魅力吸引精英，使其能够成为外地人的体验场所，同时也是本地人的消费场所。

（2）住在水上——船屋民宿。如日本的伊根渔村就保留了船屋，有两种类型：一种是把房子延伸到水上，上面是屋子，下面是船；还有一种是干脆就住在水上，让游客可以在这里体验原汁原味的水上夜宿和渔火。

（3）玩在水上——渔业见学。澎湖有一个"一日渔夫"，让你过一天打渔人的日子。中国种田的人很多，但打渔的人很少，所以保留这个文化是非常有吸引力的。并且可以让当地人转换一个生存方式，使其从海上生存者变成一个海上服务者。

（4）风貌特色——海洋风情。可以做很多有关船、有关海洋的要素，使这个地方成为一个高端休闲的场地，真正成为一个留住鹭岛记忆、记住乡愁的地方。

2. 曾厝垵：中国最文艺的渔村

曾厝垵现在已经快成为第二个鼓浪屿了，但是曾厝垵有两大问题，一个是自身特色遗失，与鼓浪屿严重同质；第二个是管理缺位，欺客宰客普遍。所以我建议曾厝垵可以采用以下三种手法进行问题解决和自身提升：

（1）"清新"话历史。小清新的手法典型例子就是韩国的小普罗旺斯，这里并没有对老房子进行全部拆除，而是把屋顶进行改造，墙面刷成五颜六色，这样就吸引来了很多小清新的小资，包括我们知道的很多文艺店都在里面。这种逻辑对知识分子，尤其是小知识分子是非常有吸引力的。我们知道电视剧《绅士的品格》和《来自星星的你》很多的镜头都是在这里拍摄的。

（2）"绘本"强互动。诚信问题怎么解决？其实很简单，可以用轴色图绘本的方式把曾厝垵的各种小店都画出来，最重要的是在这个界面上要可以让人留言，我在哪里挨宰了，我就登上去，这样一来就可以用公众来监视商家，让他们变得更诚信，这其实是一个很有效的手法。

（3）"渔民"再教育。像曾厝垵和沙坡尾的渔民，给他们一个很好的去处——游艇产业，现在厦门也在发展自己的游艇产业，任何游艇都需要水手、维修、打造。香港当年刚开始发展游艇业的那段时间也特别缺乏这一部分人，后来香港为了争取这些有志青年，专门让郭富城和关之琳拍了一部戏叫《夏日恋情》，于是两万多个年轻人受到吸引就报名加入了这个行业，从而留住了最后一批香港渔民，这其实奠定了今天香港的一个人才基础。

四、旧厂房更新再利用

1. 湖里老工业区：传统工业园区的美丽提升

湖里工业园区，是厦门工业的发源地，也是厦门设计所在地。厦门是一个设计师特别密集的地方，因为知识分子的生产资料就是他的头脑，他愿意在一个宜居的地方工作。所以在这个逻辑下，应当用设计来促进整个产业的发展，从而助推整个厦门的经济发展。以工业设计带动厦门工业服务，助力福建民企再出发。结合自身优势与全省经济大环境，以工业设计为突破，带动厦门的工业服务业，为福建的经济转型提升，注入新活力。

因此，湖里工业园可以从以下三个方面入手：

首先是台湾资源，以地缘优势对接台湾设计资源，从农业创意设计、工业设计与互联网设计等全面提升福建产业经济；其次是国际权威，借助厦门已有的国际权威设计优势，继续引入更多的国际权威机构，作为厦门设计走向世界的重要推手；第三是人才环境，以处处可交往的宜居宜业的环境，为创意精英人才提供理想的工作生活氛围，让人才在湖里落地生根。

我建议湖里可以做一件事，那就是商务社区城市。很有意思的一个案例就是德国的一个港口城市——汉堡港口新城，被列为汉堡都市发展的优先发展区域，承载汉堡新经济发展。目前已吸引1500名居民和6000多个工作岗位，已有超过500家企业进驻港口新城。因此，一定要做到制度平衡的逻辑，"和工作一起生活、和生活一起工作"，做一个混合社区，真正做到一切有停留的地方皆可停留，一切可停留的地方皆可交往，一切有交往的地方皆有创意。

2. 海沧自贸区：保税港区的战略升级

在其战略升级中我们也在做对外贸易，但当我们做贸易时，如果这个港本身是国家战略合作的情况，我们要知道贸易两边有什么，使得两边的产品能够形成双向交流。

我们的对标案例是欧洲第三大港安特卫普，它做到了这样一件事，存放有欧洲一半的咖啡，同时也是世界最大的烟草港和西欧最大的烟草港。它做了海运、存储和运输一系列的产业链，并且做了烟草、咖啡、水果的综合贸易。它和我们台湾海峡的对岸是非常类似的，只不过它成功做到了完善的增值服务、升级的冷链物流和大宗农产品的交易平台。通过这几个方面，把自己发展成了一个真正的服务港，并且特别面向于农产品服务和专项物流。

总之，我们就是要通过历史渔村，通过小栋梁吸引大精英，通过城市渔村留住记忆来吸引本土的知识分子、吸引世界性的设计人才，最终达到城市复兴，造就美好厦门，创造更多的智慧财富。

3 国际赛事衍生视角下的小城镇更新思考

演讲◇梁思思

都市更新·人文深圳 建筑策划专委会（APA）夏季高峰论坛上，清华大学建筑学院城市规划系教师梁思思依托清华大学建筑学院负责的冬奥会的项目之一展开研究，分享了关于小城镇更新的相关心得。

在2015年，北京和张家口联合成功获得2022年冬奥会的举办权，借此机会，北京成为世界上首个同时既举办夏季奥运会也举办冬季奥运会的城市。梳理过去每年冬奥会举办的场所可以看出，阿尔卑斯山脉占据滑雪运动的主要地区，使用者占全世界三分之一。近些年来，冬奥会举办城市逐步在向亚洲发展，也为我国的城市发展带来了一些契机。当前，我国城市已经属于经济的转型期间，"十三五"（2016~2020年）将成为中国迈向高收入社会的关键阶段，消费将成为经济增长最主要的拉动力量，并推动中国进入服务型主导的消费型社会（图1）。换言之，注意力经济越来越引起大家的注意，这在2008年的奥运会，2010年的世博会等重大赛事中都可见一斑，并对城市发展建设带来了深远影响。

体育国际赛事等大事件对城市建设的带动已有很多研究，在大事件的驱动下，城市获得长久的发展，也成为所有投资商逐利的地方，在此不再赘述。今天我想探讨的是，在我国占据了80%的中小城镇，在面临类似于大赛事或者大事件的机遇时，城市更新所应该进行的更多的思考。

"十三五"（2016~2020年）将成为中国迈向高收入社会的关键阶段

消费	技术进步	服务业
成为经济增长最主要的拉动力量	对经济增长的贡献越来越大	比重将快速上升，农业、工业比重持续下降
预计"十三五"期间固定资产投资名义增速下滑至15%以下；未来5~15年，消费对经济增长的贡献率将由目前的50%左右上升至70%	相对于其他要素的增长速度下降幅度，技术进步的速度下降较少。预计到"十三五"贡献率上升到40%~50%左右	农业比重由2014年的9%下降到2030年的3%左右。二产由2014年的42%降至2030年的30%；服务业由2014年的48%升至2030年的66%

图1 "十三五"阶段的社会转型

崇礼，就是这样的一个典型。随着冬奥会契机下高铁的新建设，崇礼、张家口以及北京的延庆将形成一条新的旅游和冰雪发展带。在举办奥运会之前，崇礼的众多雪场已经是滑雪的上佳之选，而在奥运会之后，必将会迎来新的滑雪高峰。从2017年3月8日起，崇礼住房开始限购，也是从另一个侧面显示了其带来的影响。

从崇礼的空间发展布局来看，其县城并不是将来冬奥会所在的场地，滑雪比赛的地方也不在这里，相反，冬奥会举办的场地是太子城，距离这里尚有一段距离，它才是冬奥会的核心场所。而这个县城也因为这个原因面临巨大的难题——随着太子城及其周边的配套设施逐步建设完善且自成体系，4km²左右的县城建设区，如何承载奥运赛事的衍生发展？换句话说，本土的更新，是否有除了空降来客之外更综合的发展路径？

在此，我们比较分析了阿尔卑斯山脉的若干城市，这些城市和崇礼很像——位于山区中的洼地，周围的滑雪场地深入延伸到各个山沟之间，类似于单中心但组团分散式的布局。比如，奥地利的因斯布鲁克是1964年、1976年冬奥会所在城市，世界级、富有地域山区沟谷特色的体育旅游文化产业聚集区，2014年人口12万，旅游人口700万/年。其中，过夜游客300余万（冬季过夜人数139万，夏季162.7万），白天400万。过夜游客主要集中于因斯布鲁克主城区，其余分散在各个乡村和度假村。以主城镇为中心，分布着非常多的小型滑雪场地的度假村落，并具备各种有效的公共交通连接。比如免费的大巴、完善的铁路系统等，并且都是由各宾馆、度假村和雪场投资运营。

除此之外，在空间布局中，还围绕重要标志性地点，营造了很多仪式性空间。不要小瞧这些仪式性空间，将广场、线性开放空间、雕塑、尖顶、雪山等有机联系在一起，使得处处均可入画，随便一个地方拍照片都能成为经典的风景明信片，并且有机地将人们的游览路径紧密串接在一起，使得城镇风貌成为除了滑雪运动之外吸引游客的一大优势。

第二个案例，来自法国的夏莫尼。它也是从山沟发展而出的城镇。它坐落于欧洲屋脊阿尔卑斯山最高峰——勃朗峰脚下，有大型雪场13个，上百条雪道，雪道全长100余公里。这个城镇的一大特色是不仅冬天有12月和2月两个旅游高峰期，在夏天的8月份也是第一大高峰期。这是因为人们冬天滑雪，夏天徒步旅行和登山。作为支撑的是一整套多类型的立体公共交通网络体系——用小火车的齿轨铁路，索道缆车，把所有游览点串联在一起。因此，人们既可以有山地自行车、远足小径，也可以露营、搭建帐篷移动文化平台、音乐乐园，甚至在湖边可以有独木舟探险，冰川探路等。而低难度、低海拔的地方，则设置了以家庭为主的丰富项目，包括儿童游玩项目，托儿所、游乐场、高尔夫、果园种植、网球、美食节等活动措施。

此外，还有很多其他城镇，比如德国的加尔米施，它的规模相对前面比较大，更多地向游客宣传原来的历史，以及传统的村落和田园味道，辅助产品是农村景观露营。瑞士的韦尔比耶的亮点是瑞士第二大自然保护区Haut Val de Bagnes 谷、莫瓦桑拱坝、巴涅AOP奶酪及其他地方特产；达沃斯是阿尔卑斯山区规模最大、海拔最高（1560m）的度假村，则提供包括高山休闲疗养、健身、举办国际会议等在内的多种服务，亮点包括美术馆、峡谷和RhB铁路、奶酪厂、啤酒厂、登山齿轨的观景台、高山植物园和香草庭院、马车小镇、峡谷、冰川之旅等（表1）。

若干典型城镇的泛体育娱乐产业活动　　表1

伦策海德（Lenzerheide）	内达兹（Nendaz）
冬季：多级别滑雪道；越野滑雪小径；冬季远足环线小径。 **夏季**：山地自行车、自行车小径、自行车公园、马拉松、GPS游览路线、远足、文化旅游、自然风光高山饭店、烧烤区、农家乐。 **家庭**：夏季儿童游乐场、冬季儿童乐园。 **亮点**：冰雪之夜和"晨鸟"、洛特峰顶远眺、远足小径、自行车公园。 **活动**：滑雪竞赛、滑雪定向越野赛、欧洲锦标赛、红牛SKiLLS奥运获胜者挑战赛、老爷车比赛、山地自行车比赛、帐篷移动文化平台、伦策海德仙境乐园（灯光、圣诞节市场及美味佳肴）	滑雪"四大山谷"之一。 **冬季**：412km的滑雪道；越野滑雪线路；100km的冬季徒步游览路线；雪鞋漫步小径。 **夏季**：登雪山、落叶林区、异域风情花园的徒步线路网；远足或骑山地道冰川地带远眺雪山；以果树种植为主题的小径。 **家庭**：丰富的儿童游玩项目，托儿所、玩具租借、手工艺制作、婴儿车专用道、游乐场。 **亮点**：灌渠小径、大水库、瓦莱古堡、罗马古镇。 **活动**：国际阿尔卑斯山峰节、自行车赛事、吉他节
圣莫里茨（St. Moritz）	韦尔比耶（Verbier）
阿尔卑斯山的大都市，众多的豪华酒店、水疗中心和高档商店。 **冬季**：多级别滑雪道；瑞士最险峻的出发坡、单板U形池、串联式跳台以及高原训练、冬季步行道、越野滑雪道网络。 **夏季**：徒步旅行和登山、帆船运动、风帆冲浪、橡皮艇、网球、高尔夫。 **亮点**：科尔瓦奇峰山顶的冰川雪洞、塞甘蒂尼博物馆、伯尔尼纳快车、Muottas Muragl滑雪橇、瑞士国家公园。 **活动**：雪上马球世界杯、音乐节、选美比赛	典型瑞士悬檐木屋风格建筑。 **冬季**：滑雪道、火车、升降梯、雪地靴徒步旅行、"华美路线"出发和补给站。 **夏季**：远足小径、攀岩、山谷翼伞滑翔、山地自行车道、峰顶全景、高尔夫、桑拿房、网球场、壁球馆和冰壶道。 **亮点**：瑞士第二大自然保护区Haut Val de Bagnes谷、莫瓦桑拱坝、巴涅AOP奶酪及其他地方特产。 **活动**：斯沃琪杯奥尼尔极限赛、冰川游弋、古典音乐节
格施塔德（Gstaad）	达沃斯（Davos）
欧洲皇室及电影明星们光顾的高级休闲地、顶级精品酒店、美食餐厅、豪华牧人小屋，附近有萨嫩飞机场。 **冬季**：滑雪园区、雪橇滑雪道、越野滑雪道、冬季徒步小径、冰上掷冰石、冰河滑雪和直升机滑雪。 **夏季**：徒步旅行、山地自行车、滑翔伞、高尔夫、独木舟历险、夏季越野滑雪、攀岩。 **家庭**：山区农业、健身设施、保健服务。 **亮点**：知明餐厅、温泉、滑板车、"金色山口"全景线路、冰川。 **活动**：热气球节、音乐滑雪节、沙滩排球、网球公开赛、美食节、马球赛、乡村之夜（音乐）、顶级音乐会	阿尔卑斯山区规模最大、海拔最高（1560m）的度假村，达沃斯提供包括高山休闲疗养、健身、举办国际会议等在内的多种服务。 **冬季**：滑雪、单板滑雪、溜冰、马拉雪橇、人行道和雪鞋小径。 **夏季**：悬挂式滑翔、翼伞滑翔、山地车和直排轮滑项目、远足起点。 **亮点**：美术馆、峡谷和RhB铁路、奶酪厂、啤酒厂、登山齿轨的观景台、高山植物园和香草庭院、马车小镇、峡谷冰川之旅。 **活动**：达沃斯会议

　　当然，国内外的城镇存在很多不同，比如GDP的起步不同，很多中小城镇经济处于所在地区的较落后水平，需要更多不一样的产品策划，不能一味主打旅游体系；再比如城市风光不同——都是有山，可地势和陡峭程度完全不同，等。但是总体而言，我国的城镇也

已经从1990年代末21世纪初的增量扩张逐步转向了空间提质转型。大事件是一个契机，但更重要的，是如何通过外来的一切机会，真正推动我们城镇新的发展，进行质量的提升。

这里实际上涉及的一个概念，是"城市更新"。国际上与城市更新相关的理论研究自20世纪中期在西方国家率先提起，经历了20世纪50年代的城市重建（Reconstruction）、到60年代的城市复苏（Revitalization）、70年代的城市更新（Renewal）、80年代的城市再建（Rehabilitation）、90年代的城市复兴（Regeneration），至今已发展出较为成熟的思想体系。进入21世纪以来的城市更新集中在城市文化、生态可持续和社会参与三个层面展开深入研究。衍生出针对不同案例地区（如废弃棕地、滨水码头、原军事基地、旧商业区以及内城衰败区），不同更新策略（大型文化项目主导、文化产业和新经济推动的产业升级），不同更新模式（公共政策主导、市场推动、邻里营造）等多元实践探讨。当前我们面临的城市更新已经不仅仅是推倒重建，不仅仅是单一事件的驱动文化，而是一种多元的文化融合，应考虑到人在城市生活中如何通过生产场所更好地改变和转型，达到更优质的生活空间品质。

崇礼的案例很像中国很多小城镇的发展脉络，最早起源于山村聚落，可能是借由城市建设而逐步发展扩大，在1990年代之后逐步扩张并寻找转型的出路，这个出路我们称之为事件驱动，对于崇礼而言是冬奥赛事的影响，对其他城镇的影响寻找其他新的一些可能性的方法。因此，我们从三个方面展开对城市更新路径的读解——城市演变下的风貌品质管控、政策导向下的基础设施建设、事件驱动下的产品转化与优化利用（图2）。

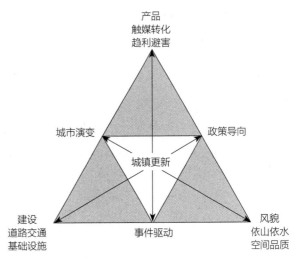

图2　城市更新的三个维度

城市更新第一要根植于城镇本身的空间特性。崇礼大多数地方是山，整个崇礼基本上是一个山沟里的地区；在北京饱受雾霾侵蚀的时候，崇礼却是不可多得的天然氧吧，它具有非常多的森林，其山水地势不应被新的建设所破坏，因此，需要对城和村的空间关系进行重新分析和判读，寻找出村镇特色。第二，政策导向下的基础设施建设。这是自上而下的城市更新建设应该聚焦的重点。城乡更新本质上是一个极其复杂而又敏感的空间治理活动。当前，政府、市场、社会三方在城市更新中的参与程度越来越多，并且已经出现了多元化的空间治理模式。政府在政治治理体系之中扮演的角色，应该主要聚焦在市政道路、基础设施建设和土地整体开发控制这几点中。第三，事件驱动。今天的论坛不论是主题报告的人文复兴，还是分论坛的各位专家的探讨，本质上都是在思考如何通过产品触媒影响周围片区空间的发展，进而趋利避害。然而，任何一种事件的驱动都是具有双面性的，新鲜的大事

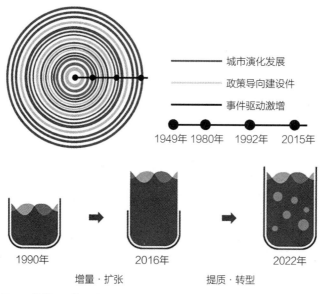

城市演化发展
政策导向建设件
事件驱动激增

1949年 1980年 1992年 2015年

1990年　　　　　　2016年　　　　　　2022年

增量·扩张　　　　　提质·转型

图3　从增量到提质的转型

件既可以非常快地带来人流和GDP，也同样带来非常多的不可持续性，比如后续产业链条没有更上，或者在同质化竞争中没有保持持续的竞争力，导致人们对此失去兴趣，进而使得城镇发展难以为继（图3）。

如何破解大事件等产品带来的新鲜感的短暂问题？这需要我们将体育赛事与城市文化相结合。国际赛事类重大事件活动的特性，可以归纳为瞬间性、增长联盟的高风险性、联盟各方行为的高度趋利性和投机性。对于城市的影响，具有"突发性""强带动性""持续影响性"等性质。因此，当重大事件结束、联盟解体时，城市发展是前进还是后退，取决于重大事件运作过程和后期经营合理、科学的计划和操作。可以说，体育赛事本质上是一种城市文化，对于城市文化的转型，尤其需要慎重面对。面对短期的机会要具备更长远的眼光，不要让短期的大事件偷走我们城市更新可持续的未来，谢谢！

4 2015年沙龙对话——
建筑策划的实践与探索

主持人	**庄惟敏**	清华大学建筑学院院长、清华大学建筑设计研究院院长
嘉宾	**曹亮功**	北京淡士伦建筑师事务所总建筑师
	孙一民	华南理工大学建筑学院常务副院长
	张　彤	东南大学建筑学院副院长
	赵铁路	伟业顾问事业集团副总经理

摘要	沙龙汇集了来自高校、建筑师事务所、企业的大咖，先后从一带一路到大型体育馆项目，用实际案例从项目选址、产业选择、问题解决、可研调查突出了建筑策划意义，接下来通过对现阶段建筑的教育分析提出了教育领域对建筑策划的建议，最后通过商业大数据的应用，展示了应用新技术解决策划问题的意义。

庄惟敏　策划这个概念最早在中国是由曹先生提出来的，那个时候还没有人把它作为一个系统进行研究，在那个背景下提出这个概念是非常不容易的。请您谈谈您在实践中建筑策划的操作。

曹亮功　在一带一路工作中我做了一点事，里面贯穿着建筑策划的内容，在这里想跟大家分享一下。前两天习近平主席去白俄罗斯，和总统一道参观了中白工业园，这个项目从选址一直到总体规划的落实是我组织参与的。

　　那是2009年的上半年，习近平还是我们国家副主席的时候访问了白俄罗斯。总统接待他时说白俄罗斯也在搞改革开放，当时白方觉得中国经验非常实用，可是缺少一个像深圳一样的城市，所以希望中国能帮助其建一个像深圳一样的城市。习近平当时表达了中国支持的意愿。在第二年，总统回访中国的时候，和胡锦涛总书记见面，再次提出这个问题，胡锦涛当时表达了支持，并且在联合公报上提到达成合作。我作为技术的总负责人在2011年的11月份接受了这个任务，和中元的管理层一起去与白俄罗斯经济部部长会面。

我们当时要做的事就是选址，在选址以后我们提出了问题，在一个月之内得到了白俄罗斯的答复，并且下达了总统令解决我们所有的疑问。紧接着在2011年的春天，我们就去做这个项目建议书和可行性研究，然后就开始做总体规划。总体规划是由白俄罗斯规划院完成的，当时总体规划的最后审查仍然由我来完成，这个过程大概就是这样。

这件事情是我在中原最后的一项工作，这项工作做完以后就创办了自己的事务所。在这个过程当中，我做了几件事，涉及策划的，第一个就是选址，因为按照传统的选址有一个方案，还有一个备选方案，当时白俄罗斯提供给我们八块土地，我们选中了一块，这块地当时是80km²，里面还有很多租的，现在是91km²。当时我选80km²是参照北京二环路内，它是70km²，还有新加坡的苏州工业园，因为它是一个城市的概念，所以就确定了。

在这个选址过程当中，要有备选方案。当时看了五块地，都觉得各有利弊，我告诉中方领导没有拿到想选的目标，最终确定了尼斯科机场的那块地。这块地当时里边有500户农民，白方告诉我们是没问题的，两千个人是可以搬走的。但是这个事情发生了变化，我们其实没有备选方案。为什么呢？对于首选方案，为了说明为什么选它，我们一定会讲这块地是如何的好，这样的结果很可能白俄罗斯政府不批，而批准的是备选方案。所以我研究完以后，就告诉助手把备选方案拿掉，充分说明为什么没有备选方案，而是唯一的方案，最后被批准了。这是一个策划的概念，这是对形式分析的结果，是第一个问题。

第二个问题是什么样的结构才是我们所想的城市。这件事情我们作了非常多的调查，当时有一个是商业部驻白俄罗斯首都的商业代表处的经济学教授，已经在白工作了十几年。我们拜访了他，并且跟他针对白俄罗斯的具体情况作深入讨论，得到了一些价值很高的建议。经过广泛的调查，我们提出了五个方向：高端装备、精细化工、生物和医药工程、电子、物流。在中间反复进行过很多次研究，都没有变动过，我认为我们最初的确定是非常准确的。

第三个问题，中间发生了一次插曲，这个项目被公布以后，这两千个农民都觉得他们这个地方会火爆起来，所以他们举行了一次游行。这个游行打的标语就是反对中国人侵占他们的家园，当时在全世界是很轰动的，甚至总统都没法解决这个问题。最后修改了一个内容，就是保留村庄，并且在村庄旁边设300m的保护带，所以造成很多土地不能用。那个时候我已经离开中原，是我原来的助手接着完成这个概念。修改以后出现了一个问题，80km²的土地最后能够使用和转让的只有50km²，导致整体做下来是亏本的。后来他们问我的意见，我调出来资料一看确实有很大问题。当时我跟他们讲，这么做是有问题的。我们以前做过同样的项目是保留村庄的工业园，有关于隔离的绿带怎么利用的经验，这就带来了150m的范围可以用，只是不能盖房子，这块地是可以有所为的，这样就争取了相当多的土地。另一个，因为村庄在我们的园区里边，如果规划不含村庄，那它就可以无限度建设，这是很被动的事情。所以我们要对这个村庄的高度、容积率都作出限制。这个事是很关键的，只有做成这个经济账才能算回来，这个规划的思想是很重要的一点。

主要就这三个要点，在整个策划里边，当然现在这件事情圆满了。一带一路上的工业园有二三十个，而规模最大、最完整的就是这个。

庄惟敏　在这里既要有科学的论证，严密的调查、数据分析，同时还要有建筑师、规划师和业主方面的沟通，这里面的内容是相当深刻的。

孙一民院长既是建筑学院的常务副院长，同时也是我们国家体育建筑专业委员会的主任委员，我想请院长谈谈围绕大型公共建设项目策划的思考。

孙一民　我不是专门做研究策划的，我们是在人家策划完之后做建筑，所以是补充实物的问题。大型公建的前期可行性研究是必须的，亚运的游泳馆和水立方差别是一万的观众席，而污水等其他设备是一样的。我们当时水立方是10亿元，而亚运写的是1.9亿元，但实际上亚运的项目中标之后这个资金是不够的，后来他们又增加了不到2000万元的投资，但是场馆工程还是出了质量问题，而且就是材料方面。

对于这种大型公建来说，前期的研究，建筑师必须重视。按我们的体制，现在这种可行性研究，都是发改委的项目公司在做，他们完全不懂这么精细的专业。有一次讨论东莞建立自己的城市体，一般认为当地大部分是流动人口，户籍人口较少，也就是五千人的场馆了不得了。但换一个角度想，CBA两个球队在那儿，而且常年冠军球队在那儿，从这个角度再算，加上外来人口，不应该考量某个精确的数字，而是要想东莞到底应该是一个什么样的场馆。最后，他们建了一万两千人的场馆，这个规模定位应该是好的。

从我们的角度，有很多工作可以做。从直接实际投标的角度看，都是很有价值的。前几天有一个体育中心项目，保定市作为开发商，项目包含设计、建造、运营。这是一个重要的环节，专门找到我们做可行性研究。我们对城市区位研究的思路更深入一些，投标的时候也有国内非常大型的民营设计公司，国外的设计公司包括GMP，最后是我们中标。我们中标的原因不是形态变化有多少，而是对城市的理解。对于项目既要有未来的思考，也有很实在的研究，对于我们很多设计公司来说，只有多方面理解之后，才会有很实惠的中标的方法，谢谢。

庄惟敏　孙院长说得非常实际，刚才又说了增加了很多前期研究和策划层面，胜算更大，作为建筑师应该很有体会。说到建筑教育这一块，原本我一直认为在学校不可能产生大师，所以我们也在思考建筑学专业该怎么教育，因为对建筑设计课程已经从按照类型教设计，开始慢慢关注社会、环境、功能、绿色，甚至是更大的范围，下面请张彤院长谈一谈关于建筑教育的思考。

张 彤　　今天咱们这个分委会涉及的这个内容并不是我们传统的建筑院校在培养建筑师的教学问题。但是我自己作为建筑师看到了各种问题，会发现建筑教育缺少的是什么。

从全国来讲，我们的教学上面缺两个东西，一个是人，具体的人；一个是建造，具体的建造。

同学们在学校里面接受的训练，在课堂当中做的设计，是一些是关于空间、体系性的练习，但是这个里面缺少针对个体人和群体人的考虑。你看学生的图会发现，能够画出各种形状的，有造型，有空间，但是这里面没有生活。第一个方向要往前去推我们的职业教育，回答生活是什么，承载生活的这个容器应该是什么样的，或者城市是什么样的这样一个问题。怎么把前期的这些工作，不仅仅是计算，而是让年轻人在他职业的训练和培养过程中，真正理解到生活，理解到人的需求，理解到社会运作的需要、平衡和自然系统发展的一种循环的可能性。

第二个比较缺少的是建造，建筑学的学生在学院完成的是一个模型，这个模型在现在大部分院校的技术条件下，更多使用的是纸板，这个是一个抽象概念，所以它没有认识或者面对真正的材料。我们现在的技术课程等也没有有利推动到他对具体的或者真实的建造技术，建造过程的这种学习，这是另外一个问题。这也是我们职业建筑师控制项目的能力和范围为什么会局限在这么短的一个区段的原因。前面这个对于策划，或者对于可行性研究是缺失的。后面这一段在工地建造、服务的环节上也非常缺失，仅仅是把图纸画完，在设计院大部分的过程当中是这样的。这个过程当中肯定面对困惑，整个过程当中，项目决定的过程当中，建筑师放弃了职业的立场。当然这样做在项目的发展过程当中，会出现各种各样的问题。

在建造环节上，在工地实际的建造和服务上，也是缺少的，这也影响设计的完成，庄院长提给我的问题就是一头一尾，建筑教育要往前面推，也要往后面做，这样让我们真正的职业培养能够全过程参加到整个建筑项目或者城市项目，从决策到建设，到以后运行维护上面的服务，全方面、全环节做，这是中国建筑师在未来发展或者在未来建设当中的影响，当然也希望他们拿的设计费比我们高。

庄惟敏　　非常感谢，就这个话题也许其他几位嘉宾，还有下面的朋友会有一些问题。

孙一民　　我补两个小例子，以前大家都知道台湾的建筑教育，最后一年毕业设计所有的东西交给学生，学生从策划开始，你认为合适就行，到最后的展示。海峡两岸都有一次毕业设计竞赛，可以是三四个学生把猪圈建成了教堂，也可以是学生想的海上收集垃圾的装置，全都可以做。这个的话我们老说应试教育这样那样，这是文化背景下的情形。东京工业大学和东京大学是完全不同的学校，但都非常理性，受德国的影响非常深，他们的设计是在二年级开始，因为一年级没有设计课。设计做什么，做住宅，怎么做，学生自己选地段，老师没有书，你觉得在哪里合适拿出来，一头一尾其实蛮生动的，教育部这样了，谁谁那样了，其实我们在学校要自己想，教育部没限制住我们任何的东西，自己限制自己，所以这块非常好，再放回去的时候好多环节都可以做。

庄惟敏 两位补充得非常好，像咱们以前说过，像医师、律师、会计师一样，我们不是绘图的工具，回到建筑教育这个话题，我想大家的出发点肯定应该站得高一些。建筑策划这个概念和建筑学原本的一些理论、出发点的基础，并不完全一样。所谓生物建筑或者地域主义，更多的还是在建筑学主线下，这个策划显然是跨界的，像一开始说的融合多学科。最后请赵铁路先生讲一下，关于在跨界层面或者房地产层面的情形。

赵铁路 大家好，我理解的房地产策划应该是建筑策划其中的一个部分，我谈谈我从业20年来对策划的理解，在过程中我的一些困惑。我现在最大的困惑，在之前说建筑策划，说房地产的策划定位，实际上我回头看很多项目，当时我们和业主有不同的方向，有可能争论得很激烈，最终不是取决于策划，我觉得这是跟我们前十年或者前二十年房地产的发展有关的，房子能卖，而且很成功，开发商说没有你也可以完成销售。我现在的理解，房地产在前二十年发展的速度太快了，可能跟不上这个速度，导致在之后的使用中出现了大量问题。这个问题我觉得，如果当时有策划的话也解决不了，为什么，就是发展速度太快了，就是跟不上。大家在北京做房地产，有些体会的，变化太多了，举几个例子。

我们叫90、70，这是一段时间的一个政策。有的开发商已经拿了地了，90、70怎么应对？龙湖在离清华很近的地方拿了地，大户型只能分割成小户型，270m^{2}做成三个90m^2。这个策划的想法很好，帮助了销售。之后限购政策来了，一人只能一套，现在270m^{2}的这个业主没办法了，房子卖不出去了，因为他一套房子是三个产权证，不可能有人一下买三套房子。就这个变化，实际上策划是无法预见的。

还有就是我经历过住宅改成写字楼，等策划好了符合标准以后，写字楼的市场又不行了，还不如接着做住宅，这个经验我们理解是因为经济发展和房地产前十年或者前二十年的发展速度太快。现在面临的是市场不好，没有那么容易了，我们再跟开发商谈的时候（也是我们建筑系的跟我说策划不好做），从一开始定不好的话，地就拿砸了。我觉得现在才是房地产策划的一个最好的时机，我们有时间去认真研究。

第二，作市场需求的分析。现在没有那么好的市场，开发商做的东西有可能在市场里不能被接受。拿户型来说，我们利用二手房巨大的交易量得到的大数据，可以提示我们实时的居住需求是什么，结合区域供应情况，从供应和需求两端出发指导开发商，所以策划的重要性非常明显。

曹亮功　我补充两句话，一个关于教育，我觉得建筑学的学习跟其他的功课是不一样的，因为建筑学的学习需要三方面的培养，一个是知识，一个是技能，一个是创意。但在现在学校的教育里边，对这三者的内容并没有完全地把它融合进去。许多人文背景极好的学校也没有充分发挥出来，我觉得我们应该有意识地让学生的知识结构符合建筑师的构成。

第三，其实我们的客观世界是事和物构成的，叫事物。建筑的策划是物的策划，事的策划是策划这个过程的时间安排。建筑策划是一个空间的策划，物的策划是空间，事的策划是时间，这个应该区别开来。但是建筑策划有可能会出现融合，我觉得关于策划问题，还有很多问题需要深入研究。

庄惟敏　最后曹先生提出的问题，也就是说我们还有更多的方面需要交流，像刚才说到的不仅仅限于建筑学本身，可以拓展到房地产，拓展到更广阔的领域里边去。谢谢。

（四）大数据在策划中的实践应用

1 数据驱动的空间策划 ————演讲◇杨滔 李全宇

一、背景

《国家新型城镇化规划（2014—2020年）》提出"走出一条以人为本、四化同步、优化布局、生态文明、文化传承的中国特色新型城镇化道路"，其中的核心包括两点：①以人的城镇化来合理引导人口和产业的分布；②优化城市空间结构，提高空间利用效率。这不仅阐释了新型城镇化的重要转型，从以物质为主体的城镇化转向了以人为本的城镇化，而且揭示了现有的城市空间结构需要进一步优化，提档升级，实现以感性经验判断为主转向理性实证为主、以蓝图成果为主转向平台过程为主的两个转型。本质上，这是顺应了市场需求的变化，包括建筑设计管理的精细化需求、协调日趋复杂的社会城市利益需求、后评估与城市品质的重要性需求以及存量规划中公共参与和协商机制需求。

与之同时，最近中央领导和住建部领导们也指出需要加强城市设计和完善决策评估机制，提高城市建筑整体品质，避免粗制滥造的奇奇怪怪的建筑。这涉及中微观层面上城市本身的建造、项目落地、城市体验等具体事宜。从城市规划和设计的理论角度而言，我们需要进一步研究社会经济活动、城市空间结构以及城市空间品质等之间的互动关系。大体而言，这包括三方面的内容：①社会经济活动的空间分布规律和特征，即空间属性方面；②城市空间自身建设的规律和特征，即空间本体方面；③上述两个方面之间的联系或影响。这些理论性研究将有利于我们在规划实践中优化区域规划、城市总体规划、城市设计、控制性详细规划、土地出让审批、项目落地之间的衔接，辅助规划设计实施决策，使得城市或具体建设项目的经济、环境、社会效益最大化。

二、空间策划的概念

基于空间句法在空间评估中理论、方法以及实践的探索，我们提出空间策划的理念：客观地运用空间海量数据和网络平台，立足于可感知的实时空间形态与功能，建立科学互动的定量模型平台；重点关注从区域规划、城市总体规划、控制性详细规划、城市设计直到建筑设计，如何基于空间形态统计单元和定量模型平台，促成不同领域不同专业的知识和需求在空间上落位、检索、分析以及模拟的实现，实时而理性地在不同尺度展开多方校核和评估，共同高效地促进政府不同部门、投资者、开发商、承建商、市民等进行协商，汇集可落实到空间营建上的创新想法，生成操作性强的导则和创新方案，支持开发项目的决策和后评估。从方法论上来说，这包括：观测（采集数据）、体检（找出问题）、预测（分析问题）、创新（解决问题）、评估（决策优化）五大步骤，前后循环，形成业务闭环。这个流程除了实证客观之外，更为重要的是创造或创新，即创造性的现象或机制。

本质上，这还是回归到传统课题：形式与功能的互动。一方面，我们重点关注空间的形式，从组织构成的角度去剖析各种空间网络，包括道路网络、用地交织形成的网络、立面围合构成的网络、绿道网络、水网以及虚拟空间与实体空间之间沟通的各种"通道"网络等，揭示其连通性和界面交互性，其中涉及时间的因素。另一方面，从网络关联的角度考虑功能，包括社会经济网络、信息网络、能源网络、交通网络、生态网络等，揭示其流通性和混合性。这两方面的网络分别互通与互动，我们认为是一种空间尺度的实时关联，包括国家、区域、城市、建筑等不同尺度。正是这种跨越尺度的空间交织，才形成了以人为核心的城镇化。空间策划则是对于这种空间交织的推演、评估以及创新。

空间策划属于跨学科的融合研究，既包括偏硬的科学，如建筑、计算机、生医等，还包括偏软的科学，如规划、社会学、管理学等。与之同时，空间策划以空间为出发点，分别研究三个方面的内容。一是环境行为，从空间认知和人工智能的角度去再次挖掘人们在不同类型空间中的行为模式。二是空间形态，采用计算模拟的方式去探求空间形态内在的几何规律，并从设计建造的角度辨析空间形态的创造性与可实施性。三是项目管理，从社会治理和人文地理的角度去从更为广泛的领域看待项目运行与管理的战略、策略以及方法，强化空间管理的社会公共属性与文化限制等（图1）。

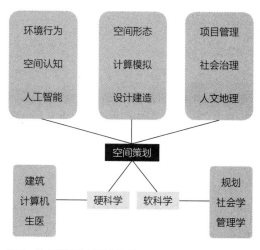

图1　空间策划的学科联系

三、空间策划的测度

空间策划中所倡导的定量分析理念本质是使得策划成果得以实现，从数学规则的角度去落实感性的创意设计，使得灵活性在某个理想的框架下得以发展。这种方式并不是新兴的，而是古已有之。例如，我国《析津志》载：元大都街制，"大街二十四步阔，小街十二步阔。三百八十四火巷，二十九弄通"。1859年伊尔德方斯·塞尔达（Ildefons Cerdá）所设计的巴塞罗那，其中采用数学公式，定量地计算了日照、通风、排水、垃圾物废、交通等，从而"策划"出该城市的街坊块大小以及空间格局。1944年著名的大伦敦规划也是阿伯克隆比爵士（Sir Leslie Patrick Abercrombie）首次采用了简单的城市重力模型进行了实证性研究分析，揭示了伦敦作为"城市村庄"的特点，结合快速路网的布局重新组织了伦敦社区的空间结构。

空间策划对于场景的预判也随城市模型的发展而发展。从重力模型逐步发展了分形、学习、CA、Agent、Schelling、V-Szalay、Krugman模型等，这些在实践之中都或多或少地被予以应用。例如，2008年大伦敦规划中运用CA模型，对诸如办公、居住、娱乐等在三维空间的分布及其租金价格进行了仿真，同时也模拟了伦敦金融城的天际线变化。2012年6月3日英国庆祝女王伊丽莎白二世执政60周年，为了避免沿泰晤士河和相关公园的踩踏事件，将语义分析的模型用于空间人口聚集的预测，有效地预防不良突发事件。

因此，这回归到空间策划的方法论本质，真实空间是否可以测试并加以预测？我们的真实物质世界是复杂的，其中包含各种现象以及混沌无序，这些都可以转化为各种数据，包括结构化和非结构化的数据等。不过，数据只是对复杂世界的一种数字化影射，仍然是缤纷复杂的。与之同时，在我们的思想世界之中，存在我们需要研究的问题。根据这些问题，我们对"无序"的数据进行梳理和分析等，形成可以使用的信息，即人们能够理解并认知的数据集合，其中具有各类含义，构成了我们的知识体系。然而，对于数据处理的过程之中，我们又需要根据现实世界，进行实证研究，确保信息不至于只是理论假设，而是解决实际问题的知识或经验等。因此，空间的数据处理是连接现实世界与思想世界的桥梁（图2），这体现为空间的可测量程度。

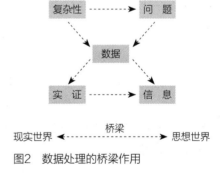

图2 数据处理的桥梁作用

此外，传统的小数据往往需要解决误差的问题，以避免样本量不足。而目前的大数据貌似是全样本数据，然而其中有各种重复、缺失等杂音，比较难以发现，因此解决杂音问题是大数据分析之中的难点。只有通过解决误差或杂音问题，我们才可能得到相对真实的信息。现在的信息和数据的获得方式，为我们认识城市（或建筑）这一复杂的系统，提供了很多新手段，但这毕竟还只是我们接近客观事实的一个途径。未来信息应用工具将会有更多拓展，基于数据分析的策划和设计也会更为开放。

四、空间策划的应用方向

空间策划的应用方向还是以人的空间作为出发点，以人为研究重点，关注人的认知、人的行为、人的建设、人的社会；特别关注"流空间"，即空间的流动、人的流动、经济和信息的流动。通过研究空间的组织形式，推动社会结构的建构，解决与空间相关的社会经济行为问题。与医学的对比，对于专项的研究，专注于空间，不足之处就是必然涉及还原论，然而科学必须界定自己的研究边界，虽然各种范畴必然有各种关联。大一统的研究方式难以深入解决问题，研究的广度与深度是矛盾的。只有发展专科，才会推动整体的前进，否则永远停滞在天圆地方的境地。

空间策划在应用层面上，大体分为四大部分：项目选址与立项的证据支撑、土地价值挖潜的扫描工具、精细化管理的三维数字平台以及城市更新的辅助决策方法。例如，伦敦千年桥的选址不仅仅是考虑伦敦的交通和地标问题，而且是考虑伦敦南岸的复兴问题。通过研究桥在泰晤士河上不同位置的选择，判断其对整个伦敦空间网络的影响程度以及激活伦敦南岸活力的可行程度。这种选址的过程，本身就是一种空间场景的策划过程，使得叙事性设想与具体的空间营造相辅相成，共同构成局部与整体效应交相呼应的协同。

总而言之，空间策划以技术创新为核心，基于大数据和网络思维，整合传统和新兴的空间分析方法，包括空间数据挖掘、空间句法、地理信息系统、云计算等技术方法，注重理性数据支撑和感性创意设计之间的融合。从"空间流、信息流、经济流、交通流"构筑良好的城市建筑环境，体现中华传统智慧，勾画美丽中国新时代。

2 大数据与乡村复兴 ——————— 演讲◇常锸

"一带一路"背景下的城市复兴之路　建筑策划专委会（APA）高峰论坛上，常锸老师将他们几年内做的关于大数据和乡村复兴方面的工作内容作了详细的分享。常锸老师在庄惟敏老师带领的国家自然科学基金项目中，从事模糊决策理论背景下的建筑策划方法学方面的课题研究。

在大数据与乡村复兴的研究过程中，我们提出了运用数据科学辅助设计（DSAD）的方法，IGS的工具来进行相关研究。简要介绍一下我们的大数据理念和我们的一些研究创新。数据科学辅助设计，指"在数据科学的最新发展推动下，信息学与系统论应用在设计相关领域的方法及配套工具系统"。具体是"采集具有一定大数据属性的信息数据，结合大数据与传统统计学相关方法进行信息分析，为对象研究、分析评估、模拟预测，以及验证反馈等设计全过程提供辅助支持的系列方法与技术手段。"

今天一直在讨论各种各样的设计问题和策划问题，为什么大家一直在讨论它？是因为它真的很复杂，关联的方面很多。这样一个复杂系统，数据科学辅助设计给它提供了一些解决问题的契机，所以我们希望在数据科学辅助设计的支持下，能够提出一些实用的方法和手段。数据科学辅助设计我们主要分成数据环节和知识环节，数据环节包括了"信息获取、数据化、数据清洗"三个过程，知识环节包括了"知识的建立、应用、反馈"等过程。当然，这里面我们自己对信息和数据以及知识进行了一个界定，我们认为最终的目的是要建立知识系统。

知识系统怎么建立，我们进行了很多的尝试和探索，最后我们选定了IGS（信息图谱的系统）。这个系统用了两个简单的元素——对象点和关联线。对象点表示一个事物，承载的就是数据，关联线表示数据或事物之间的联系。再往下数据也很复杂，有复联系统，关联线可以承载多样的信息，可以有它的方向和强度，也可能有它的函数表达。这就是我们用IGS方法做的一个图谱，我们后面会和大家详细讲一下。关于数据科学辅助设计更详细的东西，我们会在今年的8月份刊发一篇文章，进行比较详细的介绍。

今天的主题是围绕策划，我们怎么理解策划？一般策划是关注从规划条件到建筑需求的对接，现在随着存量规划的到来和大数据的出现，能够更多地自下而上，可能由区域内的建筑组合构成整个规划的主体，让建筑策划具有更多的含义和可能性（图1）。

对于大数据的理解，不同领域都在探讨，应该说还没有一个完全统一的说法。我们认为，面对我们设计行业和设计领域，大数据可能是一个全样本、全信息、非指向性的、强调相关性和预测的、而且还是相容的（和我们以前所有的方法都是兼容的），并不是独立于已有体系之外的一个东西。尽管这些理念比较抽象，但是在后续实际工作中会决定我们每件事情怎么去选择、怎么去做。庄老师说了今天要讲干货，所以说说我们作大数据研究的一些关键创新和发现。

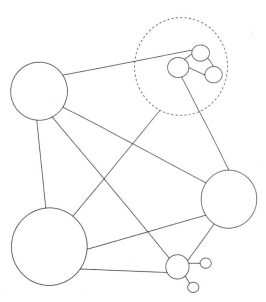

图1 信息图谱示意

我们在业界首次提出数据分为"自数据"和"他数据"两种。实践中，我们都羡慕别人有数据。上次一个会议交流的时候，阿里巴巴的往那里一站，大家都高山仰止，羡慕得不得了，认为人家手里有大家梦想的数据，实际上这个数据给你能用吗？每个人真拿到这些数据（通常是二次数据）的时候，用的时候心里是没有底的，因为你很难准确知晓这些数据的采集语境和它的背景。所以，我们的理念是我们要有自数据，自己要采集数据。当然，自数据采集的量我们可以调整，控制在我们可承受的范围内，通过比较和修正，把自数据和他数据的优势结合起来进行使用。

另外一个是提出"现象"和"规律"的区别。说大数据的时候会听到各种各样的例子，分析数据会让你发现这些东西的关联。实际上我们认为这是"现象"，作为现象的特征是你不能干预它，如果你干预了这套系统的话，有可能这套现象的关联就不存在了。而我们设计师天生就是想着要干一个项目，要改变干预对象。那如何使用这个"现象"呢？我们认为要结合人的头脑，自上而下地去解释这个现象，从而发现、认识到一定的"规律"，还需要验证这个规律是否正确。通过反复的干预测试、结果反馈，我们会验证提炼的"规律"是不是合理。

下面讲一下我们做的实践。首先是信息获取、记录，以及分析村落如何去发展、产业策划上的定位怎么做。同时，要强调落地性，特别是在乡村，你说的这些东西怎么能够真正实施？通常乡村的规划比城市的执行度要差很多。我们尽管做得还不是很多，但经过不少村子的实践探索，有一些心得和大家交流一下。

我们中心有研究黑科技的传统，比如五年前开始引入3D打印，三年前开始自己买无人机。这些东西都在我们的实践中得到了一些应用。除了传统调研手段，还应用了各种其他方法，有的是结合和附着在别的系统上，不是自己去建构的，是考虑成本和团队的问题。

我们通过无人机倾斜摄影生成一个乡村或者城市片区全三维的模型。是一个真实的三维模型，在电脑中可以来回旋转，任何时候停下来就跟照片一样，这里面有很多应用的可能性，很有想象空间。它就是一种新的几何信息承载形态，而且是真正的大数据。平时作测绘的时候，测量了多高多宽，也就是这两个数据，而通过航拍我们可以全部一次采集，需要使用的时候在还原的三维模型里直接测量就好。这也是我们对城乡空间大数据的理解和解读（图2）。

可以预测，以后这一技术会取代我们现有的二维地图或者说2.5维的地图，或者是人工建模的地图。因为它更真实，和现实的物理世界更接近。当然，我们可以在上面作更多相关的深入分析、预测、评判、方案比选等（图3）。

我们进村怎么采集信息呢？我们在每家每户，大家能想到的几乎我们都做了，因为我们也是在不停去完善，不停去补充内容。所以，对一个农户来讲我们从空间和全家人的生活以及经济状态都进行了详细的梳理。

比如说这是一户，我们有这户的平面图，每个房间的照片我们梳理出来，看有什么样的家居，我们在尝试做这样的事情。这是一个表格，大家都看一下，我们基于一个人，各方面的信息和教育年龄肯定都有，他的职业情况和有什么特征都进行了整理，不细说了，大家可以有个基本的印象。

我们对农户家里的每一个房间都进行了梳理，多大面积和材料、年代、每个房间什么时候有人用。因为农村存在冬天住这个屋，夏天住那个屋，冬天在这个屋子做饭，夏天在

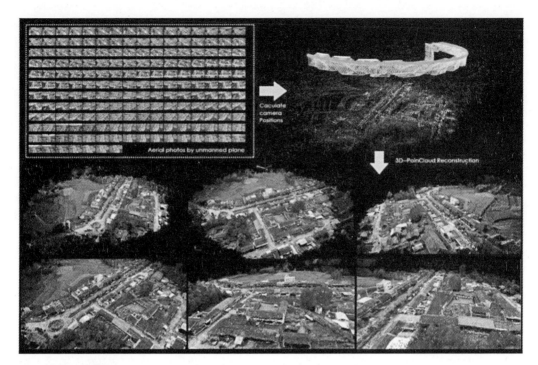

图2 乡村三维模型

图3 乡村航拍

那个屋子做饭，孩子回来的时候住哪个屋，家里人多的时候该怎么做，我们在每个房间都进行了反映。这是刚才提到的单户的IGS图。我们把这户的信息组合起来，现在是和物理空间或者几个空间相对应的一些信息，就是说一个院子，这个家有四口人，每个人的信息都会在他的周围。还有人和人之间有什么关系？我们建立村内不同户之间的血缘关系。

　　　　二 全过程咨询中的策划

这个是他们的其他信息,非空间信息,在哪儿买菜和在哪儿理发等各种各样的信息,包括在哪里买药,以及土地信息和经济收入情况,这些我们都已经进行了比较详细的梳理。另外,还有人的活动范围。当这个信息组合在一起的时候,就是我们的图谱。刚才说的不同的子项目之间有关联关系。比如说因为他出去打工土地空闲了,他带着孩子进城上学了等,我们也在IGS里进行了记录和表达。

所有的这些整理完以后,我们会把总体的信息全部清理好,得到一个系统的数据,这里面还有更详细的信息,可以简单地和大家说一下。这里其实承载了一个家庭的各种信息,比如刚才没有提到的烹饪方式和污水处理方式,还有每个月要多少水费、每月要几次公交工具、进城去哪里等这些信息。最后还要对一个家庭进行主观印象描述,说一个关于家的故事,这也是我们平衡理性记录和感性感知之间关系的方法。

当然,最后讲到我们会有一个标准,这个标准也是通行的,我们进哪个村都会先用半天的时间来初步了解村子,并修正我们的表格,进行下一步的整体性工作。得到这些数据以后怎么用,首先为我们用来发现问题。有了这份数据以后,我们可以对它进行梳理,通过对这些数据的梳理,比如空间信息,里面我提了一下人口和经济的关系,包括什么样的人在哪里挣钱,挣什么样的钱。组合这些信息以后,可能会发现新的你想发现的事情。这个里面包括了和传统建筑结构相关的信息,每个房子建设的年代。因为这个排在地图上看不清晰,所以就单排了一张大图,包括每家每户使用空间的方式,包括每个空间的面积(图4)。

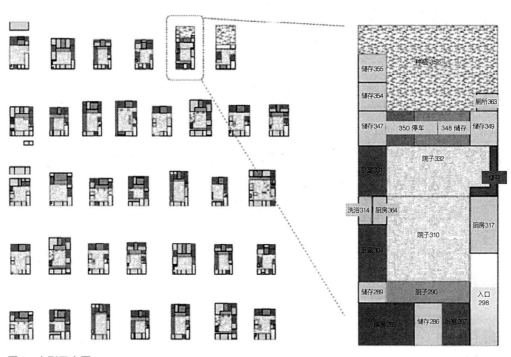

图4 户型示意图

我们还发现了一些有趣的事情，我们一直说一个地方民居有一个原形，其实我们发现每一个村子也都有自己的特征，这个特征是什么呢？我们把整个村子的所有户型整理了以后，用12方位框建了整个村子民居的原形，只有两户没有在，其他的都在。而且，这两户还有特别的故事，这个也是我们去认知一个地方什么叫传统，什么叫村子的文化或者说什么叫村子的风水，有这样的方法来支撑我们的认知（图5）。

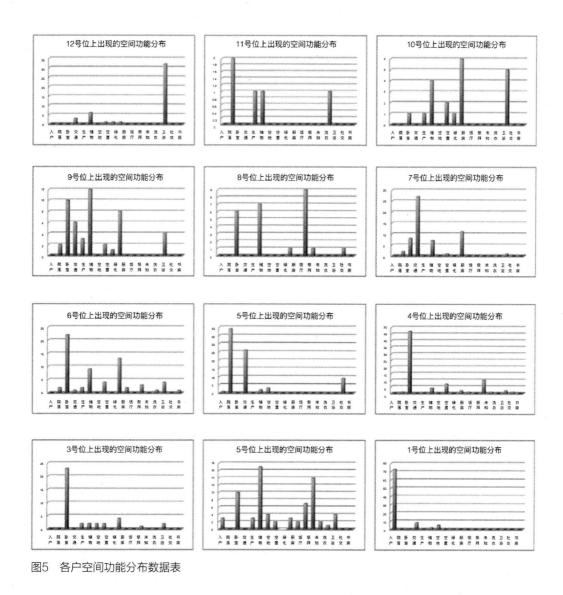

图5　各户空间功能分布数据表

我们来说一个做过的村子，做村子的时候，我们其实没有办法把策划、产业规划和空间规划的文件拆离开，因为一是它的体量很小，二是你拆了以后单干什么也干不成，我们是把策划到规划的工作一起做的，这些数据如何帮助我们作决策，可以和大家简单地分享一下。

　　　　二　全过程咨询中的策划

这是我们做的其中一个村子，这是村子里的现状，这是分析完了以后它的现状以及房屋的模型、新旧状态和屋顶的形式。这个村子有很特别的文化特征，是修都江堰的四川王李冰的家庙，这个地方很特别，大家会在周围义务地修几十个庙，干活的和出钱的都是义务的，"文革"的时候被毁坏了。而且，中条山这个山脉北坡唯一的一片阔叶林就在这个村子背后，里面有很多东西要发掘（图6）。

对村子进行分析、策划，必须我们来做，不可能再请另外的团队来做这些工作。这是常平关帝家庙，是全世界纪念

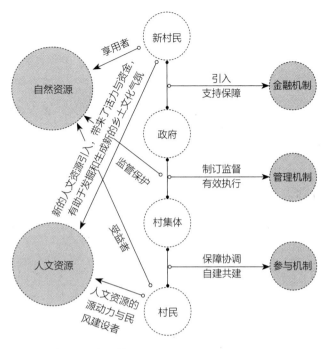

图6　修缮工程信息图谱

关羽的祖庙，而且关羽的老家，出生地就在运城市盐湖区这个村。而且它又离解州关帝庙非常近，它的这些特征，包括它离运城的距离，有助于分析它的一些特点和这个村子的特质。

另外，我们发现了空心化的情况。现在大量的村子空心化，但是现在每个村子的空心化都不一样，有的有小孩，有的其实没有小孩，有的虽然空心了，但是出去的年轻人每周都会回来，去得不会太远，有的就出去很远。有的出去以后年轻的夫妻是分居的，有的村子年轻夫妻是不分居的，这些东西其实都会影响每个村的空心化差异。而且，每个村的人的素养和教育程度和村风都不一样，如何考察这些东西是大数据能够帮助我们的。作前线调查最重要的问题是，原来的东西在那里，你作为干预者进入到这里的时候就干扰本体造成偏差，这也是传统调研的方式面临的瓶颈，大数据可能会帮助我们来解决这个问题。因为你的数据是大的，是全方位的，一个农民或者农户给你的信息，如果在某一个点上失真了，我们通过数据是能够发现的。

我们每做完一个村子，团队里都会出现一个称之为这个村子"神婆"的人，除了村主任和书记、会计，可能只有他是最了解这个村子的。经过刚才这些问题的发现，我们提出了这个村子应该怎么做，我们认为这个村子有它的自然资源和人文资源，比如这个村子要发展旅游，但是千万不要有公司进来，因为大家本来是冲这里的庙（都是公益）、这里的村民很朴实来的，像个世外桃源，山上的庙从来不收钱。假如公司开发圈起来收钱，即使只有一块钱或者五块钱的门票，这个事情也就毁了，所以我们坚持不要有公司进来。

那么这个只有30来户的乡村怎么去发展呢？一般的村子我们认为是要先开始做观光、农家乐、休闲，最后到度假、到文化。但大部分的村子做到农家乐就做不下去了。结合这个村子的特质，我们从一开始，就不是从底下往上做，我们直接从文化、文化人入手，村子很特别，又很小，把城市经济如何引入到村子里，我们提出了新村民计划，能够让村子外出的人回流。而出去的人给多少钱他就愿意回来，都是知道的。基于这个，我们提出了一个机制，不用公司进来的模式，怎么启动、人的相关利益方包括政府应该怎么做。

我们为了让他们有信心，提供了很多参照。我们开始在做西南民俗地区研究的时候，发现了各种各样的案例，对我们很有帮助。包括地扪，现在非常有名了，有国际人士长期的参与以后让这个村子发生了变化。

这也是我们在贵州发现的一个村子，全贵州都在做旅游，大部分的村子要不然做旅游只火一阵子，要不然就是做不起来。但是只有这个村子是做起来了，而且还不错，是因为有一个传统手工艺造纸，现在的宣纸还在故宫用。所以，我们认为在这样的地区只做旅游是很难持续的，一定要有一个原生的文化或手工艺传承来支撑这个系统。为什么这么做也可以讨论一下，今天就不展开，但是这是我们很重要的结论。

这个是外国人租农宅，变成一个挺知名的地方。一晚上套间四千多元都订不着，体验一下代价挺高的。

基于这些东西我们提出了产业计划，分前期和后期怎么做，通过对前期有文化的、希望村居的、有闲有名望的人士的引入，迅速让村庄房屋建设进行改观提升，并形成有持续收入的资产。慢慢地，还是要能够孕育本村的文化产业，因为这个村子有传统的东西，我们希望能够互动，比如装裱、参与手工制作等，让农民最后不是只靠资产挣钱。

我们也在和农民讲，你要靠什么挣钱？靠体力、知识、资产，将来靠文化。文化现在不是你说有就有的，靠体力他们已经在干了，靠知识的话，教育的问题更复杂，是另外一个问题，我们也在作专门的研究。盘活资产是目前可选的路，但是怎么盘活？我们让城里人和村里人结对子，结完对子以后让政府担保大家可以去贷款修房子，修完房子就可以去推进这些东西。

我们分析了参与者，这个项目有各种各样的参与者，他们都在关心不同的事情。包括村民的价值体系，村民关心什么，特征是什么，包括善良、小气、落后、面子、攀比，我们都希望进行一些考量。包括村委会、目标新村民、设计者，另外就是企业或者非政府组织，他们都关心什么事情。

对这些事情都比较清楚以后，我们就知道怎么办，我们的目标到底是要什么东西。目标是要让这些人来，他们要什么，周末旅游的人要什么，我们就会把对应的这些项目需要的东西进行梳理，我们也帮他们提出了各种宣传口号，包括怎么引导和怎么去做。

分析这个的目的是什么呢？包括怎么引导和互动。我们要做这件事情，现在我们要匹配哪些东西，有哪些是我们已有的，有哪些是可以近期补上的，有哪些东西是可以做一个远期规划的。我们可以进行一个需求的匹配分析，这里支持了我们大量的工作。比如我们把空闲的民宅拿出来做，因为之前我们调研了，很清楚这个村子有多少农宅是空的房子，有几家是新盖的房子，空的是什么状态，常年空还是说只有过年的时候用，还是什么别的情况，会让我们自己心里很有底。

而且我们知道这个村子里空出一到两间房的有多少户，空出三到四间房的有多少户，空出半个院子的有多少户。这样来判定我们要做的工作量，做完了以后发现只要找五到八个文化人来到这儿，这个村子就有一些变化。也就是二十几个文化人，进来以后就让这个村子的产业改变了，事情没有大家想的那么难，也没有那么简单。

刚才只是说房子，那么人呢？村子里有什么人，年龄构成怎样，因为这些人进来以后还要做日常的服务，这些人具不具备这些条件，这些人的年龄、能力和教育程度，包括房子新旧程度，还有每家的整洁程度和开放性，这些我们也会做一个指标进行评判。整洁程度和开放性直接反映他能不能支撑后续的工作，基于这些东西，我们知道他缺什么就补什么了。我们做的规划和传统意义上的不一样，因为经过调研，脑袋有这个想法以后，我们和村子里相关的人进行沟通，比如说我们要修路，这个地方弄个什么东西，我们心里都是有底的。知道这地是谁家的，同意不同意，高兴不高兴，有些是村干部的地，做一做他的工作就能搞定。或者说以前因别的事情买他的地的时候，他不同意。如果你调研的时候，一个村子有20%的农户没有被包括进去，那么这20%的农户里很可能就有决定你能否干成一件事的人家。因为，你要去调研，都是本村人带着你。

我们希望尽可能了解一个村子，基于我们的了解和我们即将要进行的干预，对我们要进行的操作和实施有一个综合的评判。这里面不详细说了，包括水气改造、道路、停车场这些事情。当然，还有一个民居怎么改造问题，我们已经有了民居原形，基于这个怎么去改造会让我们大家心里更有底。

这些还不够，乡村早就规划全覆盖了，每个村三万块钱还是两万块钱我忘记了。做完那个本子以后，在我们去之前没有人看过。虽然我们现在进行了这些工作，但是这些事情不管给谁都可以做，这个事情还没有做好。我们也和当地沟通怎么推进，我们花了很长时间，将近一个月时间梳理各级的政府报告，各个部门的资料，年终总结和计划等的各种文件。我们梳理了当地政府在乡村的各种投入，政府干什么事，设计要做什么事情，村民要做什么事情，先梳理了一下。黑色字体所示是这个村子要干的事情，比如与污水相关的工程，蓝色字体所示是有什么相关的政府补贴或支持配套资金项目，橙色字体所示哪个部门管这个事。我们明确自己是咨询机构。作为第三方如何有效引导地方上的各种力量协同？也许这个东西在理论上还有各种各样的问题，但这是我们在实际的工作中想到的一个方法，也是让当地和各方能够比较认同的方法，我们都在进行尝试。

现在很多东西就是大家去试，迈开这条腿去做这些事。包括做这个工作，很多人会问有没有意义，辛苦不辛苦，累不累，采集数据有什么用？我想我们的原则就是只有你用过才知道好用不好用，现在累点、苦点不算什么。

乡村都不一样，除了各家各户，我们还记录了街道的形态。包括赶集的商业店铺、民俗的记录，我们有各种记录的方式，还有乡村治理的采访、记录、调研。比如流动的集

图7　乡村街道航拍图

市，我们进行了南方和北方的调研，对每个摊位的情况都进行了梳理。这里面不展开了，里面有很多信息也是有用的（图7）。

　　刚才说的是一种形态，那个村子要着力发展很多事。另外给大家分享一个村子，这个村子很简单，就是拿到一百万元不知道怎么花。我们用十天到半个月时间调研以后呈现了一些东西，这个村子里面可能要修路、修水渠，有可能干这个干那个，我们梳理了一下空间信息、干什么事情、工作量多少、花多少钱等，以及相关说明。我们有一个建议，操作的时候根据政府意向来定。比如说这个项目只能做绿化，那就有它的一个经费管理规则。我们提供一套引导系统，他们可以在这里进行选择。

　　我们把乡村入户调研的东西做了一本手册，包括数据怎么内部循环，怎么得到标准化的数据，都写了一个成形的手册，当然是草稿，我们还要改进。背后有一个乡村体系，里面有村子、价值系统、客观世界。我们想把价值系统和客观系统分成两个界面工作，就是说当你考察客观世界的时候不要带着价值观念去，当然价值观包括很多，包括政府的、设计者的、村民和群体的价值观（图8）。

　　这是我们对村民户的拆解，和前面讲的IGS有一些类似，每户有各种各样的信息。包括村有村级的信息，如何拆解，如何架构在IGS的系统里。包括村子的演变、村子的风貌色彩、环境材料。环境分了四类，包括人文环境里面大家看到我们首先考察了人，考察了各种各样的东西，对自然环境又进行了分类，以及经济环境和政治环境、政策和土地，包括各种福利和支持。价值体系我就不细说了，其实就是每个人关心什么，每个人要什么，包括个人爱占便宜、爱干净、从众心理等。

　　当地政府特别希望做一个全域的整体把控和方向规划，因为全域都在规划，局部投入怎么和整体协调是他们最关心的，也决定我们为什么要干这个工作。

　　最后是我们的工作方向，我们已经作了数据支撑的一个计划决策，还有乡村复兴。接下来会做整体的工作和基于多种参与模式组合的一个整体的计划。其实回到前端和后端，

　　　　　　　　　　　　　二　全过程咨询中的策划

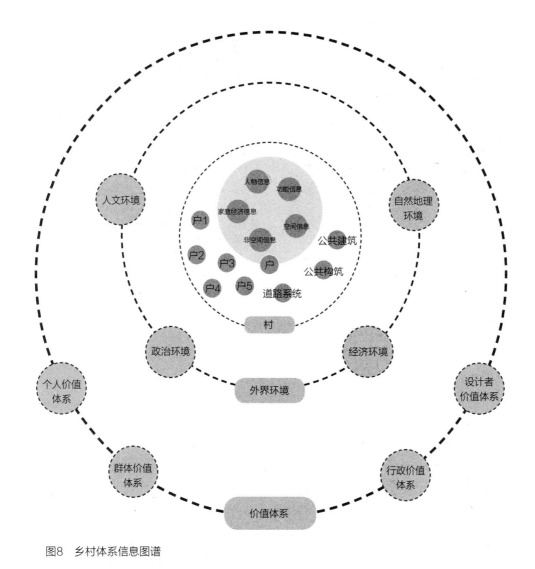

图8　乡村体系信息图谱

刚才说策划要往前凸和往后凸，就是说通过调研让我们的决策有一个基础，后端是运营怎么实施。我们希望给政府更多的决策和支持，比如说如何启动多种的财政驱动模式。

　　当然，今天的交流任务比较重，整体工作一直没有系统和大家公开过。今天公开了，能够把实际工作给大家梳理一下，希望有更多的人加入到共同的工作里来，一起去作更多的尝试，摸索更多的事情。

3 BIM 技术助力城乡复兴 —————— 演讲◇孙澄

城乡复兴·美丽厦门 建筑策划专委会（APA）秋季高峰论坛上，孙澄教授立足城乡复兴和可持续发展的时代背景，详细阐述了BIM技术助力城乡复兴的客观基础，解析了BIM技术的含义及优势，并结合实际案例解析了基于BIM技术的建筑环境信息模型，提出在未来BIM技术将应用于城乡规划与设计、建筑设计、风景园林等领域，并持续推动建筑产业信息化转型，助力我国城乡复兴。

一、BIM技术助力城乡复兴的客观基础

随着可持续发展、建筑工业化与信息化转型需求日益提高，如何以低能耗、低排放途径实现城乡复兴，提升城乡信息化建设水平，营造可持续城乡人居环境已成为业内专家学者讨论的热点。城乡复兴是涉及行政、经济、规划、建筑和景观等诸多层面的系统工程，也是涵盖城市规划、建筑学、经济学、气候学等多学科知识体系的复杂命题。城市规划与建筑设计者对于城乡气候数据、经济业态、人口分布等数据的掌控能力直接影响着城乡复兴进程。BIM技术凭借其强大的信息建模与分析能力，成为了辅助规划师和建筑师处理城乡复合数据的有力工具。

二、BIM概述与技术优势解析

1. BIM技术概述

BIM的原型可追溯至20世纪70年代，查尔斯·伊斯曼提出的建筑描述系统（Building Description System，BDS）[1]。相比当时的建筑信息建模工具，BDS系统更适于复杂构件图形描述，可生成正投影图形或特定角度投影图形，能够集成建筑材料类型和供应商信息，可显著提高建筑设计效率。2007年，美国发布了国家BIM标准第一版，提出建筑信息模型是利用先进的数字技术，建立存储项目全生命周期物理和功能特性的计算机模型。

Autodesk公司对BIM进行了技术转译与推广，其认为建筑信息建模是智能的、基于三维模型的建模技术，提出BIM技术将显著提高建设项目规划、设计、建造与管理精度和效率。Autodesk公司发布了Revit建筑信息建模工具，并基于Revit开发了Dynamo可视化

编程工具，为建筑信息建模工具的二次开发奠定了技术基础，也进一步提升了建筑信息建模技术的信息化水平。

2. BIM技术优势

BIM技术具有多学科信息交叉、多层级信息关联和多功能平台协同三方面技术优势。首先，BIM技术可对建筑形态空间、材料构造、设备运行和投资造价信息进行建模，能够交叉集成建筑设计、暖通空调、材料科学等多学科信息，为建筑设计过程中的多学科信息统筹考虑奠定了技术基础；同时，BIM模型融合了参数化技术，能够实现建筑几何、材料、构造等多层级信息的自适应关联，如建筑围护结构几何参数调整后，围护结构材料与构造会自适应调整以匹配调整后的围护结构形态，可显著提高建筑信息建模效率；最后，BIM技术可通过接口编程实现建筑信息模型与建筑性能模拟平台、优化设计工具的数据自动交互和协同运行，为性能导向下的城市与建筑数字化设计奠定了技术基础。综上所述，凭借多学科信息交叉、多层级信息关联和多功能平台协同三方面技术优势，BIM技术将是城乡复兴进程中城市规划与建筑设计的有力技术支撑。

三、基于BIM技术的建筑环境信息模型

1. 建筑环境信息集成

建筑植根于自然环境，受到室外温湿度、日照辐射等因素影响，需满足多项建筑性能要求；同时，建筑几何、材料、构造和运行信息差异也影响着建筑能耗、天然采光、热舒适性能水平[2]。因此，建筑性能水平受自然环境与舒适度要求共同影响，其间存在复杂交互作用。建筑与环境信息集成是制定城乡规划与建筑设计决策的基础。既有建筑信息模型多围绕建筑本体信息建模展开讨论，缺乏对于建筑、环境和性能数据的复合集成，制约了城市与建筑设计过程对人居环境系统协同关系的考虑。针对这一问题，研究基于BIM技术，结合人居环境系统科学理论，建构了建筑环境信息模型，旨在实现城市与建筑设计过程对于建筑本体信息、自然环境信息和建筑性能信息的集成与整合，为可持续性能导向下的城市规划与设计奠定基础，助力城乡复兴。

"建筑环境信息集成"是基于建筑、环境和性能数据潜在互动作用规律，应用参数化建模方法将离散分布的建筑信息、环境数据和性能数据有序组织为具有参数约束系统模型的过程。建筑环境信息集成应综合考虑设计目标、设计参量和设计条件三方面因素，其建构流程如图1所示。在建筑与环境信息集成流程中，设计者将从设计目标与设计参量两方面出发，结合建筑环境气候特点，应用建筑信息建模技术、参数化编程技术和建筑性能模拟技术对建筑、环境和建筑性能信息进行集成。设计者首先立足地域特征和设计条件确定城市与建筑优化设计目标和参量，并基于优化设计参量集成建筑几何、材料、构造和运行信息；结合设计条件，集成地理位置、日照辐射、温湿度和风环境等气候环境信息；进而由设计

目标出发，通过建筑性能仿真模拟，集成建筑可持续性能信息。

建筑环境信息集成过程并非仅是简单的信息收集整理，而是在对建筑、环境信息收集的基础上，应用参数化编程和建筑信息建模技术建立建筑信息内部、环境信息自身和建筑与环境信息之间的参数约束

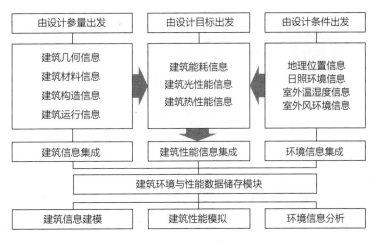

图1　建筑环境信息集成流程

关系；进一步，应用建筑性能模拟技术，基于建筑信息和环境信息计算相应的建筑性能数据；最后，达成建筑信息、环境数据和性能数据的参数约束关系，使建筑环境信息由无约束的离散分布状态转变为基于建筑环境互动作用规律，相互制约，相互影响的有序系统模型。

2. 建筑环境信息建模实践

研究结合黑河湿地博物馆项目展开设计实践。项目基地位于黑河市某生态公园，周边环境相对开敞，场地内风速较高，冬季室内外温差大。研究首先集成了场地环境和建筑形态空间等信息，进而通过CFD仿真模拟计算场地内和建筑围护结构风环境信息，实现建筑、环境和性能信息集成。

在实践案例中，研究以点集方式控制建筑平面形态，以逐层渐变方式控制建筑三维形态。随后，研究根据设计条件要求，结合黑河当地材料构造特征，对建筑构造层数、各层材料类型、粗糙程度、厚度、传热系数、密度等信息进行了建模，并集成了建筑空间使用与设备运行信息，根据室内天然采光模拟结果进行照明设备运行信息建模。

完成建筑环境信息建模后，研究基于CFD仿真模拟工具展开风环境模拟，结果表明场地东部开阔区域风速较高，在冬季易受到寒风侵蚀。因此，研究基于集成的建筑形态空间与构造设备信息、场地周边气候环境信息和风环境性能仿真模拟数据，对建筑形态空间进行了优化设计（图2），以提高建筑抵御寒风侵袭的能力，最终设计方案如图3所示。

四、总结与展望

综上所述，BIM作为基于数字技术，承载项目全生命周期物理和功能特性的计算机模型已逐步推广发展到全球建筑行业。凭借其多学科信息交叉、多层级信息关联和多功能平

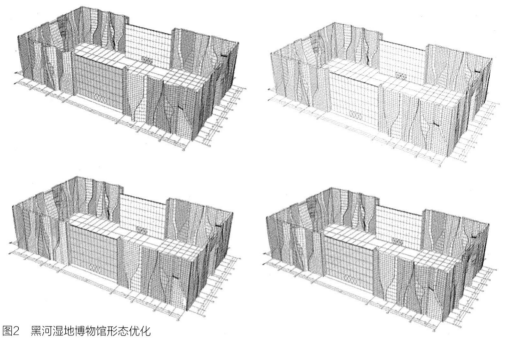

图2 黑河湿地博物馆形态优化

图3 黑河湿地博物馆设计方案

台协同的技术优势，BIM技术广泛应用于建筑设计实践。同时，BIM技术也为建筑环境信息建模技术发展奠定了基础，推动建筑环境信息由无约束的离散分布状态转变为基于建筑环境互动作用规律、相互制约、相互影响的有序系统模型。建筑设计实践结果也表明BIM技术能够在建筑设计实践中集成建筑、环境与性能信息，为设计决策制定提供有力的技术支持。

随着BIM技术在实践项目中的推广应用，建筑信息建模技术流程、策略日益完善，BIM工具平台也日益多元化，能够适于不同目标导向的建筑设计问题。同时，BIM技术也推动了当代建筑设计思维的演化，使之由"自上而下"的主观决策思维逐步演化为兼顾"自上而下"目标控制需求和"自下而上"过程设计探索的性能驱动设计思维。而且，

BIM技术的发展也将促进建筑评价一体化，从而推动建筑设计流程、策略的不断革新，其支持工具平台也具有较高的拓展和开发潜力。在未来，BIM技术将由建筑设计领域逐步拓展到城乡规划与设计、风景园林等领域，必将持续推动建筑产业信息化转型，并在城乡复兴浪潮中发挥重要作用。

参考文献：

[1] Eastman C., Fisher D., Lafue G., et al. An Outline of the Building Description System[R]. Research Report No.50, Institute of Physical Planning, Carnegie-Mellon University, 1974.

[2] 孙澄，韩昀松. 绿色性能导向下的建筑数字化节能设计理论研究[J]. 建筑学报，2016（11）：89-93.

2015年沙龙对话——

一带一路·城乡复兴

主持人	田申申	深海商业发展集团总裁
嘉宾	孔 鹏	旭辉集团北京区域事业部总经理
	王舒展	北京建院建筑文化传播有限公司董事长、《建筑创作》杂志主编
	王 旭	SMART度假地产平台秘书长

摘要 本次沙龙以建筑为核，汇集了房地产、媒体、度假内容平台等多个延伸领域的从业专家，以与传统建筑师不同的全新角度为大家解读非建筑领域中的建筑策划是如何实践的。在沙龙中，各位专家从现实出发，结合项目分析了房地产开发商、政府、消费者等各主体的需求点与行业未来的发展方向，提出以全产业链思维进行建筑策划。

田申申 今天坐在这儿，各位都是从清华大学建筑学院走出来的，走向职业建筑师，之后又走向房地产、媒体，以及复合的平台，其实我们做的事情都是建筑策划。

我先谈谈我的感受，我们在学生时代，追求更多的是建筑的审美、空间、精神。我从美国伯克利大学毕业之后加入了HO建筑事务所，后来考美国注册建筑师，有很多教材，而在学习的过程中我忽然间发现建筑设计这个事只是全产业链做一个好建筑的一部分，往上走应该是建筑、土地、资本、政治等全产业链这一套，这才叫能做好非常完整的建筑，不简单是我们追求的审美。

再谈谈我的经历，我从建筑设计后来转行做了房地产，在soho、万科，之后也做资本，到现在做城市复兴全产业链的解决方案。在soho中国的时候我面对很多大家都熟知的建筑大师，面对他们的时候我们怎么做这件事情，我们就是开发商的甲方中的乙方，乙方中的甲方，做了很多工作，因为在建筑师行业是没有的，面对大师怎么与他们合作，怎么使他们的创造力极大地发挥，但是他们不失水准，其实就是庄老师早上讲的就是理性是为了创造性极大地丰富，就是随心所欲而不欲惧，我们给他设计一个框，这样大师在框里面才能自由发挥，当时我跟soho的CEO张欣商量怎么办，做了一个soho中国设计手册，这么厚厚的一本其实是商业地产的建筑策划，怎么做这个事情，比如写字楼、商业比例是多少，有多少是可以做餐饮的，有多少是可以做普通服务类的，包括主力店布置在哪儿，哑铃状的，包括物业管理等很多要求，其实是给我们建筑师后面的创造力提供很多理性的要求。

大家知道三里屯soho、银河soho这些项目，它们的地下是与同类建筑不同的。我们在中庭剖开一道，使地下一层变成双层，这就是建筑策划的魅力。打开之前，里边的价值是最低的，打开之后，扩展了它的底部空间，引入很多公共空间使得商业价值也提高了，这就是建筑策划能做到的。

另外，做很多这些项目的过程中，我们其实也做了很多城市复兴的项目，中国已经进入一个存量的时代。在做城市复兴的过程中，政府对建筑策划这个事情也是越来越重视，去年我们作了长安街南侧整个40万m²旧城改造的项目，这个是西城区的重点项目，起源是2012年的时候给政府作了一个建言，就是讲金融强区、文化新区、服务利区，做一个可循环的城市复兴的模式。开始接到这个项目之后，我们发现仅靠建筑设计是解决不了这个问题的。项目产权极为复杂，在这个区域内怎么实现建筑规划、设计，包括产业方面如何产城结合，承接金融的需求，以及新华社这些行业和单位。如何把四合院变成办公场所，把步行街变成商业服务地带，如何把一千多个商业的品牌导入，如何选择租售策略、比例，这些都是建筑策划需要考虑的，所以整个做成功的建筑绝对是不简单的。

我有一个说法，建筑只是骨架，业态是肉体，资本是血液，文化是灵魂，像我们的清华建筑系的创始人梁思成先生在美国留学的时候，他的父亲梁启超先生曾经给他写过一封家书，学建筑不要过专、过精，而是要广、要博，要做一个像文艺复兴时期那种大知识的人物，而不只是一个工匠，这是他提出的要求。

其实我们做的很多是不务正业的建筑，让我们欢迎王旭先生来讲讲他是如何从做一个建筑设计师到创建SMART度假平台的。

王 旭　谢谢，今天我们坐在这儿的四个人挺有代表性的，我们都是从清华建筑系走出来的。现在都在做投资和解决方案，鹏哥是地产，舒展姐做媒体方面，我现在是设计、内容平台搭建的过程，我们在座的四位没有一个用画图的方式做建筑。这个是我很感兴趣的话题，到底我们的建筑设计是什么，建筑策划是什么，边界在哪里？

多年以来的建筑教育都在灌输一个解决问题的方式，我们需要把一个碎片化抽象的信息进行整合，从而呈现一个整体的产品，我相信这样的能力在大学的所有专业里边，建筑系是唯一一个培养这种能力的专业。同时，在学校时我们学习到几个能力，审美能力、逻辑思考能力、组织能力，这三个其实是建筑设计行业的基本能力。

当你具备了这三项能力，你就能打造一个特别牛的产品，它有可能是一个组织模式或者系统，并没有局限设计师只能画图，或者盖房子这件事情。

与传统地产关注硬性产品不同，SMART在对度假地产当中软性内容的提供方作资源整合。在未来，如何能够整合软性内容并让这些内容相互之间可以形成一个生态，形成一个最高、最好的效率或者效能，这个是任何一个设计师或者产品的创新者都无法逃避的问题。所以，我也希望通过在这个领域的实践，能够去拓展设计这个学科对于我们所关注的产品范围的认知，再去真正做到对最终产品负责。

田申申　谢谢王旭，我想问一下我们房地产企业的领导，你作为甲方中的乙方，或者乙方中的甲方对于建筑策划这个事是怎么看的？房地产企业是怎么成功地做这些建筑的作品的？

对于一带一路，在我看来其实要解决两个过剩问题。中国改革开放30年GDP以10%的速度增长了20年，到现在为止10%、9%的速度保持不住了，靠人口红利这种增长已经不行了，降到了7%、6%。对于我们现有的人员规模和经济发展，这种矛盾已经很大。同时现在有两个极大的过剩，一个是国内存在大量的产能过剩，再有一个过剩，是我们现在存在大量的货币。这么多年M2增发非常大，2008年之前大概印了90万亿元，2008年到现在印了22万亿元，现在社会上大概有210万亿元的货币。但光靠房地产也围不住这么多钱，怎么解决中国的两个过剩，怎么让我们的GDP向下一个环节发展。我自己的理解是我们国家提出一带一路战略正是最好契机，把我们过剩的产能拿出去，在一带一路上为这么多国家作基础设施的投资。

同时通过亚投行，把我们的资本引出去，同时让人民币国际化，这样的话对美国量化宽松，对很多外面的政策给我们带来的金融压力，会形成极大的缓解。这样可以使我们的经济重新焕发活力，有机会告别原来的增长模式，实现继续增长，保持下去可能中国就是另一个中国，我们又迈上一个新的天地。

我们如今有技术、有资本，基础设施投资有这么好的东西，又能促进人民币的国际化。总理出门卖高铁，因为我们的技术在全世界是很优秀的，甚至比德国、比日本好。而我们手里有着多少这样的东西，要看我们这些做技术的人，这个是我们面临的很大危机。再回归我们的建筑上，好东西至少要两个标准，第一个是技术领先，第二个是满足客户需求。

对于我们来说中国技术领先的东西不少，但是中国缺的是什么，对于客户的认知和研究。回到我们的建筑学和大学教育上，所有学习和产出的一切最后满足的还是市场需要。目前市场变化这么大，还需不需要，这是非常大的问题。现在仍有很多问题没有解决，或者说等待我们去探索，很大程度上因为建筑这个行业的教育对需求的关注太少了。

为什么设计行业压力大？因为设计院提供的是产品解决方案，可是当缺乏对市场和客户的了解时，产品解决方案便是基于甲方的设计任务书，基于千人指标和设计规范，就不可能创造出市场领先方案。在这个方向上我特别拥护庄老师，建筑策划对于当今时代的意义是无比重要的。我们必须在建筑策划的大旗下突破这一切，真正让所有建筑师的眼光，我们的理解再往前迈一步，我想会有更大的意义，也才能看到城乡复兴。谢谢。

田申申 我很受启发，在一带一路的过程中，我们不再说接受这些原则，而是把逻辑输出，把我们的创造力融入策划中，寻求本质，这个不单单是建筑设计，而是我们的逻辑和理性的理解。

王舒展女士负责的AC建筑创作杂志里，有一期就侨福芳草地这一个项目全程地进行研究，请问是什么让您做这样一期与众不同的杂志。

王舒展 我们是在今年2月份出版的侨福芳草地专辑，这个事情要追溯到四年前，当时作为传统的专业期刊，其实已经面临着非常大的挑战和互联网冲击的威胁。2010年的时候我们已经开始出现改版的想法。经过一年半的时间形成了一个共识，我们利用互联网的平台要把所有有时效性的东西全部放在新媒体上面。纸刊则务必从碎片式的东西变成一个非常有深度、有逻辑性的，能够真正提供思想和价值给读者的读物，才能够在这个互联网时代不会被淹没。

从2012年开始有这个想法，到侨福芳草地才真正实现了当时的构想。就是用一本杂志，300页的篇幅做一个项目。为什么用了三年才有一个比较理想的专辑出现呢？在中国的现状里面你会发现，其实很难选出一个建筑作品作深度报道。在中国大地有这么多建筑雨后春笋般地在20年当中被带起来，但是几乎每一个项目都很难找到一个从始至终的逻辑。

我们接收到很多建筑设计师投稿，看到的第一次投标方案与第二次完全不同，到了真正实施方案的时候又完全不一样，然后竟然做到了最终建成。在这里面，中国建筑师很难享受到国外建筑师享受到的职业的快感和乐趣，使一个想法能够从一开始贯彻到最后的运营。为什么会是这样？当然有一部分的责任是建筑师自身的原因，但更大的问题是因为在过去20年的高速发展过程中，一个建筑项目不同阶段的参与者，不管是决策者，还是执行人，其实在项目里面是分裂的。开发商实际上并不需要去了解真正的用户需求或者长期运营的效果。

我这里举一个特别生动的例子，我曾经参加过的知名开发商的重大项目。由开发商自己的机电总监提出一个方案，就是用冰蓄冷，变频技术，能够在运营的20年中大量节省用电，节省能源。这个方案会带来比较多的前期投资，但是在长时间里将给这个城市和长期运营降低成本。这个方法被提到了讨论桌上，开发商说在替谁省钱，那就是替后期的使用者和运营方省钱。但是我们大家知道很多以前的例子开发商并不是后期的运营者，假如只是开发，销售完成后责任也就完成了，我们当时在桌上所有的技术参与方其实都是非常消极和灰心的。因为明知道什么样的方向对这个城市和人群是有帮助的，只能无能为力地看着方案流产。我们是不是真的不懂什么建筑策划才是好策划？经过多年的教育和职业化其实许多人是懂的，但是我们做不到，这是一个开发领域的事情。

再谈一个政府方面的项目，也是我做建筑师的时候，提出了一个方案：铁路栈房的柱子和地铁的柱子使用同一根柱子，这样的方式可使下面的地铁实现同台、同向换乘，今天北京只有四号线和九号线实现了同台、同向换乘。当时这个车站作为一个综合的交通设施，我们对这个设计还是挺骄傲的。

这个设计方案送审到所长那里，因为所长做过北京西客站的主持人，他看了这个方案，我们得意地说方案共用一根柱达到了零换乘这一目的，他则非常忧虑地说你们这个柱子将来一定是问题。结果果然被他言中。地铁投资方是当地政府，当地政府委托一家地铁公司投资的，而上面的栈房的甲方是铁道部，当共用一根柱子的时候，这个柱子谁来投资，这个投资怎么分批，一个属于中央财政，一个属于地方财政，怎么办？

果然这件事情成为了一个麻烦。后来大概有一年的时间在不停地论证所有把这个柱子拆开分成两根的方案，其他的方案都很难实现同台、同向换乘。当然还有其他的问题，这个栈房也成为京沪高铁最后建成的栈房，也是在工期上成了拖后腿的栈房。最后这个事情还是按照原来的方式做成了，前提是省长升职为中央领导，政治博弈占了上风，对于当地的地方政府原来的方案给予支持，最后实现了这样一个想法。

为什么我们很难用中国的项目做一个真正的深度报道？因为不管是房地产开发层面，还是政府投资层面的项目，大型项目里边，我们其实没有一个从头到尾的建筑策划的共识。这个共识不光是我们今天参会这些人的共识，其实要达成全社会的工程，包括各层级政府的共识，为什么这个会特别邀请房地产开发的负责人，还有我们很多的政府部门的领导，很多资本运作方面的人士进来，因为建筑策划真的是深度跨界的事情，如果达不到各方面的共识和协同的话，这个建筑策划也是很难真正落地的。

时代发展到今天这个时间点，我们获得了非常大的契机，如何利用资本运作、互联网的蓬勃发展等工具，去实现社会各阶层的共识还有深度的跨界和沟通？这个是我们现在需要想的，作为我们这样一个建筑媒体也是持续着在这个方向进行努力。

田申申　中国有13.7亿人，一带一路覆盖46亿人，我们做这件事情的时候，建筑师是非常重要的角色，如果我们能够用建筑策划全产业链的思维以及经验武装自己，不但能实现中华民族的复兴，还包括一带一路的复兴，其实是一个功在千秋的事情。

三

全过程咨询中的后评估

1 "前策划—后评估"：建筑 流程闭环的反馈机制

—— 演讲◇庄惟敏

都市更新·智汇西安 6月2日，在建筑策划专委会（APA）2016年高峰论坛上，庄惟敏院长就《"前策划—后评估"：建筑流程闭环的反馈机制》进行了精彩演讲。全过程评价，就是在建筑策划阶段得到一份全过程的评价标准，并用此标准结合模糊双向层级算法，评价之后每一个重要的建筑环节。模糊双向层级算法在建筑设计的各阶段均有自己的独特优势。

一、问题的提出

在过去的三十多年里，我国经历了快速的城镇化发展过程。2016年我国城镇化率达到57.35%，城镇常住人口达到7.9亿。在快速的建设进程中，政府投入了大量的社会资源和经济资源，但建筑质量和使用后状况却差强人意。大量建筑因其功能不合理、使用问题等非质量因素而拆除，造成巨大的社会资源和空间资源浪费，带给生态环境和公众利益巨大威胁。比如，2016年，仅使用16年的武汉大学工学部第一教学楼被拆除，拆除费用为1300万元，拆除的原因是"有碍观瞻"；2007年，使用了14年的杭州西湖边第一高楼——原浙江大学湖滨校区主教学楼因周边用地建设被拆除，拆除的原因并非是学校不需要教学楼，而是教学楼用地选址不合理。据新华社报道，我国每年老旧建筑拆除量已达到新增建筑量的40%，远未到使用寿命限制的道路、桥梁、大楼被拆除的现象也比比皆是。

究其原因，有三个方面。一是对城市建成环境性能及行为认知不足；二是缺乏及时有效的预测方法和工具，以提前预评估出设计方案的有效性和可行性；三是缺乏系统的建筑及城市建成环境使用后评估体系。面对"量"大而快速的建筑设计市场，我们急需在建筑设计的"质"上做好把关工作，才能做到"量质并存"的可持续发展。

近年来，国家政府部门从自上而下的角度，对提升建筑设计水平和加强设计管理均提出了明确的要求。2014年7月住建部《住房城乡建设部关于推进建筑业发展和改革的若干意见》（建市〔2014〕92号）指出："提升建筑设计水平。加强以人为本、安全集约、生态环保、传承创新的理念……探索研究大型公共建筑设计后评估。"2016年2月中共中央国务院印发的《关于进一步加强城市规划建设管理工作的若干意见》中提出要"加强设计管理……按照'适用、经济、绿色、美观'的建筑方针，突出建筑使用功能以及节能、节水、节地、节材和环保，防止片面追求建筑外观形象。强化公共建筑和超限高层建筑设计管理，建立大型公共建筑工程后评估制度。"从建筑设计的角度来看，使用后评估在中国的定位正在于此。

二、使用后评估的国际发展

在两千多年前维特鲁威在《建筑十书》中提出的建筑三要素"实用、坚固、美观"，可以说是建筑师对建筑使用后性能的最早探讨。建筑界知名的普利茨克奖定义的建筑三要素"坚固、适用、愉悦"也一直是评价一个好建筑的重要标准。反思我国今天快速城市发展过程中，很多建筑却连最为基本的要求都没有达到。因此，更需要通过"使用后评估"作为建成环境的反馈，来反思大量的建筑反复出现的问题。

使用后评估（Post-Occupancy Evaluation）是建筑设计全生命周期的重要一环，是对建成环境的反馈和对建设标准的前馈，是人本主义思想和人文主义关怀在新时代的体现，推动了建筑学科时间维度上的完整性和人居环境科学群的学科交叉融合，对建筑效益的最大化、资源的有效利用和社会公平起到重要的作用。回顾其在西方的发展历程，可以从三个层面对其定义进行解读。第一个层面是建筑性能评估。主要指的是在建筑建成和使用一段时间后，对建筑性能进行的系统、严格的评估过程。这个过程包括系统的数据收集、分析，以及将结果与明确的建成环境性能标准进行比较。安全质量、节能能耗等方面都在这一层次。但是除此之外，评估使用者的需求及社会效益的重要性一点也不亚于物化环境的评估。因此，第二个层面的使用后评估内容是，建成环境是否满足并支持了人们的明确的或潜在的需求。这也正是"以人为本"的设计意义所在。第三个层面则是从职业管理的角度来看：英国皇家建筑师协会（RIBA）指出，使用后评估包括在建筑投入使用后，对其建筑设计进行的系统研究，从而为建筑师提供他们的设计反馈信息，同时也提供给建筑管理者和使用者一个好的建筑的标准。在国际建协理事会通过的《实践领域协定推荐导则》（2004年版）中将使用后评估列入建筑师应提供的专业核心服务范围内。美国建筑师协会（AIA）则鼓励建筑师参与自己建筑项目的使用后评估业务，并在AIA建筑师职业实践手册中针对使用后评估业务有明确的指导，并从客户需求、技能、操作步骤等方面进行了详细说明。

学术界对使用后评估的研究始于20世纪中期。二战结束以后，英国和美国率先对城市进行了大规模的开发与住宅建设。然而经过了十多年的建设以后，城市出现了一系列失败的建筑工程，因此，在英国和美国分别出现了一系列针对这些失败案例的考察和研究。英国皇家建筑师协会工作手册（Plan of work）中明确提出一个完整建筑项目的最后阶段是"反馈阶段"。虽然该阶段由于费用原因没有列入职业建筑师工作范围，而没有受到建造业的重视，但却在环境行为学领域得到发展，研究内容更偏心理学和社会学。美国的使用后评估始于对低收入者的集合住宅、医院、监狱等专门的建筑类型。这些工作着重调查评估这些特种建筑对特殊使用者的健康、安全和心理的影响，并为今后改进同类建筑设计提供依据。使用后评估的影响力也随着这些研究逐渐得到社会的重视。

在理论著作方面（图1），1964年克里斯托弗·亚历山大（Christopher Alexander）出版了《形式合成注释》（Notes on the Synthesis of Form），后又于1977年出版了《模式语言》（Pattern Language）。这些著作对建筑后评估的开展起到重要的指导和推动作用。在英国，1970年代也出版了一些有影响力的关于后评估的著作，如苏格兰建筑性能研究中心的托马斯·马库斯（Thomas Markus）于1972年出版的《建筑性能》（Building Performance）一书，影响相当广泛。其他还包括1969年罗伯特·索默尔（Robert Sommer）出版的著作《私人空间：设计的行为基础》（Personal Space: the Behavioral Basis of Design）、1974年出版的《紧密空间：硬的建筑及如何使之人性化》（Tight Space: Hard Architecture and How to Humanize It），以及1975年爱德华·豪尔（Edward T. Hall）出版的《建筑界中的第四维度：建筑对人之行为的影响》（The Fourth Dimension in Architecture: the Impact of Building on Behavior）。可见，当时西方建筑界已十分关注建筑设计与人的行为之间的相互关系，使用后评估的开展正是与这些理论动向密切相关。其中，后评估领域的一个重要人物是沃尔夫冈·普赖策（Wolfgang Preiser），他长期致力于研究和发展后评估的方法论，让使用后评估成为美国建筑师委员会规定的必修专业知识之一。他与哈维·拉宾诺维茨（Harvey Rabinowitz）、爱德华·怀特（Edward White）联合发表的代表作《使用后评估》（Post-Occupancy Evaluation），是目前国内外公认的后评估研究的经典著作，在此之后的关于使用后评估的国外与国内的研究都是在这本书所建立的理论框架与方法论的基础之上发展出来的。

在此背景下，1968年"环境设计研究协会"（Environmental Design Research Association, EDRA）成立，其成员包括建筑师、规划师、设备工程师、室内设计师、心理学家、社会学家、人类学家和地学家等。1969年在英国首次召开了建筑心理学研讨会。1975年美国成立了通用设施管理机构（Facilities Management Institute, FMI），开始对办公建筑的性能开展可测量指标的研究。20世纪60~80年代，美国已对学生公寓、医院、住宅公寓、办公建筑、学校建筑、军队营房等建筑广泛地开展使用后评价研究，发展

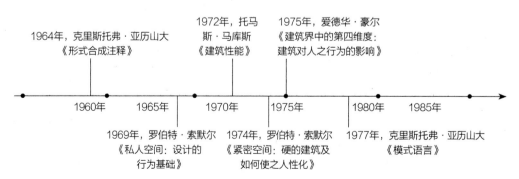

图1　使用后评估相关理论研究

出一套关于数据收集、分析技术、主客观评价指标、评价模型及设计导则等的方法体系，包括调研、访谈、系统观察、行为地图、档案资料分析和图像记录等一整套开展后评估的技术手段（图2）。

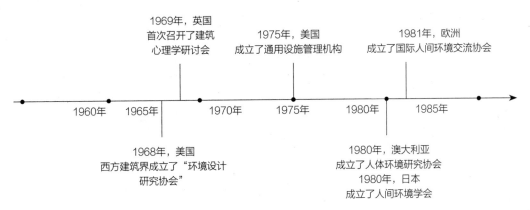

1969年，英国
首次召开了建筑
心理学研讨会

1975年，美国
成立了通用设施管理机构

1981年，欧洲
成立了国际人间环境交流协会

1960年　1965年　　1970年　　1975年　　1980年　　1985年

1968年，美国
西方建筑界成立了"环境设计
研究协会"

1980年，澳大利亚
成立了人体环境研究协会
1980年，日本
成立了人间环境学会

图2　使用后评估的协会发展

当前城市发展已进入了信息和新技术革命时代。多源数据平台和大数据分析的方法为建筑策划和使用后评估中对空间及其他相关信息的认知、关联及规律发掘提供了重要的手段。相比于传统使用后评估问卷法的随机样本，大数据能够获得更加完整、全面的数据（例如特定使用人群的特征、需求和使用规律），通过增加数据量从而提高了分析的准确性，能够发现抽样分析无法实现的更加客观的关联发现，帮助建筑师更准确地了解和把握空间与建筑和环境的演变机制，提高设计的价值和效率。

三、前策划与后评估的闭环

使用后评估这一研究范式的前提是建成环境完成并经过一段时间的使用，其研究的具体过程和实证部分是对建筑性能进行系统的评估，目的是形成对建成环境的信息反馈，同时作为对建筑标准的一个前馈（图3）。因此，可以说使用后评估是建筑设计与建筑实践的联结点，也是构成"实践—理论—实践"这一闭合体系的关键一环。如果说建筑策划是一个合理设计的保障，那么使用后评估就是对建筑是否合理的标准的探讨和评判。

如图4所示，后评估的短期价值主要体现在经验反馈方面。包括：对机构中的问题进行识别和解决；对建筑使用者利益负责的积极的机构管理；提高对空间的利用和对建筑性能的反馈；通过积极参与评估过程以改善建筑使用者的态度；理解由于预算削减而带来的性能的变化；明智的决策以及更好地理解设计方案。中期价值集中体现在对同类型建筑的效能评价方面。包括：调查公共建筑固有的适应一定时间内组织结构变化成长的能力，包

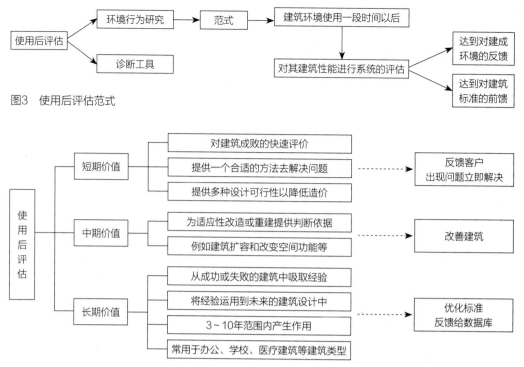

图3 使用后评估范式

图4 使用后评估的短期、中期和长期价值

括设施的改建和再利用；节省建造过程以及建筑全生命周期的投资；以及调查建筑师和业主对于建筑性能应负的责任。在长期层面，使用后评估的价值主要体现在标准优化方面。包括但不限于：长期提高和改善同类型公共建筑的建筑性能；更新设计资料库、设计标准和指导规范；通过量化评估来加强对建筑性能的衡量。

举一个简单的例子。对于政府投资的公共建筑，如学校、医疗建筑、养老院、幼儿园、公共住宅等，短期价值的受益者是客户，即改进现状的建筑出现的空间或管理上的问题；中期价值是让其持续优化，适应可持续发展；长期价值则是通过数据库建立来优化将来的行业设计标准。

回顾建筑创造的全过程，从城市规划建设立项，到建筑设计之间，我们需要有一个"建筑策划"环节对任务书和设计要求进行较为清晰的界定，而在投入运营一段时间后，我们需要"使用后评估"环节对其使用后的状况进行跟进和分析，并为下一步的策划提供反馈（图5）。因此，有必要构建"前策划—后评估"这一闭环，通过不断反馈和改进实现建筑发展的良性循环。

四、使用后评估在中国的研究与展望

在我国，尽管社会各界对建筑使用后的问题已予以关注，但是使用后评估在中国的重

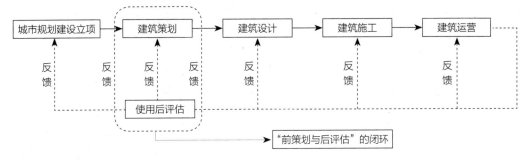

图5 建筑创作全过程及"前策划—后评估"闭环

要性和紧迫性仍未引起足够的重视。相比西方国家,我国建成环境使用后评估仍未得到政府、开发商、建筑师以及行业协会的足够重视。至今为止我国尚无明确的相关法律、规范和关于使用后评估的建筑评价标准,也未将建筑使用后评估纳入全过程咨询的建议程序,缺乏相应的执行、负责和监督部门,公众参与制度以及政府介入的公共空间使用后评估还远远不够。在学界的研究方面,我国目前的研究以高校为主,但是大多数高校尚未开设与使用后评估相关的课程,研究成果缺乏系统的学术专著。如何推动使用后评估的系统研究是我们共同面临的一大挑战。

2016年6月中国建筑学会建筑师分会建筑策划专委会在西安袁家村召开了使用后评估专题研讨会。在会上,包括全国重要的各大设计院和院校研究机构的专家学者,以及甲方投资商在内的团队共同发起了关于使用后评估的倡议书。我们的研究团队的《后评估在中国》一书也即将于近期出版。研究系统完整地介绍了公共建筑及城市建成环境使用后评估的程序、方法和工具,并结合国内外研究经验和案例,从多个角度分析使用后评估的实践应用、机制与教育。在大数据、互联网、模糊决策等相关科学领域发展的基础上,使用后评估的方法和工具也一再得到创新,涌现出了结合计算机语言对多源数据进行定量统计分析、借助开源网站和诸多数据可视化渠道分析使用者的空间认知行为、基于空间句法、遥感技术和GIS分析并模拟城市建成环境空间特征等诸多探索和实践。

后评估在中国的研究与实践刚刚起步,有赖于政府社会、行业协会、研究学界等各个行业领域的专家学者的共同探讨,形成合力(图6)。在社会层面,明确使用后评估的地位及责任主体、监督主体和评审环节,制定相应的规范,并鼓励重大政府公共建筑参与;在社会层面,通过公众参与和专家论坛,积极宣传使用后评估的社会意义;行业协会及市场需推动并规范使用后评估的市场化,设立使用后评估奖项,而后提高建筑师相应的业务水平;学界需要进一步梳理使用后评估的重要地位,推动系统研究,翻译出版先进的理论专著,展开国际交流。

综上所述,我们期待通过汇集专家智库,共同探讨使用后评估在中国的未来发展方向,以期为探索建筑及城市建成环境后评估的行动纲领和可行路径提供参考和借鉴。在中国的建筑行业持续发展的今天,建筑师除了全方位地投入到建设过程中之外,也同样需要有一个"向后看"的过程,"向后看",也正是为了更好地继续向前发展。

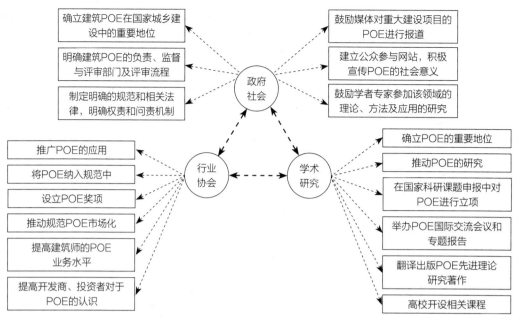

图6 建成环境后评估在行业各界的行动纲领

2 使用后评估（POE）专题会议

1）"评"则明，"预"则立
——中国2016年使用后评估倡议书

使用后评估是"在建筑建造和使用一段时间后，对建筑进行系统的严格评价过程，主要关注建筑使用者的需求、建筑的设计成败和建成后建筑的性能，这些均为将来的建筑设计、运营、维护和管理提供坚实的依据和基础"（美国建筑科学研究会《整体建筑设计导则》）。

自诞生之日起，使用后评估就与建筑策划密不可分，闪现着理论结合实践、设计创作与技术实证相结合的伟大思想。建筑师对使用后评估的探讨始于两千多年前维特鲁威提出的建筑"实用、坚固、美观"三要素。20世纪60年代开始，以佩纳和普莱瑟等为代表的建筑学者将使用后评估与建筑策划相结合，开始系统地对建成环境的绩效评估进行研究实践。半个多世纪以来，使用后评估已发展为面向不同时期使用价值、综合多种评估方式与步骤的系统体系，其研究对象涵盖校园建筑、医院、住宅、政府公共建筑和生态建筑等多个类别，研究方法也融合了现代心理学实验与评估、计算机动态模拟评估、大数据与实时监测、空间句法与城市性能评估等多种交叉学科方法。

与此同时，我们也看到，在我国当前飞速发展的城镇化背景下，大量建筑因其功能不合理、使用问题等非质量因素而拆除，造成巨大的社会资源和空间资源浪费，对生态环境和公众利益造成了巨大威胁。仅"十二五"期间我国每年因为房屋的过早拆除造成的浪费就超过4000亿元。建筑功能组织和内容设置的欠考虑，对环境理解的缺位，以及将建筑设计简单等同于外观塑造的想法，导致了我们的建筑使用功能不合理，经济效益、环境效益和社会效益低下，这些都直接或间接地缘自建筑标准的过时和建成环境系统评估的缺失。为此，2016年2月中共中央、国务院印发的《关于进一步加强城市规划建设管理工作的若干意见》中提出要"按照'适用、经济、绿色、美观'的建筑方针，突出建筑使用功能以及节能、节水、节地、节材和环保，防止片面追求建筑外观形象……建立大型公共建筑工程后评估制度。"

因此，我们呼吁学界、业界、政府及社会各界对我国的使用后评估引起足够的重视，共同推动使用后评估理论与实践在中国的发展。我们向全社会提出以下行动倡议：

（1）明确使用后评估对建筑项目的重要作用，确立使用后评估的重要地位，要求或鼓励大型公共建设项目及具有重要影响的项目进行工程使用后评估；

（2）积极推动建筑及城市空间使用后评估研究，将建筑策划同城市更新、建筑环境、社会学、心理学、经济学等专业方向相结合开展跨学科、多专业的教学研究，并开设与使用后评估相关的职业建筑师培训课程；

（3）展开建筑领域的工程使用后评估相关标准体系的研究，推动具体的国家标准、行业标准、地方标准、导则和指南的计划、修编和制定。

在今天，建筑的落成不再是一个终点，而是已成为一个在建筑全寿命周期循环过程中的重要环节。使用后评估在中国的发展较晚，中国的城镇化建设任重道远，我们共同肩负着新时期的使命，中国建筑学会建筑师分会建筑策划专委会愿意搭建这一平台，与建筑学人及社会各界同心协力，共同推动使用后评估及中国城乡建设事业的发展，为世界建筑学的进步努力奋斗！

2）中国2016年使用后评估行动纲领
（草案）

1 学术界

1.1 确立建筑使用后评估在建筑学及人居环境科学中的重要地位。明确建筑使用后评估与建筑策划的关系。

1.2 积极推动建筑使用后评估的研究，形成良好的建筑使用后评估研究环境。形成由大学和相关研究机构为主导、设计与策划咨询企业参与、政府及行业协会支持的研究环境。

1.3 鼓励研究人员在国家科研课题申报中对建筑使用后评估进行研究立项，提供研究基金对使用后评估的理论和方法进行研究。

1.4 定期举办建筑使用后评估的国际交流会议和专题报告，引进国外建筑使用后评估专家，促进学术水平的进步。

1.5 翻译出版建筑使用后评估的先进理论研究著作，出版国内学者对建筑使用后评估研究的学术专著。

1.6 明确使用后评估对建筑项目的重要作用，确立使用后评估的重要地位。大型公共建设项目、具有重要影响的项目要求或鼓励进行使用后评估。

1.7 高校重视建筑使用后评估的教学和研究，在有条件的高校开设建筑使用后评估相关课程，建设使用后评估公开课、示范课、精品课，编制使用后评估的教学体系和相关教材。

1.8 建立交叉专业研究平台，联合社会学、心理学、数据学、经济学等专业，形成以建筑使用后评估研究为核心、多学科共同参与的研究体系，鼓励不同专业的研究生和研究人员进行交叉学科的研究。

1.9 建立建筑使用后评估的案例数据库并进行分析研究。

2 行业界

2.1 确立建筑使用后评估在建筑设计项目中的重要地位。明确建筑使用后评估在建筑设计、运营、管理、维护、改造过程中的作用。

2.2 在建筑设计项目中推广使用后评估的应用。通过建筑设计条件优惠、报奖优先等措施鼓励建筑师和开发商对建筑项目进行使用后评估；对于由政府或社会公共部门主导的大型公共建设项目，或者对城市建设影响重大的项目，通过规划要求、建成审核等方式要求建筑师和开发商进行建筑使用后评估研究并计入档案。

2.3 将建筑使用后评估纳入到建筑设计规范的编制中，发挥建筑使用后评估对建筑设计规范的前馈作用，确保建筑使用后评估的结果在实践中发挥作用。

2.4 行业协会及相关部门单独设立建筑使用后评估奖项，并将使用后评估的结果纳入到建成建筑的报奖与评比中。

2.5 推动并规范建筑使用后评估的市场化，明确使用后评估的参与主体、实施主体和责任主体，讨论形成建筑使用后评估的成果标准和收费标准。

2.6 提高建筑师进行建筑使用后评估的业务水平。由行业协会、建筑设计院或相关培训机构开设建筑使用后评估课程，组织职业建筑师学习并纳入到对职业建筑师和注册建筑师的要求中。

2.7 提高开发商、投资者对建筑使用后评估重要性的认识。通过案例宣传、使用后评估培训等方式，让开发商和投资者意识到使用后评估对建筑设计经济效益、社会效益最大化的重要作用。通过拿地优先、建设条件补偿等措施激励开发商主动进行建筑使用后评估。

2.8　促进建筑使用后评估的产学研互动，推动最新的研究成果在实践中应用。定期举办学术界与行业界的联合会议，介绍使用后评估的最新研究成果和实践需求，搭建"研究—实践"桥梁，鼓励职业建筑师与相关研究人员进行合作。

3　政府及社会

3.1　确立建筑使用后评估在国家城乡建设中的重要地位。明确建筑使用后评估对社会公平、资源利用、空间节约、稳固推进城市化建设的重要作用。

3.2　明确建筑使用后评估的负责、监督与评审部门与评审流程。

3.3　制定建筑使用后评估的规范，编制相关法律，明确什么样的项目必须或鼓励进行建筑使用后评估，明确建筑使用后评估过程中建筑师、开发商、政府及其他相关部门的权责与问责机制。

3.4　大力支持建筑使用后评估的研究。在国家自然科技支撑和自然科学基金等层面，设立建筑使用后评估的专项课题，以鼓励学者和专家参与建筑使用后评估领域的理论、方法及应用研究。

3.5　建立相关的使用后评估公众参与网站，对于大型公共项目或对城市影响重大的项目，建成投入使用后开放网页、微博等公共评论渠道，对公共舆情进行监测统计。

3.6　积极在社会公众中宣传建筑使用后评估的社会意义，培训市民、社区组织和非营利性公益组织等群体，鼓励公众参与到建筑使用后评估过程。

3.7　鼓励媒体对重大建设项目的建筑使用后评估进行报道，对使用后评估的成果进行公示宣传。